金屬粉床雷射光
增材製造技術

魏青松 等編著

U0087282

崧燁文化

前言

　　增材製造（俗稱 3D 列印）屬於一種先進製造技術，但與傳統製造工藝相比，它在成形原理、材料形態、製件性能上發生了根本性改變，對從事該技術教學、科研和工程應用的人員提出了全新挑戰。　特別是隨著增材製造技術規模化和產業化的發展與進步，傳統的工藝流程、生產線、工廠模式和產業鏈組合都將面臨深度調整，增材製造帶來的影響遠遠超出了製造範疇，給生產甚至是生活帶來了重大影響，被認為是有望深度影響未來的策略前沿技術。

　　金屬粉床雷射增材製造技術是目前金屬增材製造工藝中製件精密度最高、綜合性能優良的工藝方法。　但是，技術發展並不成熟，新材料、新工藝和新裝備不斷涌現，技術進步快，缺少較新、全面和系統的專業書籍。　是我國最早開展該技術研究的團隊之一，在十多年科研和產業化基礎上，綜合海內外相關成果編著了本書。　本書側重基本原理，兼顧關鍵技術；以典型材料和工藝為主，兼顧最新動態；注重學術前沿，融合工程實踐。　本書既可作為科研和工程人員的參考用書，也可作為高等院校相關專業的教學教材。

　　全書分為 7 章。　第 1 章概述技術原理、特點及應用；第 2~6 章闡述工藝原理與系統組成、原料特性要求、數據處理技術、製造流程及品質控制以及製件的組織及性能，涵蓋原理、材料、數據、品質和性能五方面內容；第 7 章以實際案例闡述增材製造技術在隨形冷卻模具、個性化醫療器件和輕量化構件三方面的應用，重點展示在複雜結構製造和特殊性能構建上的獨特優勢，達到舉一反三、啓迪創新的目的。

　　由於筆者水平有限，書中難免有不足之處，懇請廣大讀者批評指正。

編著者

目錄

79　第 3 章　原料特性要求

107　第 4 章　數據處理技術

135　第 5 章　製造過程及品質控制

157　第 6 章　製件的組織及性能

第1章

概　述

1.1 金屬增材製造技術

增材製造技術是指根據三維數位模型，採取逐層疊加的方式直接加工出零件的一類技術，也稱作三維（3D）列印、直接數位化製造、快速原型等，是 20 世紀 80 年代後期發展起來的一項新興前沿技術，被認為是製造技術領域的一次重大突破。不少專家認為，增材製造具有數位化、網路化、個性化和客製化等特點，以其為代表的新製造技術將推動第三次工業革命[1]。

直接製造金屬零件及部件，甚至是組裝好的功能性金屬零件，無疑是製造業對增材製造技術提出的終極目標。早在 20 世紀 90 年代增材製造技術發展的初期（當時稱為「快速原型製造技術」或「快速成形技術」），研究人員便已經嘗試基於各種快速原型製造方法製作非金屬原型，透過後續工藝實現了金屬零件的製作[2]。與立體光造型（Stereo Lithography，SLA）、疊層製造（Laminated Object Manufacturing，LOM）、熔融沉積成形（Fused Deposition Modeling，FDM）、三維列印（Three-Dimensional Printing，3DP）等快速原型製造技術相比，雷射選區燒結技術（Selective Laser Sintering，SLS）由於其使用粉末材料的特點，為製作金屬零件提供了一種最直接的可能。SLS 技術利用雷射束掃描照射包覆有機膠黏劑的金屬粉末，獲得具有金屬骨架的零件原型，透過高溫燒結、金屬浸潤、熱等靜壓等後續處理，燒蝕有機膠黏劑並填充其他液態金屬材料，從而獲得緻密的金屬零件。隨著大功率雷射器在快速成形技術中的逐步應用，SLS 技術隨之發展到雷射選區熔化技術（Selective Laser Melting，SLM）。SLM 技術利用高能量的雷射束照射預先鋪覆好的金屬粉末材料，將其直接熔化並凝固、成形，獲得金屬製件。在 SLM 技術發展的同時，基於雷射熔覆技術逐漸形成了金屬增材製造技術研究的另一重要分支——雷射快速成形技術（Laser Rapid Forming，LRF）或雷射立體成形技術（Laser Solid Forming，LSF），中國習慣稱這類成形技術為雷射近淨成形技術（Laser Engineering Net Shaping，LENS）。該技術起源於美國 Sandia 國家實驗室的 LENS 技術，利用高能量雷射束將與光束同軸噴射或側向噴射的金屬粉末直接熔化為液態，透

過運動控制將熔化後的液態金屬按照預定的軌跡堆積凝固成形，獲得尺寸和形狀非常接近於最終零件的「近形」製件，經過後續的小餘量加工以及必要的後處理獲得最終的金屬製件。SLM 技術和 LENS 技術作為金屬增材製造技術的兩個主要研究焦點，引領著當前金屬增材製造技術的發展。由於具有極高的製造效率、材料利用率以及良好的成形性能等優勢，金屬增材製造技術從一開始便被應用於高性能和稀有金屬材料零部件的製造。經過 20 餘年的發展，中國金屬增材製造技術在材料、工藝、裝備以及成形性能等各個方面均取得了長足的發展，在結構複雜、材料昂貴的產品，以及小批量定制生產方面，成本、效率和品質優勢突出，並且已經在航空航太等高端製造領域實現了初步應用。

除了上述兩種金屬增材製造方式，還有另外兩種金屬增材製造方式也得到了廣泛的關注：電子束選區熔化技術（Electron Beam Selective Melting，EBSM）和電子束熔絲沉積技術（Electron Beam Free Form Fabrication，EBF³）。其中 SLM 和 EBSM 的材料填充方式均基於粉床，製造複雜精密結構件具有優勢，但目前該類技術存在產品尺寸小（一般小於 300mm），加工效率低，對金屬粉末性能要求高，生產成本高昂等問題。LENS 和 EBF³ 技術的材料填充方式分別基於送粉和送絲，更適合於中大型零件的快速製造[3]。

1.1.1　雷射選區熔化（SLM）

雷射選區熔化技術是集電腦輔助設計、數控技術、增材製造於一體的先進製造技術。採用 SLM 技術可直接製造精密複雜的金屬零件，是增材製造技術的主要發展方向之一。雷射選區熔化技術利用直徑 $30\sim50\mu m$ 的聚焦雷射束，把金屬或合金粉末逐層選區熔化，堆積成一個冶金結合、組織緻密的實體。採用雷射選區熔化技術，可以實現精密零件及個性化、客制化器件的製造。該技術不像傳統的金屬零件製造方法那樣，需要製作木模、塑膠模和陶瓷模等，可以直接製造金屬零件，大大縮短了產品開發週期，減少了開發成本。SLM 技術的發展給製造業帶來了無限活力，尤其是給快速加工、快速模具製造、個性化醫學產品、航空航太零部件和汽車零配件生產行業的發展注入了新的動力[4]。

（1）工藝原理

雷射選區熔化工藝過程如圖 1-1 所示。首先將三維 CAD 模型切片離散並規劃掃描路徑，得到可控制雷射束掃描的路徑資訊。其次電腦逐層調入路徑資訊，透過掃描振鏡控制雷射束選擇性地熔化金屬粉末，未被雷射照射區域的粉末仍呈鬆散狀。加工完一層後，粉缸上升，成形缸降低切片層厚的高度，鋪粉輥將粉末從粉缸刮到成形平臺上，雷射將新鋪的粉末熔化，與上一層熔為一體。重複上述過程，直至成形過程完成，得到與三維實體模型相同的金屬零件[5]。

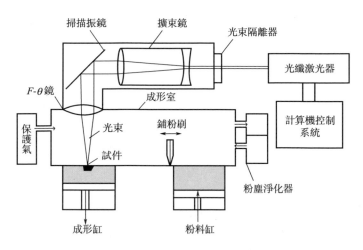

掃描振鏡　　擴束鏡　　　光束隔離器

光纖激光器

F-θ 鏡　　　　成形室

計算機控制系統

保護氣

光束　　　鋪粉刷

試件

粉塵淨化器

成形缸　　　　粉料缸

圖 1-1　典型的雙缸 SLM 工藝過程

（2）材料與精密度

雷射選區熔化能夠直接由三維實體模型制成最終的金屬零件，對於複雜金屬零件，無須製作模具。使用材料目前主要包括鈷合金、鎳合金、鋼、鋁合金和生物醫用合金。粉末主要是氣霧化球形粉，粒徑 10～50μm。該工藝加工層厚 20～50μm，雷射光束小，微熔池特徵尺寸在 100μm 左右，所以精密度一般為 0.05～0.1mm，表面粗糙度 10～20μm，可以滿足大部分無須裝配的金屬零件快速製造，也是目前精密度最高的金屬增材製造工藝。

（3）應用領域

SLM 工藝適合加工形狀複雜的零件，尤其是具有複雜內腔結構和具有個性化需求的零件，適合單件或者小批量生產。目前國外 EOS 公司、SLM Solutions 公司、Concept Laser 公司和 MCP 公司已經將 SLM 工藝應用到航空航太、汽車、家電、模具、工業設計、珠寶首飾、醫學生物等方面，大學等單位在生物醫學、工業模具和個性化零部件等方面開展了應用研究[6]。

（4）成形裝備

雷射選區熔化成形設備主要由雷射器、光路傳輸單位、密封成形室（包括鋪粉裝置）、機械單位、控制系統、工藝軟體等幾個部分組成。雷射器是 SLM 成形設備的核心部件，直接決定了 SLM 零部件的品質。目前海內外的 SLM 成形

設備主要採用光纖雷射器，其光束品質 $M^2 < 1.1$，光束直徑內能量呈現高斯分布，具有效率高、使用壽命長、維護成本低等特點，是 SLM 技術的最好選擇。

　　在 SLM 裝備生產方面，主要集中在德國、英國、日本、法國等國家。其中，德國是從事 SLM 技術研究最早與最深入的國家。第一臺 SLM 設備是 1999 年德國 Fockele 和 Schwarze（F&S）研發的，這是與德國弗朗霍夫研究所一起研發的基於不鏽鋼粉末的 SLM 成形設備。2004 年，F&S 與原 MCP（現為 MTT 公司）一起發布了第一臺商業化雷射選區熔化設備 MCP Realizer 250，後來升級為 SLM Realizer250；2005 年，高精密度 SLM Realizer100 研發成功。自從 MCP 發布了 SLM Realizer 設備後，其他設備製造商（Trumph，EOS 和 Concept Laser）也以不同名稱發布了他們的設備，如直接金屬燒結（DMLS）和雷射熔融（LC）。其中 EOS 發布的 DMLSEOSINT M290 也是目前金屬成形最常見的機型。圖 1-2 給出了目前國際上主要的 SLM 成形裝備。

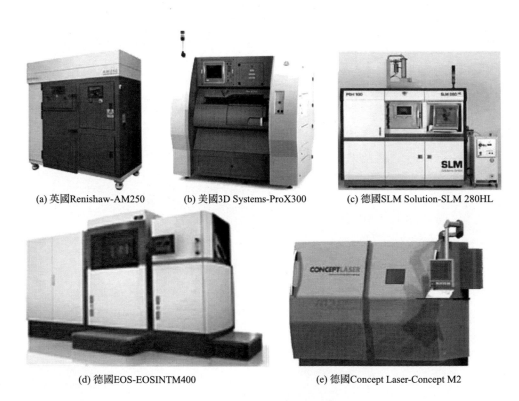

(a) 英國Renishaw-AM250　　　(b) 美國3D Systems-ProX300　　　(c) 德國SLM Solution-SLM 280HL

(d) 德國EOS-EOSINTM400　　　(e) 德國Concept Laser-Concept M2

圖 1-2　國際上主要 SLM 裝備

（5）關鍵技術

SLM 工藝主要包括雷射光路優化以及成形零部件緻密度、表面品質、尺寸精密度、殘餘應力、強度和硬度的控制。研究表明，SLM 工藝的影響因素有上百個，其中有 10 多個因素具有決定作用。工藝參數組合的選擇能夠決定成形品質的好壞，甚至成形過程的成敗。

1.1.2　雷射近淨成形

雷射近淨成形技術（Laser Engineering Net Shaping，LENS）是將資訊化增材成形原理與雷射熔覆技術相結合，透過雷射熔化/快速凝固逐層沉積「生長/增材製造」，由零件 CAD 模型一步完成全緻密、高性能整體金屬結構件的「近淨成形」[7]。目前國際上提及的雷射立體成形（Laser Solid Forming，LSF）、雷射熔化沉積（Laser Melted Deposition，LMD）、雷射快速成形（Laser Rapid Forming，LRF）、雷射增材製造（Laser Additive Manufacturing，LAM）、光控製造（Direct Light Fabrication，DLF）和雷射固化（Laser Consolidation，LC）等均屬於這類工藝的範疇。

（1）工藝原理

雷射近淨成形技術的基本過程如圖 1-3 所示。首先在電腦中生成零件的三維 CAD 實體模型，然後將模型按一定的厚度切片分層，即將零件的三維形狀資訊轉換成一系列二維輪廓資訊，隨後在數控系統的控制下，用同步送粉雷射熔覆的方法將金屬粉末材料按照一定的填充路徑在一定的基材上逐點熔化，重複這一過程逐層堆積形成三維實體零件。原則上也可以採用同步送絲雷射熔覆的方法來成形零件[8]。

（2）材料及精密度

雷射近淨成形技術以成形可直接使用的能夠承載力學載荷的金屬零件為目標，不僅關注其三維成形特性，同時也注重成形件的力學性能。這項技術成形材料廣泛，目前主要包括鈦合金、高溫合金、鋼和難熔合金等，從理論上講，任何能夠吸收雷射能量的粉末材料都可以用於雷射近淨成形工藝。同時，同步送粉/絲的材料送進特點，使得雷射近淨成形技術還能夠製造具有結構梯度和功能梯度的複合材料。目前這項技術一般還需要進行少量的後續機械加工才能最終完成零件的製造，其精密度較 SLM 工藝低。

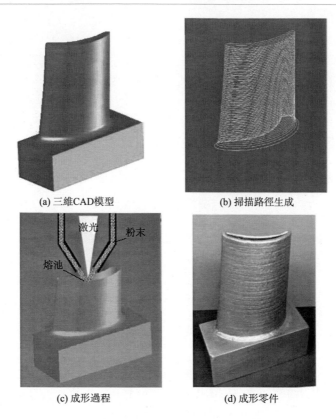

(a) 三維CAD模型　　　　　　　(b) 掃描路徑生成

(c) 成形過程　　　　　　　　(d) 成形零件

圖 1-3　雷射近淨成形技術過程示意圖

（3）應用領域

　　由於雷射近淨成形零件的性能可以達到鍛件水平（表 1-1），而且能夠直接成形製造具有複雜結構的零件，國外眾多的研究機構和研究者，包括美國 Sandia 國家實驗室和 Los Alamos 國家實驗室，美國密歇根大學 Mazumder 教授的研究組，英國利物浦大學 Steen 教授的研究組，瑞士洛桑理工學院 Kurz 教授的研究組，加拿大國家研究委員會，英國伯明罕大學交叉學科研究中心，美國南衛理工大學先進製造研究中心，美國 AeroMet 公司和 Optomec 公司等，都已將雷射近淨成形技術推廣應用於航空、航太、醫學植入體、船舶、機械、能源和動力等領域的複雜整體構件的高性能直接成形和快速修復等。不過，總體來說，雷射近淨成形技術應用最為廣泛的領域還是航空航太領域。需要指出的是，從具體零件製造的角度，雷射近淨成形的增材製造原理決定了該技術尤其適用於需要去除大量材料才能完成的幾何形狀複雜的零件的製造。圖 1-4 列出了零件結構特點相對雷射近淨成形技術的適宜

度。對於具有圖 1-4(b)～(d) 所示結構特點的金屬零件，相比於傳統加工方法，採用雷射近淨成形將大幅度降低製造成本、縮短加工週期，從而為產品製造商帶來巨大效益。除此之外，重大裝備高性能零部件低成本快速修復及再製造也是雷射近淨成形技術的一個重要應用領域。

表 1-1　雷射近淨成形金屬材料的室溫力學性能

材料	成形工藝及狀態	σ_b/MPa	$\sigma_{0.2}$/MPa	δ/%
Ti6Al4V	雷射近淨成形沉積態	955～1000	890～955	10～18
	雷射近淨成形熱處理態	1050～1130	920～1080	13～15
	鍛件標準	≥895	≥825	≥8～10
	美國 AeroMet 公司數據	896～999	827～896	9～12
Inconel 718	雷射近淨成形熱處理態	1350～1380	1100～1170	17.5～33.5
	鍛件標準	≥1240	≥1030	≥6～12
17-4PH	雷射近淨成形熱處理態	1045～1358	990～1250	14.6～16.1
	鍛造標準	≥930～1310	≥725～1180	≥10～16
300M	雷射近淨成形熱處理態	1895～1965	1748～1849	5.5～8
	鍛造標準	≥1862	≥1517	≥8

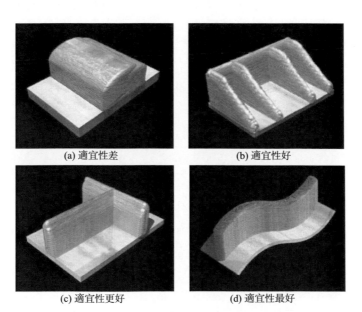

(a) 適宜性差　　　　　　　(b) 適宜性好

(c) 適宜性更好　　　　　　(d) 適宜性最好

圖 1-4　雷射近淨成形技術適宜的零件結構

（4）成形裝備

作為一種涉及雷射、數控、電腦、材料等多學科交叉集成的先進新技術，雷射近淨成形技術的發展也伴隨著專用裝備技術的發展。雷射近淨成形的技術水平不僅取決於相關的科學技術研究基礎，也取決於裝備的技術水平。目前，在雷射近淨成形方面，國際上只有 Optomec 公司的 LENSTM 系統、POM 和 Trumpf 公司的 DMDTM 系統、西北工業大學開發的 LSF 系統有商品化產品。其中，西北工業大學於 1995 年開始在中國率先提出以獲得極高性能（相當於鍛件）構件為目標的雷射近淨成形的技術構思，並持續進行了雷射近淨成形技術的系統化研究工作，形成了包括材料、工藝、裝備和應用技術在內的完整的技術體系。到 2012 年為止，西北工業大學已向多家海內外航空航太領域大型企業和研究院所銷售了雷射近淨成形與修復裝備。目前，西北工業大學已經開發出了具有核心自主知識產權的系列固定式和移動式雷射立體成形工藝裝備。針對不同應用特點，分別採用 CO_2 氣體雷射器、YAG 固體雷射器、光纖雷射器和半導體雷射器，成形氣氛中氧含量可控制在 10×10^{-6} 以內，具有熔池溫度、尺寸和沉積層高度的即時監測和反饋控制系統，配備自主開發的材料送進裝置、成形 CAPP/CAM 及集成控制軟體，能夠實現多種金屬材料，包括高活性的鈦合金、鋁合金和鋯合金複雜結構零件的無模具、快速、近淨成形以及修復再製造。北京航空航太大學則針對大型鈦合金零件的雷射近淨成形，提出了「外置式」大型雷射近淨成形成套裝備設計思路及其柔性密封方法，自主研製出具有「原創」核心關鍵技術，迄今世界上尺寸最大、成形能力達 $4m \times 3m \times 2m$ 的雷射近淨成形成套裝備。圖 1-5 給出了目前國際上主要的雷射近淨成形裝備。目前，技術成熟度比較高的商業化雷射近淨成形裝備的主要特性如表 1-2 所示。

表 1-2　雷射近淨成形裝備主要特性比較

項目	Optomec 公司 LENS 系統	POM 公司 DMD 系統	Trumpf 公司 DMD 系統	西北工業大學 LSF 系統
光源	500W～4kW YAG 或光纖雷射器	1kW 盤式/半導體雷射器	2～6kW CO_2 雷射器	300W～8kW CO_2/YAG/光纖/半導體雷射器
運動系統	五座標數控機床	五座標數控機床/機器手	五座標數控系統/機器手	三至五座標數控系統/機器手
沉積效率	5～50cm³/h	10～70cm³/h	10～160cm³/h	5～500cm³/h
熔覆材料	金屬粉末	金屬粉末	金屬粉末	金屬粉末

項目	Optomec 公司 LENS 系統	POM 公司 DMD 系統	Trumpf 公司 DMD 系統	西北工業大學 LSF 系統
材料利用率	—	約 75%	—	約 80%
成形零件最 大外廓尺寸 /mm	$L900 \times W1500 \times$ $H900$	$L300 \times W300 \times$ $H300$	$L2000 \times W1000 \times$ $H750$	$L5000 \times W2500 \times$ $H600$
氣氛氧含量	$\leqslant 10 \times 10^{-6}$	可配真空加工室	無氣氛加工室	$5 \times 10^{-6} \sim$ 100×10^{-6} 可控
監測環節	有	無	無	有

(a) Optomec公司-LENS850R裝備

(b) POM公司-DMD150D裝備

(c) Trumpf-DMD 505裝備

(d) 西北工業大學-LSF-V裝備

(e) LMD裝備

圖 1-5 國際上主要的雷射近淨成形裝備

(5) 關鍵技術

雷射近淨成形技術總體思路是：資訊化增材成形過程中，使金屬材料逐點堆

積而成的複雜結構實體零件的形狀、成分、組織和性能得到最優化控制，同步實現金屬零件的快速自由精確成形和高強度控制目標。為達此目標，必須建立相關的材料科學與技術、過程科學與技術和工程科學與技術的雷射近淨成形的整體科學與技術架構，突破雷射熔池溫度和幾何形狀控制技術、應力與變形控制技術、組織和性能控制技術及冶金缺陷控制和檢測技術，如圖 1-6 所示。

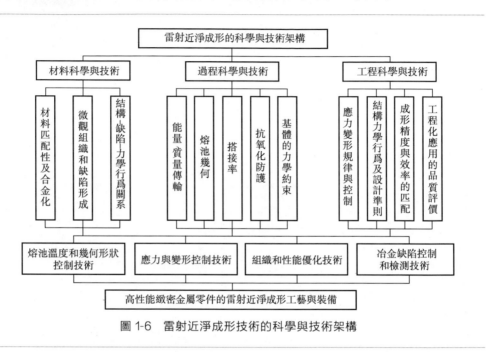

圖 1-6　雷射近淨成形技術的科學與技術架構

1.1.3　電子束熔絲沉積

電子束熔絲沉積技術（Electron Beam Free Form Fabrication，EBF[3]），又稱為電子束直接製造技術（Electron Beam Direct Manufacturing，EBDM），是一種利用金屬絲材作為原料直接製造大型複雜金屬結構的新型增材加工技術，具有成形速度快（最高可達 20kg/h），保護效果好（真空環境）、無須模具的特點。該工藝最初為美國航太總署（NASA）蘭利研究中心開發，其合同商 Sciaky 是當前該工藝開發方面的最領先公司，目前已經加入 DARPA「創新金屬加工─直接數位化沉積（CIMP-3D）」中心的研究。

（1）工藝原理

電子束熔絲沉積技術的工作原理如圖 1-7 所示，在真空環境中，利用高能量密度的電子束熔化送進的金屬絲材，按照電腦預先規劃的路徑層層堆積，形成緻

密的冶金結合，直至製造出近淨成形的零件與毛坯。由於成形速度快，往往尺寸精密度及表面品質不高，成形後還需進行少量的數控加工。適用於航空航太飛行器大型整體金屬結構的快速、低成本製造[9]。

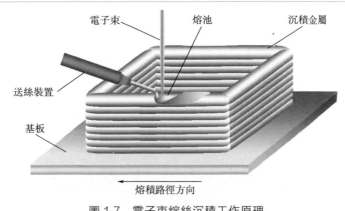

圖 1-7　電子束熔絲沉積工作原理

(2) 材料與精密度

電子束熔絲沉積技術適用的金屬材料有鈦合金、鋁合金、鎳基合金、高強鋼等。美國航太總署蘭利研究中心針對 2219、2319 鋁合金開展了大量的研究，透過後期的熱處理，性能能夠達到鍛造鋁合金水平。Boeing、Lockheed Martin 等公司與 Sciaky 公司針對 Ti6Al4V 合金共同進行了測試評估，在 AMS4999 標準中規定了針對 EBF[3] 成形 Ti6Al4V 合金的技術要求。中國北京航空製造工程研究所針對鈦合金、超高強度鋼開展了研究。其中 TC4 合金的研究較為成熟，目前已開發出 900MPa 級、930MPa 級 TC4 合金材料，以及 TA15、TC11、TC17、TC18、TC21、A100 鋼等專用合金材料。相應的材料還要與成形工藝及熱處理工藝配合才能達到預期的性能。大量測試表明，電子束熔絲沉積成形的 TC4 合金綜合性能能夠達到 TC4 自由鍛及模鍛件水平。目前，採用 TC4 合金研製的部分零件已經裝機使用。在成形精密度方面，電子束熔池較深，可有效消除層間未熔合現象，獲得的製品內部品質可達到 AA 級。但是精密度略低，與 LENS 工藝一樣，需要後續機加工提高加工精密度。

(3) 成形裝備

電子束熔絲沉積成形設備主要由真空室及真空機組、電子槍及高壓電源、送絲系統、多自由度運動機構、監控系統及控制軟體構成。其關鍵裝置是高可靠電子槍及電源和成形過程在線監控系統。

(4) 應用範圍

該技術沉積效率高，特別適用於大型結構件製造，主要用於航空航太領域。

該工藝可替代鍛造技術，大幅降低成本和縮短交付週期。它不僅能用於低成本製造和飛機結構件設計，也為宇航員在國際太空站或月球、火星表面加工備用結構件和新型工具等提供了一種便捷的途徑。

目前，世界上進行電子束熔絲沉積設備開發的單位主要有美國航太總署蘭利研究中心、美國 Sciaky 公司以及中國的北京航空製造工程研究所（625 所）。

與電子束焊接設備相比，電子束熔絲沉積設備的自由度較多，且必須有 Z 向升降功能；具有送絲系統；具有多層連續堆積功能。電子束熔絲沉積設備的送絲系統由儲絲輪、矯直機、送絲機、導絲軟管、對準裝置及出絲導嘴組成，如圖 1-8 所示。無論定槍式還是動槍式設備，都需要固定絲端與熔池的相對位置，即固定出絲導嘴與電子槍的相對位置。

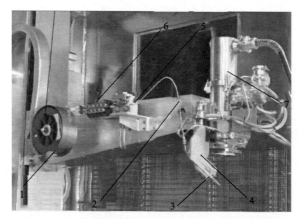

圖 1-8　電子槍及送絲系統（美國 Sciaky 公司）
1—儲絲輪；2—導絲軟管；3—對準裝置；4—出絲導嘴；5—送絲機；6—矯直機；7—電子槍

Sciaky 公司的專業電子束熔絲沉積設備見圖 1-9，其具有以下特點：運動系統自由度多（最多達到 7 個），能夠加工十分複雜的零件；功率大，達 60kV/42kW，因而成形速度快（最高可達 20kg/h）；具有熔池溫度監控、送絲精密度控制、成形工藝模擬與優化等功能，其最大加工能力達到 5.8m×1.2m×1.2m。

北京航空製造工程研究所於 2006 年開發了中國第一臺 EBF[3] 設備樣機，在此基礎上，於 2010 年研製了一臺大型工程應用型 EBF[3] 設備，該設備採用真空室內動槍結構，電子槍功率為 60kV/60kW，有效加工範圍 2.1m×0.6m×0.85m，具有 X、Y、Z 三個自由度和雙通道送絲系統，見圖 1-10。正在開發的大型立式設備基本參數為：電子槍 60kV/15kW，真空室 46m[3]，有效加工範圍 1.5m×0.8m×3m，5 軸聯動，雙通道送絲，具有獨特的絲材快速補給系統，可以大大提高加工效率，如圖 1-11 所示。

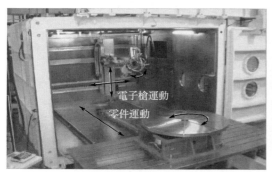
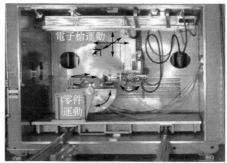

(a) 5坐標設備　　　　　　　　　　　　(b) 6座標設備

圖 1-9　美國 Sciaky 公司的專業電子束熔絲沉積設備

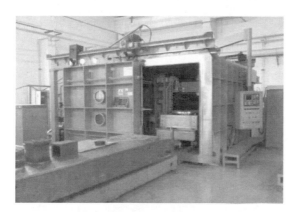

圖 1-10　北京航空製造工程研究所的 60kV/60kW 動槍式 EBF^3 設備

圖 1-11　北京航空製造工程研究所的 60kV/15kW 大型立式 EBF^3 設備

(5) 關鍵技術

電子束熔絲沉積技術具有兩大關鍵技術。

① 成形過程在線監測與即時反饋技術。透過對熔池溫度、零件溫度、零件尺寸等進行即時監測，並調整成形參數，以保證絲材的高速穩定熔凝。

② 成形材料性能綜合調控技術。影響材料力學性能的主要因素有化學成分、成形工藝及後處理，不同材料的性能影響機制有較大差異，為了獲得良好的綜合力學性能，需要針對不同的材料分別開展研究。

1.1.4　電子束選區熔化

電子束選區熔化成形技術（Electron Beam Selective Melting，EBSM）是利用電子束為能量源，在真空保護下高速掃描加熱預置的粉末，透過逐層熔化疊加，直接自由成形多孔、緻密或多孔-緻密複合三維產品的技術[10]。

(1) 工藝原理

電子束選區熔化成形技術的工作原理如圖 1-12 所示。首先，在工作檯上鋪一薄層粉末，電子束在電磁偏轉線圈的作用下由電腦控制，根據製件各層截面的CAD 數據有選擇地對粉末層進行掃描熔化，未被熔化的粉末仍呈鬆散狀，可作為支撐；一層加工完成後，工作檯下降一個層厚的高度，再進行下一層鋪粉和熔化，同時新熔化層與前一層熔合為一體；重複上述過程，直到製件加工完後從真空箱中取出，用高壓空氣吹出鬆散粉末，得到三維零件[11]。

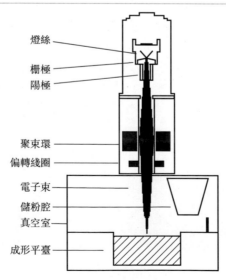

燈絲
柵極
陽極
聚束環
偏轉綫圈
電子束
儲粉腔
真空室
成形平臺

圖 1-12　電子束選區熔化成形技術的工作原理

（2）材料與精密度

電子束選區熔化技術可成形多種金屬材料，由於具有高真空保護、電子束能量利用率高及成形殘餘應力小等特點，該技術尤其適用於成形稀有難熔金屬及脆性材料。目前，CoCrMo、316L 不鏽鋼、TC4、TA7、純 Ti 等鈦合金，Inc718、Inc625 等高溫合金，Ti2AlNb、TiAl 等金屬間化合物的研究已較為成熟，正在開發的主要有新型生物醫用金屬材料、MoSiB 係金屬間化合物、SiC 增強複合材料等。就成形精密度而言，瑞典 Arcam 公司的成形設備成形零件精密度±0.3mm。

（3）應用領域

該技術可成形幾乎所有金屬材料以及金屬間化合物等脆性材料，可精確成形多孔、緻密或多孔-緻密複合結構，在航空航太、醫療、石油化工及汽車等領域有巨大需求。

（4）成形裝備

最早的集成化電子束選區熔化成形設備是由瑞典 Arcam 公司開發的 EBM S-12 和 EBM S-12T，該公司擁有電子束選區熔化成形設備多項核心專利，並提供系列成形設備。商業化的 A1 和 A2 兩個型號分別用於醫療以及航空航太領域，近期針對醫療批量生產的 Q10 也已投入市場。西北有色金屬研究院、中科院瀋陽金屬研究所先後引進瑞典 Arcam 公司 A2 及 A1 設備，最大成形尺寸可達 φ300mm×200mm、成形零件精密度±0.3mm。中國清華大學與西北有色金屬研究院在電子束選區熔化成形裝備方面進行了研究，清華大學研製出了中國第一臺 EBSM-150 裝置，取得中國多項專利，並與西北有色金屬研究院聯合開發研製了第二代 EBSM-250 成形系統（圖 1-13），最大成形尺寸可達 230mm×230mm×250mm（長×寬×高），成形零件精密度±1mm。清華大學同時開發了電子束選區熔化工藝的控制軟體，實現了電子束選區熔化工藝加工過程的控制、CLI 文件層片資訊處理、系統手動測試、參數管理等功能。但是，相對於國外，中國電子束成形設備還不成熟，在電子槍、掃描偏轉、智慧化等方面與國外差距較大。表現在掃描速度、範圍、精密度、能量密度分布等方面，同時缺少掃描加熱溫度場控制核心算法及即時監測和反饋裝置，在 CAPP/CAM、集成控制及專家系統軟體方面明顯不足，造成複雜零件長時間成形過程穩定性差，易形成缺陷及組織不均勻等問題，所以，在電子束選區熔化成形設備工程化方面急需推進。

（5）關鍵技術

EBSM 技術雖然取得了快速發展，但離規模化應用相差甚遠，需解決的關鍵技術包括但不局限於如下幾點。

　　① 適用於 EBSM 的專用合金成分設計，以適應真空條件下非平衡瞬態凝固過程。

　　② 適用於 EBSM 的專用粉末製作技術，以滿足 EBSM 送、鋪粉過程需要並避免吹粉、球化現象。

　　③ 多槍協同掃描技術，以擴大成形零件尺寸。

　　④ 集成精密電子束成形與電火花精銑技術，以達到高精密度要求。

圖 1-13　清華大學與西北有色金屬研究院聯合開發的 EBSM-250 成形系統

1.2 金屬粉床雷射選區熔化增材製造技術

　　SLM 技術實際上是在雷射選區燒結（Selective Laser Sintering，SLS）技術基礎上發展起來的一種雷射增材製造技術。SLS 技術最早由德克薩斯大學奧斯汀分校（University of Texas at Austin）提出，但是在 SLS 成形過程中存在粉末連接強度較低的問題，為了解決這一問題，1995 年德國弗勞恩霍夫（Fraun-hofer）雷射技術研究所提出了基於金屬粉末熔凝的選區雷射熔化技術構思，並且在 1999 年研發了第一臺基於不鏽鋼粉末的 SLM 成形設備，隨後許多國家的研究人員都對 SLM 技術開展了大量的研究。

　　SLM 技術集成了先進的雷射技術、電腦輔助設計與製造（CAD/CAM）技術、電腦控制技術、真空技術、粉末冶金技術。SLM 技術的出現給複雜金屬零件的製造帶來了一場革命。當前，SLM 技術的研究正成為焦點，並受到海內外學術界和製造界的廣泛重視。在國外，研究 SLM 的國家主要集中在德國、日

本、比利時、法國等。其中德國是研究該技術最早、技術最成熟的國家。德國的 MCP 公司和 EOS 公司、法國的 Phenix 公司推出了商品化的雷射熔化成形設備，並在國際上處於領先地位。中國從事 SLM 設備與工藝研發的單位主要有華中科技大學快速成形中心、華中科技大學雷射技術國家重點實驗室、華南理工大學、南京航空航太大學等。

目前，SLM 技術在海內外已經用於航空航太、生物醫學、軍事裝備等領域關鍵零部件的製造，並取得了一些成果。但是，由於 SLM 伴隨複雜的物理化學冶金等過程，成形時易產生球化、孔隙、裂紋等缺陷；同時，成形材料的廣泛性也受到限制。這些因素嚴重影響了 SLM 技術的推廣與應用。本節對 SLM 技術涉及的關鍵理論問題，如球化、孔隙、成形材料等基礎理論問題進行簡單介紹。

1.2.1　球化

在 SLM 過程中，金屬粉末經雷射熔化後如果不能均勻地鋪展於前一層，而是形成大量彼此隔離的金屬球，這種現象被稱為 SLM 過程的球化現象[12]。球化現象對 SLM 技術來講是一種普遍存在的成形缺陷，嚴重影響了 SLM 成形品質，其危害主要表現在以下兩個方面。

① 球化的產生導致了金屬件內部形成孔隙。由於球化後金屬球之間都是彼此隔離開的，隔離的金屬球之間存在孔隙，大大降低了成形件的力學性能，並增加了成形件的表面粗糙度，如圖 1-14 所示。

② 球化的產生會使鋪粉輥在鋪粉過程中與前一層產生較大的摩擦力。這不僅會損壞金屬表面品質，嚴重時還會阻礙鋪粉輥，使其無法運動，最終導致零件成形失敗。

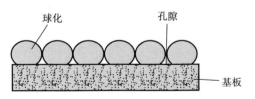

圖 1-14　球化形成孔隙示意圖

球化現象產生歸結為液態金屬與固態表面的潤濕問題[4]。圖 1-15 所示為熔池與基板潤濕狀況示意圖。三應力接觸點達到平衡狀態時合力為零，即

$$\sigma_{V/S} = \sigma_{L/V} \cos\theta + \sigma_{L/S} \tag{1-1}$$

式中，θ 為氣液間表面張力 $\sigma_{L/V}$ 與液固間表面張力 $\sigma_{S/L}$ 的夾角。

當 $\theta<90°$ 時，SLM 熔池可以均勻地鋪展在前一層上，不形成球化；反之，當 $\theta>90°$ 時，SLM 熔池將凝固成金屬球後黏附於前一層上。這時，$-1<\cos\theta<0$，可以得出球化時界面張力之間的關係為

$$\sigma_{V/S}+\sigma_{L/V}>\sigma_{L/S} \tag{1-2}$$

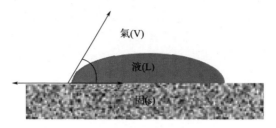

圖 1-15　熔池與基板的潤濕示意圖

由此可見，對雷射熔化金屬粉末而言，液態金屬潤濕後的表面能小於潤濕前的表面能，從熱力學的角度上講，SLM 的潤濕是自由能降低的過程。產生球化的原因主要是吉布斯自由能的能量最低原理。金屬熔池凝固過程中，在表面張力的作用下，熔池形成球形以降低其表面能。目前，SLM 球化的形成過程、機理與控制方法是技術難點。

白俄羅斯科學院的 Tolochko 學者研究了雷射與金屬粉末作用時球化形成的具體過程[13]。該研究將球化過程分別描述為幾種典型的形狀——碟狀、杯狀、球狀，並分析了它們各自形成的機理。但是 SLM 過程涉及複雜的線、面、體成形，該研究並沒有指出 SLM 在多層成形過程中球化的形成特點、機理與控制方法。

南京航空航天大學的顧冬冬博士研究了銅基合金與不鏽鋼在 CO_2 雷射器直接成形時的球化行為，分析了球化產生的機理[14]。該研究指出銅基合金雷射直接成形時的球化特徵可分為以下幾種類型：①由初始掃描道分裂形成的較為粗大的球體，被稱作「第一線球化」，可以透過對粉床的預熱來消除；②在較高的掃描速度下，熔化道進行縱向和橫向的過度體積收縮，進而形成「收縮球化」，可以透過降低掃描速度來抑制球化發生；③在較高的線能量密度（高的雷射功率和低的掃描速度）下，容易產生過多液相，從而產生「自球化」。雷射成形不鏽鋼粉末時的球化可以分為兩種類型：①在低的雷射功率下，熔體具有較低的溫度和不足的液相量，熔化道從而分裂為若干粗大的金屬球，這種大尺寸球化可以採用較高雷射功率來抑制；②在較高的掃描速度下，熔體易飛濺，從而形成大量微米級的細小金屬球。

比利時魯汶大學的 Kruth 教授自配了一種鐵基複合粉末，分析了其 SLM 成

形過程的球化行為[15]。該研究首先指出：雷射掃描道可以看作是半圓柱體，其長度與寬度的比值越大，熔化道則具有較大的比表面積，不利於熔化道與金屬基體的潤濕，從而形成球形；其次，研究了不同功率與速度下的球化特徵並依次建立了加工窗口，結果表明較低的掃描速度與雷射功率下能夠得到較為平坦的表面，而不會產生球化；最後，該研究指出，球化的產生還與表面氧化有關，可以透過採用較高雷射能量來打破連續的氧化膜，進而淨化固/液界面，也可以採用添加脫氧劑（如磷鐵）以降低表面張力。

伊朗 Simchi 學者分析了純鐵粉雷射熔化成形時的表面狀況，研究了不同掃描間距對球化的影響[16]。該學者同樣指明球化是由於毛細不穩定性產生的，且伴隨表面能的減少。透過減少掃描間距進行重複熔化，可以減少球化的產生，獲得較平坦的成形件表面。

英國利茲大學的 Childs 學者研究了 SLM 成形時雷射束單道掃描規律，在不同的掃描速度與雷射功率下，建立了功率-速度-熔化線特性的加工窗口，從而揭示了球化的規律[17]。該加工窗口對於 SLM 多層成形時選擇合適的加工參數具有重要指導作用。

綜上所述，海內外針對 SLM 成形球化的系統研究並不多見，已有的報導主要針對表徵與工藝的研究，缺乏對 SLM 多參數下的線、面、體過程球化現象的綜合調控研究。

1.2.2　孔隙

SLM 技術的另一個重要缺陷是成形過程中容易產生孔隙，降低金屬件的力學性能，嚴重影響 SLM 成形零件的實用性。SLM 的最終目標是製造出高緻密的金屬零件，因此，研究孔隙的形成以及孔隙率的影響因素對提高成形件性能，提升 SLM 技術的實用性具有非常重要的作用。目前，海內外學者在 SLM 孔隙率的研究方面主要集中在摸索工藝參數對孔隙率影響的經驗規律，以選取合理的成形工藝製造出緻密的金屬零件。

伊朗 Simchi 學者在雷射直接成形鐵基粉末的孔隙率方面做了較為系統的研究，取得了一系列理論與實際成果[16]。該學者使用 EOS M250 設備進行成形參數與孔隙率關聯性的研究。這種直接雷射成形的機制為熔化/凝固機制，不需要對零件進行後處理，因此，這種成形技術與 SLM 成形本質是相同的，只是概念上的說法不同。由於 SLM 技術是基於線、面、體的成形思路，其緻密化行為受到多種加工參數，如掃描速度 v、雷射功率 P、切片層厚 d、掃描間距 h 的影響。這些參數可以用一個「體能量密度」$\psi = P/(vhd)$ 來表示。該學者指出，隨著體能量密度的提高，成形件的相對緻密度隨之增加，但隨著體能量密度更進

一步提高，成形件相對緻密度上升趨勢減緩並趨近於某一固定值；最後，該學者透過數據擬合，指出成形件的相對緻密度與能量密度滿足指數關係，並推導出了緻密化方程。

德國魯爾大學 Meier 學者利用 MCP Realizer250 SLM 設備對不鏽鋼成形進行了研究[18]。圖 1-16 為成形不鏽鋼件的拋光截面與表面形貌照片。

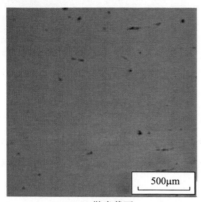

(a) 拋光截面　　　　　　　　　　(b) 表面形貌

圖 1-16　德國魯爾大學利用 MCP Realizer 250 SLM 成形高緻密金屬件的微觀照片

從圖 1-16 可以看出，孔隙較少，表面熔化道搭接良好並較為平坦，因此該成形件具有接近 100％的相對緻密度與較高的力學性能。該學者研究了不鏽鋼粉末 SLM 成形的相對緻密度與加工參數的關係，得出了以下主要結論：高雷射功率有利於成形出高密度的金屬零件；高的掃描速度容易造成掃描線的分裂，低的掃描速度有利於掃描線的連續，促進緻密化；能量密度的增大有利於成形件相對緻密度的提高，但繼續提高能量密度，相對緻密度的增幅平緩並趨近於 100％。

南京航空航太大學顧冬冬等人研究了銅基合金的孔隙率與加工參數的關係[19]。該學者指出：體能量密度是影響孔隙的關鍵因素，較高的能量密度有利於緻密化，消除孔隙，但過高的體能量密度反而會導致孔隙率的上升；因而要合理控制體能量密度，避免因能量輸入不足或能量輸入過高導致孔隙等成形缺陷。

類似於成形參數-孔隙率關聯性的研究還有以下文獻報導：日本大阪大學 Abe 等學者採用自主研發的 SLM 設備成形對 Ti 粉 SLM 成形相對緻密度進行了研究，成形出了相對緻密度為 96％的純鈦零件，並討論了雷射功率與掃描速度對相對緻密度的影響[20]；新加坡國立大學的 Tang 學者研究了銅基合金直接雷射成形的相對緻密度與成形參數的關係，最高相對緻密度達到 82.2％。

目前，利用 SLM 製造金屬多孔材料及零件是另一個發展方向。這是因為金屬多孔材料具有獨特的物理性能，如低密度、高透過性、高熱導率、良好的生物

相容性，已被廣泛用於過濾、熱交換、生物醫學、液體儲存等領域。因此，研究在 SLM 成形條件下如何控制金屬零件的孔隙率、形狀、分布對發展 SLM 成形多孔材料具有重要的推進作用，目前已有文獻對此報導。南京航空航太大學顧冬冬博士進行了多孔不鏽鋼雷射成形的工作，研究了孔隙可控的工藝與形成機理。英國利物浦大學的 Stamp 等人研究了使用 SLM 技術進行空間三維編織，以成形孔隙可控的鈦零件，可以應用在生物醫學領域。

從以上綜述可以看出，目前海內外在 SLM 孔隙的研究方面主要有以下兩個方向。

① 優化工藝以成形出高緻密、高性能的金屬零部件。

② 調整工藝以獲得較多孔隙，並控制孔形、孔徑及孔隙率，製造出多孔金屬零件。

針對 SLM 成形孔隙這個重要問題，目前海內外研究主要透過大量試驗，得出工藝參數對孔隙率影響的經驗規律。但是，孔隙的形成機理極其複雜，目前海內外文獻缺少對 SLM 孔隙形成基礎理論的研究，如孔隙尺寸、分布、形狀的分類，以及形成機制與調控方法。

1.2.3　應力和裂紋

SLM 成形過程中容易產生裂紋，裂紋的產生也是 SLM 成形件具有孔隙的一個原因，如圖 1-17 所示。這是由於 SLM 是一個快速熔化-凝固的過程，熔體具有較高的溫度梯度與冷卻速度，這個過程在很短的時間內瞬間發生，將產生較大的熱應力，SLM 的熱應力是由於雷射熱源對金屬作用時各部位的熱膨脹與收縮變形趨勢不一致造成的。具體而言，如圖 1-18(a) 所示，在熔化過程中，由於 SLM 熔池瞬間升至很高的溫度，熔池以及熔池周圍溫度較高的區域有膨脹的趨勢，而離熔池較遠的區域溫度較低，沒有膨脹的趨勢。由於兩部分相互牽制，熔池位置將受到壓應力的牽制，而遠離熔池的部位受到拉應力；在熔體冷卻過程中，如圖 1-18(b) 所示，熔體逐漸收縮，相反地，熔體凝固部位受到拉應力，而遠離熔體部位則受到壓應力。積累的應力最後以裂紋的形式釋放。可以看出，SLM 過程的不均勻受熱是產生熱應力的主要原因。

熱應力具有普遍性，是 SLM 過程產生裂紋的主要因素。當 SLM 製件內部應力超過材料的屈服強度時，即產生裂紋以釋放熱應力。微裂紋的存在會降低零件的力學性能，損害零件的品質並限制實際應用。目前，消除 SLM 零件內部裂紋的方法為熱等靜壓。英國伯明罕大學 F. Wang 與 X. Wu 教授採用 SLM 方法成功成形了複雜形狀的 Hastelloy X 鎳基高溫合金[21]。然而由於鎳基合金與其他

金屬相比，具有較高的熱脹係數，所以鎳基合金內部的熱應力較高，從而形成裂紋。對 Hastelloy X 鎳基合金 SLM 成形件進行 HIP 處理之後，從斷口形貌來看，內部裂紋均得到閉合，力學性能也得到大幅度提高。

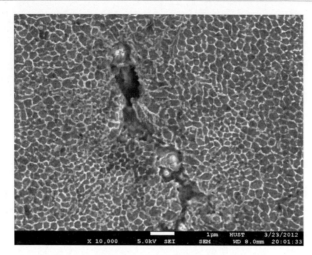

圖 1-17　SLM 製件裂紋

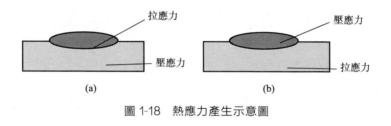

圖 1-18　熱應力產生示意圖

1.2.4　成形材料

　　SLM 成形技術的最大優點就是能夠逐層熔化各種金屬粉末生成複雜形狀的金屬零件。然而，SLM 技術在熔化金屬粉末時，在其相應的熱力學與動力學規律作用下，有些粉末的成形易伴隨球化、孔隙、裂紋等缺陷[22]。大量文獻指出，並非所有的金屬粉末都適合於 SLM 成形，因此有必要研究適用於 SLM 成形的金屬粉末材料並分析相應的冶金機理。

　　（1）鐵基合金

　　鐵基合金是工程技術中最重要、用量最大的金屬材料，因此鐵基粉末的 SLM 成形是研究最廣泛、最深入的一種合金類型。目前，SLM 成形的鐵基合金

材料主要有 316L 不鏽鋼、304L 不鏽鋼、904L 不鏽鋼、H13 工具鋼、S136 模具鋼、M2/M3 高速鋼、18Ni-300 鋼以及 17-4PH 工具鋼等。SLM 成形的鐵基合金零件緻密度可達 99.9%，無須二次熔浸、燒結或熱等靜壓。SLM 成形的不鏽鋼零件的強度高於同質鑄件，綜合力學性能與鍛件相當；SLM 成形的模具鋼的硬度和強度接近鍛件水平，可用於一般塑膠模具，但 SLM 成形的熱作鋼還未見應用報導。

Simchi 學者系統地研究了鐵基粉末的雷射直接成形，主要針對以下粉末：純 Fe 粉、Fe-C 混合粉、Fe-C-Cu-P 混合粉、316L 不鏽鋼合金粉末、M2 高速鋼合金粉末。Simchi 的研究結果表明，純鐵粉直接雷射熔化時容易伴隨大量孔洞產生，而透過合金化可以提升成形動力學，改善成形性能，提高其相對緻密度。主要表現在：①Cu 粉作為黏結元素，可以降低熔化溫度，添加 Cu 粉有利於提高反應活性；②添加石墨粉有利於降低熔化溫度，減小表面張力與液體黏度，減少 Fe 的氧化。另外，該學者還指出，透過工藝參數優化，SLM 成形件力學性能與相對緻密度可以達到傳統粉末冶金水平。比利時魯汶大學的 Kruth 透過球磨法製作了 Fe-20Ni-15Cu-15Fe$_3$P 混合粉末以用於 SLM 成形。其中加入磷鐵的目的是為了減少合金元素的氧化，提高熔池的潤濕性能。試驗結果表明這種合金粉末取得了良好的成形效果：成形表面為平坦魚鱗狀特徵，未出現球化現象，成形件緻密度達到 91%，彎曲強度超過 900MPa。華中科技大學的趙曉採用 SLM 成形 420 不鏽鋼，獲得的製件密度最高可達 99.62%；拉伸強度、顯微硬度高於鑄件，伸長率有所降低。

（2）鎳基合金

鎳基合金具有良好的綜合性能，如好的抗氧化和抗腐蝕性能、良好的力學性能，因此被廣泛用於航空、航太、船舶、石油化工等領域。例如，鎳基高溫合金可以用在航空發動機的渦輪葉片與渦輪盤方面。由於 SLM 技術的主要優勢體現在成形複雜形狀的金屬零件，因此 SLM 技術被嘗試應用於成形鎳基合金材質的發動機渦輪零件。

鎳基合金 SLM 成形的研究主要集中在鎳基高溫合金粉末的成形。英國拉夫堡大學的 Mumtaz 學者研究了 Waspaloy[R] 合金與 Inconel 625 合金的 SLM 成形。該合金是一種時效硬化超強合金，具有優異的高溫強度與抗氧化性、耐腐蝕性能，透過 SLM 成形，緻密度高達 99.7%，被用於航空航太的發動機渦輪零件。法國聖太田國立工程師學院 Yadroitsev 學者研究了 Inconel 625 合金的成形，得到了帶有內螺旋管道的零件。在新型鎳基合金材料成形方面，華南理工大學楊永強教授與英國利物浦大學的 Chalker 研究了 SLM 成形鎳鈦形狀記憶合金，取得了較好的成果，為鎳基合金在更新的領域應用開闢了研究方向。

（3）鈦基合金

鈦基合金具有優良的抗腐蝕性能以及良好的生物相容性，因此鈦合金零件可以用於航空航太、生物醫學等領域。鈦的熔點為 1720℃，低於 882℃ 時晶體結構為密排六方，高於 882℃ 時晶體結構為體心立方。透過添加合金元素，可使相結構與相變溫度發生改變。鈦合金存在三種基體組織，分別是 α、（α＋β）和 β。例如，鋁是穩定 α 元素，鉬、鈮和釩是穩定 β 元素。目前，鈦合金 SLM 成形主要集中在純鈦粉、Ti-6Al-7Nb 與 Ti-6Al-4V 合金粉末方面，主要應用在航空航太和生物骨骼及其醫學替代器件方面。

（4）銅基合金

銅合金具有良好的導熱、導電性能，又具有較好的耐磨與減摩性能，廣泛應用在電子、機械、航空航太等領域。由於銅粉比較容易氧化，SLM 成形時容易產生球化等缺陷，故銅基合金材料成分設計尤為重要。一般來講，CuSn 由於熔點較低，主要用作黏結劑；而 CuP 可以作為脫氧劑，以減少成形的球化。

綜上所述，SLM 成形材料主要針對航空航太工業、生物醫學領域中最常見的材料進行研究，如鐵基、鎳基、鈦基、銅基粉末。然而，SLM 成形還缺少對材料的多樣性進行研究，如有關難熔金屬、金屬間化合物、金屬基複合材料的 SLM 成形的報導相對較少。

1.3　金屬粉床雷射選區熔化增材製造裝備

雷射選區熔化技術是 2000 年左右出現的一種新型增材製造技術。它利用高能雷射熱源將金屬粉末完全熔化後快速冷卻凝固成形，從而得到高緻密度、高精密度的金屬零部件。其思想來源於 SLS 技術並在其基礎上得以發展，但它克服了 SLS 技術間接製造金屬零部件的複雜工藝難題。得益於電腦科學的快速發展及雷射器製造技術的逐漸成熟，德國 Fraunhofer 雷射技術研究所（Fraunhofer Institute for Laser Technology，ILT）最早深入探索了雷射完全熔化金屬粉末的成形，並於 1995 年首次提出了 SLM 技術。在其技術支持下，德國 EOS 公司於 1995 年底製造了第一臺 SLM 設備。隨後，英國、德國、美國等歐美眾多的商業化公司都開始生產商品化的 SLM 設備，但早期 SLM 零件的緻密度、粗糙度和性能都較差。隨著雷射技術的不斷發展，直到 2000 年以後，光纖雷射器成熟的製造並引入 SLM 設備中，其製件的品質才有了明顯的改善。世界上第一臺應用光纖雷射器的 SLM 設備（SLM-50）由英國 MCP（Mining and

Chemical Products Limited）集團旗下的德國 MCP-HEK 分公司 Realizer 於 2003 年底推出。

SLM 設備的研發涉及光學（雷射）、機械、自動化控制及材料等一系列專業知識，目前歐美等發達國家在 SLM 設備的研發及商業化進程上處於世界領先地位。英國 MCP 公司自推出第一臺 SLM-50 設備之後又相繼推出了 SLM-100 以及第三代 SLM-250 設備。德國 EOS GmbH 公司現在已經成為全球最大同時也是技術最領先的雷射粉末增材製造系統的製造商。近來，EOS 公司的 EOSINT M280 增材製造設備是該公司最新開發的 SLM 設備，其採用了「纖維雷射」的新系統，可形成更加精細的雷射聚焦點以及產生更高的雷射能量，可以將金屬粉末直接熔化而得到最終產品，大大提高了生產效率。美國 3D systems 公司推出的 SPro 250 SLM 商用 3D 列印機使用高功率雷射器，根據 CAD 數據逐層熔化金屬粉末，以成形功能性金屬零部件。該 3D 列印機能夠滿足長達 320mm（12.6in）的工藝金屬零件的成形，零件具有出色的表面光潔度、精細的功能性細節與嚴格的公差。此外，法國的 Phenix、德國 Concept Laser 公司及日本的 Trumpf 等公司的 SLM 設備均已商業化。

美國 3D Systems 公司是歷史最悠久的增材製造裝備生產商之一，目前，主要提供 SPro 系列 SLM 裝備。SLM 裝備採用 100W 和 200W 光纖雷射器，採用高精密度振鏡掃描系統，掃描速度為 1m/s，最大成形空間為 250mm×250mm× 320mm，粉末層厚為 0.02~0.1mm。

德國 EOS 公司成立於 1989 年。EOS 發布的 DMLS EOSINT M270，也是目前金屬快速成形最常見的裝機機型，2011 年 EOSINT M280 開始銷售。M280 型 SLM 裝備採用 200W 和 400W 光纖雷射器，最小層厚為 0.02mm。該型 SLM 裝備固定了工藝參數以及成形公司指定的金屬材料，使用者無須過多優化即可獲得性能穩定的高性能金屬零件，整體性能與鍛件相當。利用該設備可在 20h 內製造出多達 400 顆金屬牙冠，而傳統工藝中一位熟練的牙科技術人員一天僅能生產 8~10 顆牙冠。

SLM Solutions 公司 2012 年底最新推出了全球最大的 SLM 設備 SLM500HL。該系統成形體積（500×320×280）mm^3，系統可以配置兩臺 1000W 光纖雷射器和兩臺 400W 光纖雷射器，成形效率目前為全球之最。此外 SLM solutions 公司也在銷售 SLM 280HL、SLM125HL 型號設備，除與 BEGO 合作採用已經取得醫用許可證的牙科材料外，為了方便客戶自主研發材料，配置了材料工藝研發模組，多種材料工藝成熟、多種材料可同時加工的鋪粉系統、自動粉末收集系統和自動監控系統等先進技術的集成，提高了製造的可操作性和智慧化程度。

除了 3D systems、EOS 和 SLM Solutions 外，還包括多家專業生產 SLM 裝

備的知名公司。德國 Concept Laser 公司從 2002 年開始生產和銷售 LaserCUSIN 型 SLM 裝備。採用 200W 和 400W 的光纖雷射器，最大成形尺寸超過了 300mm。該公司生產的 SLM 裝備與 3D systems 和 EOS 公司的產品存在一個明顯的區別。以 X-Y 軸移動系統取代振鏡，在擴大成形空間方面具有一定的便利性。安裝了即時監測熔池模組，可即時追蹤每秒數千次的掃描並獲取圖像，分析熔池成形品質，進而自動調節成形工藝，有效提高成形品質。法國 Phenix 公司生產的 SLM 裝備最大的不同之處在於對成形腔預熱，並使用更細的粉末材料。上述設計保證成形更高精密度的微細零件，特別是可以直接成形高性能陶瓷零件，在成形精細牙齒方面具有突出技術優勢。另外，還包括幾家專業生產和銷售商品化 SLM 裝備的公司，如英國的 MTT 和 Renishaw 公司、德國的 Realizer 和日本松浦機械製造所等。表 1-3 為國外典型商業化 SLM 設備對比。

表 1-3　國外典型商業化 SLM 設備對比

單位	型號	成形尺寸 /mm³	雷射器	成形效率	掃描速度 /(m/s)	典型材料
EOS （德國）	M290	250×250×325	400W 光纖	2～30 mm³/s	7	不鏽鋼、工具鋼、鈦合金、鎳基合金、鋁合金
	M400	400×400×400	1000W 光纖	—	7	
3D Systems （美國）	ProX300	250×250×300	500W 光纖	—	—	不鏽鋼、工具鋼、有色合金、超級合金、金屬陶瓷
Concept Laser （德國）	Concept M2	250×250×280	200～400W 光纖	2～10cm³/h	7	不鏽鋼、鋁合金、鈦合金、熱作鋼、鈷鉻合金、鎳合金
Renishaw （英國）	AM250	245×245×300	200～400W 光纖	5～20cm³/h	2	不鏽鋼、模具鋼、鋁合金、鈦合金、鈷鉻合金、鉻鎳鐵合金
SLM Solutions （德國）	SLM 280HL	280×280×350	2×400/1000 光纖	35cm³/h	15	不鏽鋼、工具鋼、模具鋼、鈦合金、鈷鉻合金、鋁合金、高溫鎳基合金
	SLM 500HL	500×280×325	400/1000W 光纖	70cm³/h	15	
Sodick （日本）	OPM 250L	250×250×250	500W 光纖	—	—	馬氏體時效鋼與 STAVAX

中國 SLM 設備的研發與歐美發達國家相比，整體性能相當，但在設備的穩

定性方面略微落後。目前中國 SLM 設備研發單位主要包括華中科技大學、華南理工大學、西北工業大學和北京航空製造研究所等。各科研單位均建立了產業化公司，生產的 SLM 裝備在技術上與美國 3D Systems 和德國 EOS 公司的同類產品類似，採用 100～400W 光纖雷射器和高速振鏡掃描系統。設備成形臺面均為 250mm×250mm，最小層厚可達 0.02mm，可成形近全緻密的金屬零件。表 1-4 為中國典型商業化 SLM 設備對比。

表 1-4　中國典型商業化 SLM 設備對比

單位	型號	成形尺寸 /mm^3	雷射器	成形效率	掃描速度 /(m/s)	典型材料
華中科技大學（華科三維）	M125	125×125×125	500W 光纖	—	8	不鏽鋼、鈦合金、鈷鉻合金、鐵鎳高溫合金等
	M250	250×250×250	500W 光纖	—	8	
湖南華曙高科	FS271M	275×275×1860	500W 光纖	20cm^3/h	15.2	不鏽鋼、模具鋼、鈷鉻合金、鈦合金、鋁合金、鐵鎳合金、銅錫合金、鎢、鉭等
	FS121M	120×120×100	200W 光纖	5cm^3/h	15.2	不鏽鋼、鈷鉻合金鈦合金、銅錫合金等
	FS121M-D	120×120×100	200W 光纖	5cm^3/h	15.2	鈷鉻鉭合金
西北工業大學（西安鉑力特）	BLT-S200	105×105×200	200/500W 光纖	—	—	鈦合金、高溫合金、鋁合金、銅合金、不鏽鋼、模具鋼、高強鋼等
	BLT-S310	250×250×400	500/1000 光纖	—	—	
	BLT-S320	250×250×400	500/1000 光纖	—	—	
	BLT-S400	250×400×400	2×500 光纖	—	—	
北京隆源	AFS-M260	260×260×350	500W 光纖	2～15cm^3/h	6	不鏽鋼、鈦合金、模具鋼、鈷鉻合金、鎳基合金等
	AFS-M120	120×120×150	200/500W 光纖	1～5cm^3/h	6	

1.4 金屬粉床雷射選區熔化增材製造技術應用及發展趨勢

1.4.1 SLM 技術的應用

SLM 技術是目前用於金屬增材製造的主要工藝之一。粉床工藝以及高能束微細雷射束使其較其他工藝在成形複雜結構、零件精密度、表面品質等方面更具優勢，在整體化航空航太複雜零件、個性化生物醫療器件以及具有複雜內流道的模具鑲塊等領域具有廣泛應用前景。

（1）輕量化結構

SLM 技術能實現傳統方法無法製造的多孔輕量化結構成形。多孔結構的特徵在於孔隙率大，能夠以實體線或面進行單位的集合。多孔輕量化結構將力學和熱力學性能結合，如高剛度與低重量比，高能量吸收和低熱導率，因此被廣泛用在航空航太、汽車結構件、生物植入體、土木結構、減振器及絕熱體等領域。與傳統工藝相比，SLM 可以實現複雜多孔結構的精確可控成形。面向不同領域，SLM 成形多孔輕量化結構的材料主要有鈦合金、不鏽鋼、鈷鉻合金及純鈦等，根據材料的不同，SLM 的最優成形工藝也有所變化。圖 1-19 展示了 SLM 成形多材料多類型複雜空間多孔零件。圖 1-20 為採用 SLM 技術製造的內空複雜零件[23]。

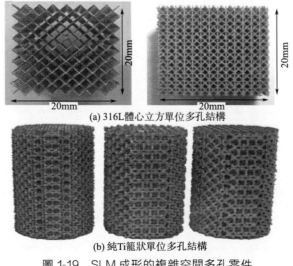

(a) 316L體心立方單位多孔結構

(b) 純Ti籠狀單位多孔結構

圖 1-19　SLM 成形的複雜空間多孔零件

(a) 金屬樣件

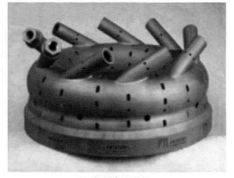
(b) 高溫合金零件

圖 1-20　SLM 技術製造的內空複雜零件

（2）航空航太零件

美國的 GE 公司收購了 Coucept Laser 公司並且利用其 SLM 設備與工藝技術製造出了噴氣式飛機專用的發動機組件，如圖 1-21 所示，GE 公司明確地將雷射增材製造技術認定為推動未來航空發動機發展的關鍵技術。

(a) 航空發動機葉輪

(b) 燃油噴嘴

圖 1-21　美國 GE 公司採用 SLM 技術製造的零件

2015 年，德國 MTU 航空發動機公司已開始使用 EOS 的增材製造機器生產鎳合金管道內窺鏡套筒（圖 1-22），這是 A320neo 上 GTF 發動機渦輪機殼體的一部分，可以讓維護人員透過內窺鏡來檢查渦輪葉片的磨損和損壞程度。在 MTU 應用增材製造技術之前，這些套筒通常是使用鑄造和銑床加工的方式製造的，成本高昂而且費時。

圖 1-22　德國 MTU 航空發動機公司使用 EOS 增材製造機器生產的鎳合金管道內窺鏡套筒

（3）隨形水道模具

　　模具在汽車、醫療器械、電子產品及航空航太領域應用十分廣泛。例如，汽車覆蓋件全部採用沖壓模具，內飾塑膠件採用注塑模具，發動機鑄件鑄型需模具成形等。模具功能多樣化帶來了模具結構的複雜化。例如，飛機葉片、模具等零件由於受長期高溫作用，往往需要在零件內部設計隨形複雜冷卻流道，以提高其使用壽命。直流道與型腔幾何形狀匹配性差，導致溫度場不均，易引起製件變形，並降低模具壽命。使設計的冷卻水道與型腔幾何形狀基本一致，可提升溫度場均勻性，但異形水道傳統機加工難加工甚至無法加工。SLM 技術逐層堆積成形，在製造模具複雜結構方面較傳統工藝具有明顯優勢，可實現複雜冷卻流道的增材製造。主要採用材料有 S136、420 和 H13 等模具鋼系列，圖 1-23 為德國 EOS 公司採用 SLM 技術製造的具有複雜內部流道的 S136 零件及模具，冷卻週期從 24s 減少到 7s，溫度梯度由 12℃減至 4℃，產品缺陷率由 60％降為 0，製造效率增加 3 件/min。圖 1-24 為其他廠商製造的隨形冷卻流道模具。

圖 1-23　德國 EOS 公司採用 SLM 技術製造的具有內部隨形冷卻水道的模具

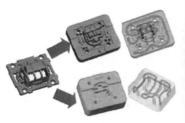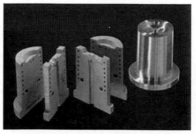

<table>
<tr><td>(a) 德國弗朗霍夫研究所
成形的銅合金模具鑲塊</td><td>(b) 法國PEP公司成形的隨形冷卻通道模具</td><td>(c) 義大利Inglass公司成形
的高複雜回火系統模具</td></tr>
</table>

圖 1-24 SLM 成形的複雜水道模具鑲塊

(4) 醫學植入體

由於 SLM 工藝可以直接獲得幾乎任意形狀、具有完全冶金結合、高精密度的近乎全緻密的金屬零件，因此被廣泛地應用到醫療領域，用以成形具有複雜結構且與生物體具有良好相容性的植入體，包括個性化骨科手術模板、個性化股骨植入體和個性化牙冠牙橋植入體等，如圖 1-25 所示[24]。

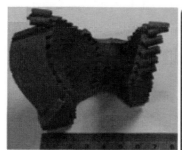

<table>
<tr><td>(a) 骨科手術導板</td><td>(b) 股骨植入體</td><td>(c) 牙冠牙橋</td></tr>
</table>

圖 1-25 SLM 成形不鏽鋼個性化植入體

西班牙的 Salamanca 大學利用 SLM 成功製造出了鈦合金胸骨與肋骨，如圖 1-26 所示，並成功植入了罹患胸廓癌的患者體內。採用 SLM 技術後，可以大大縮短包括口腔植入體在內的各類人體金屬植入體和代用器官的製造週期，並且可以針對個體情況，進行個性化優化設計，大大縮短手術週期，提高患者的生活品質。

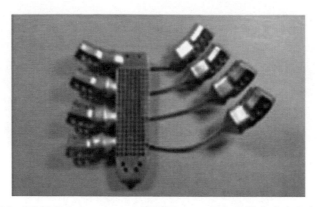

圖 1-26　西班牙 Salamanca 大學利用 SLM 列印的鈦合金胸骨與肋骨

（5）免組裝機構

現代製造業將是向著節能環保、工藝流程簡單的方向發展，免組裝機構的概念就是在這種背景下提出來的，即採用數位化設計和裝配並採用 SLM 技術一次性直接成形、無須實際裝配工序的機構。免組裝機構具有無須裝配、避免裝配誤差、多自由度設計、無設計局限等優勢，但是免組裝機構是一次性製造出來，相對運動的零件仍是透過運動副連接，仍然存在運動屬性的約束，需要保證成形後的運動副能夠滿足機構的運動要求。運動副的間隙特徵對免組裝機構的性能有直接的影響。間隙尺寸過大會增大離心慣力，導致機構運動不平穩；設計過小則會導致成形後的間隙特徵模糊，間隙表面粗糙則會影響機構的運動性能。因此，SLM 直接成形免組裝機構的關鍵問題就是運動副的間隙特徵成形。圖 1-27～圖 1-30 為 SLM 成形的典型免組裝結構，如萬向機構、珠算算盤、平面連桿機構、萬向節及自行車模型等。華南理工大學在該方向做了大量研究工作。

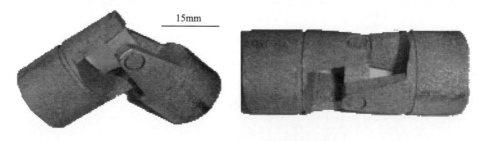

15mm

圖 1-27　SLM 成形的免組裝萬向機構

(a)　　　　　　　　　　　　(b)

圖 1-28　採用 SLM 技術成形的銅錢珠算和摺疊算盤

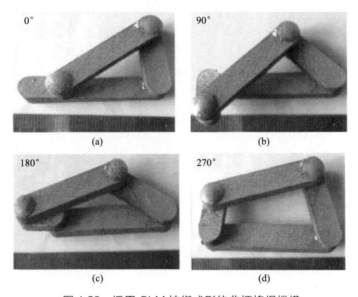

(a)　　　　　　　　　　　　(b)

(c)　　　　　　　　　　　　(d)

圖 1-29　採用 SLM 技術成形的曲柄搖桿機構

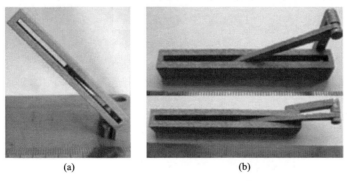

(a)　　　　　　　　　　　　(b)

圖 1-30　採用 SLM 技術成形的搖桿滑塊機構

1.4.2　SLM 技術的發展趨勢

雷射選區熔化成形技術是增材製造技術重要的分支之一，代表了增材製造技術未來發展方向。與其他高能束流製造技術類似，未來該技術的應用發展主要呈現兩方面趨勢：一方面是針對技術本身的研究，將進一步側重於更純淨細小的粉體製作技術、更高的成形效率和大規格整體化的製造能力；另一方面是以工程應用為目標，突破傳統製造工藝思維模式束縛的配套技術研究，包括設計方式、檢測手段、加工裝配等研究，以適應不斷發展的新型製造技術需求。具體包括如下幾個方面。

（1）SLM 工藝向近無缺陷、高精密度、新材料成形方向發展

SLM 製造精密度最高，在製造鈦合金、高溫合金等典型航太材料高性能、高精密度複雜薄壁型腔構件方面具有一定的優勢，是近年來海內外研究的焦點。根據目前檢索到的文獻資料，SLM 離實現工程化應用仍然存在較多基礎問題需要解決，未來需要在使用粉末技術條件、成形表面球化、內部缺陷形成機理、組織性能與高精密度協同調控等方面開展深入的技術基礎研究[25]。

（2）SLM 裝備向多光束、大成形尺寸、高製造效率方向發展

現有的單光束 SLM 成形設備的適用範圍較小，生產效率還較低，不能滿足較大尺寸複雜構件的整體製造。但從航空、航太型號需求來看，對較大尺寸複雜構件的需求仍比較迫切，因此未來 SLM 設備將會向多光束、大成形尺寸、高製造效率方向發展[26]。SLM 除在鈦合金、高溫合金材料上應用外，還將向高熔點合金（如鎢合金、錸銥合金等）以及陶瓷材料方向應用延伸。

（3）SLM 技術與傳統加工技術複合成形

雖然 SLM 技術在複雜精密零件成形方面具有其獨特的優勢，但是在 SLM 成形過程中，由於粉末快速熔化急速冷卻，並且逐道逐層的加工方式造成了 SLM 成形件組織、性能、應用的特殊性。雖然其硬度和強度得到大幅度的提升，但延展性和表面品質仍不如傳統成形方法。因此 SLM 技術與傳統加工技術複合成形將成為未來的又一發展方向，如 SLM 技術與機加工複合製造零件，既可以利用 SLM 成形的獨特優勢，又可以採用機加工來提高表面品質。

參考文獻

[1] Wong K V, Hernandez A. A review of additive manufacturing [J]. ISRN Mechanical Engineering, 2012.

[2] T. DebRoy, H. Wei, J. Zuback, T. Mukherjee, J. Elmer, J. Milewski, A. Beese, A. Wilson-Heid, A. De, W. Zhang, Additive manufacturing of metallic components-process, structure and properties, Progress in Materials Science 2017.

[3] 楊全占, 魏彥鵬, 高鵬, 等. 金屬增材製造技術及其專用材料研究進展[J]. 材料導報: 奈米與新材料專輯, 2016, 30（1）: 107-111.

[4] 李瑞迪, 魏青松, 劉錦輝, 等. 選擇性雷射熔化成形關鍵基礎問題的研究進展[J]. 航空製造技術, 2012, 401（5）: 26-31.

[5] Yap C Y, Chua C K, Dong Z L, et al. Review of selective laser melting: Materials and applications [J]. Applied Physics Reviews, 2015, 2（4）: 041101.

[6] 張學軍, 唐思熠, 肇恒躍, 等. 3D列印技術研究現狀和關鍵技術[J]. 材料工程, 2016, 44（2）: 122-128.

[7] Palčič l, Balažic M, Milfelner M, et al. Potential of laser engineered net shaping（LENS）technology [J]. Materials and Manufacturing Processes, 2009, 24（7-8）: 750-753.

[8] 黃衛東, 林鑫, 陳靜. 雷射立體成形——高性能緻密金屬零件的快速自由成形 [M]. 西安: 西北工業大學出版社, 2007.

[9] Ding D, Pan Z, Cuiuri D, et al. Wire-feed additive manufacturing of metal components: technologies, developments and future interests[J]. The International Journal of Advanced Manufacturing Technology, 2015, 81（1-4）: 465-481.

[10] Sing S L, An J, Yeong W Y, et al. Laser and electron-beam powder-bed additive manufacturing of metallic implants: A review on processes, materials and designs [J]. Journal of Orthopaedic Research, 2016, 34（3）: 369-385.

[11] Gong X, Anderson T, Chou K. Review on powder-based electron beam additive manufacturing technology [C]// ASME/ISCIE 2012 international symposium on flexible automation. American Society of Mechanical Engineers, 2012: 507-515.

[12] 張格, 王建宏, 張浩. 金屬粉末選區雷射熔化球化現象研究[J]. 鑄造技術, 2017, 38（2）: 262-265.

[13] Tolochko N K, Mozzharov S E, Yadroitsev I A, et al. Balling processes during selective laser treatment of powders [J]. Rapid Prototyping Journal, 2004, 10（2）: 78-87.

[14] 顧冬冬, 沈以赴, 楊家林, 等. 多組分銅基金屬粉末選區雷射燒結試驗研究[J]. 航空學報, 2005, 26（4）: 510-514.

[15] Kruth J P, Froyen L, Van Vaerenbergh J, et al. Selective laser melting of iron-based powder [J]. Journal of materials processing technology, 2004, 149（1-3）: 616-622.

[16] Simchi A. Direct laser sintering of metal powders: Mechanism, kinetics and microstructural features [J]. Materials Science and Engineering a-Structural Materials Properties Microstructure and

Processing, 2006, 428 (1-2): 148 - 158.

[17] Badrossamay M, Childs T H C. Further studies in selective laser melting of stainless and tool steel powders [J]. International Journal of Machine Tools and Manufacture, 2007, 47 (5): 779-784.

[18] Meier H, Haberland C. Experimental studies on selective laser melting of metallic parts [J]. Materialwissenschaft und Werkstofftechnik, 2008, 39 (9): 665-670.

[19] Gu D, Shen Y. Effects of processing parameters on consolidation and microstructure of W-Cu components by DMLS[J]. Journal of Alloys and Compounds, 2009, 473 (1-2): 107-115.

[20] Abe F, Costa Santos E, Kitamura Y, et al. Influence of forming conditions on the titanium model in rapid prototyping with the selective laser melting process [J]. Proceedings of the Institution of Mechanical Engineers, Part C: Journal of Mechanical Engineering Science, 2003, 217 (1): 119-126.

[21] Wang F. Mechanical property study on rapid additive layer manufacture Hastelloy® X alloy by selective laser melting technology [J]. The International Journal of Advanced Manufacturing Technology, 2012, 58 (5-8): 545 - 551.

[22] Singh S, Ramakrishna S, Singh R. Material issues in additive manufacturing: A review [J]. Journal of Manufacturing Processes, 2017, 25: 185-200.

[23] 趙志國，柏林，李黎，等. 雷射選區熔化成形技術的發展現狀及研究進展[J]. 航空製造技術，2014，463 (19)：46-49.

[24] 楊永強，劉洋，宋長輝. 金屬零件 3D 列印技術現狀及研究進展[J]. 機電工程技術，2013 (4)：1-7.

[25] 尹華，白培康，劉斌，等. 金屬粉末選區雷射熔化技術的研究現狀及其發展趨勢[J]. 熱加工工藝，2010，39 (1)：140-144.

[26] 宋長輝，翁昌威，楊永強，等. 雷射選區熔化設備發展現狀與趨勢[J]. 機電工程技術，2017，46 (10)：1-5.

第2章

工藝原理與系統組成

2.1 工藝原理及實現

2.1.1 工藝原理

　　雷射選區熔化（Selective Laser Melting，SLM）技術藉助於電腦輔助設計（Computer Aided Design，CAD），基於離散-分層-疊加的原理，利用高能雷射束將金屬粉末材料直接成形為緻密的三維實體製件，成形過程不需要任何工裝模具，也不受製件形狀複雜程度的限制，是當今世界最先進的、發展速度最快的一種金屬增材製造（Metal Additive Manufacturing，MAM）技術[1]。相比於傳統製造金屬零件去除材料的加工思路，MAM 基於增材製造（Additive Manufacturing，AM）原理，從電腦輔助設計的三維零件模型出發，透過軟體對模型分層離散，利用數控成形系統將複雜的三維製造轉化為一系列的平面二維製造的疊加。可以在沒有工裝夾具或模具的條件下，利用高能束流將成形粉末材料熔化堆積而快速製造出任意複雜形狀且具有一定功能的三維金屬零部件，其原理如圖 2-1 所示[2]。

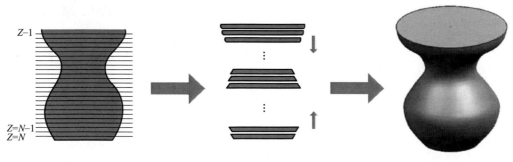

圖 2-1　金屬增材製造技術原理示意

2.1.2　實現方式

SLM 技術是利用雷射選擇性逐行、逐層熔化金屬粉末，最終達到製造金屬零件的目的。其典型的成形工藝過程如圖 2-2 所示[3]。

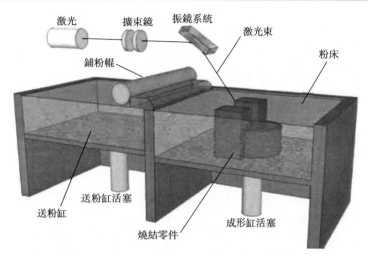

激光　擴束鏡　振鏡系統　激光束　粉床　鋪粉輥　送粉缸活塞　送粉缸　燒結零件　成形缸活塞

圖 2-2　雷射選區熔化（SLM）成形工藝過程

雷射束開始掃描前，先在工作檯安裝相同材料的基板，提供金屬零件生長所需的基體，將基板調整到與工作檯面平齊的位置後，送粉缸上升送粉，鋪粉輥滾動將粉末帶到工作平面的基板上，形成一個均勻鋪展的粉層；在電腦控制下，雷射束根據零件 CAD 模型的二維切片輪廓資訊掃描熔化粉層中對應區域的粉末，以成形零件的一個水平方向的二維截面；該層輪廓掃描完畢後，工作缸下降一個切片層厚的距離，送粉缸再上升一定高度，鋪粉輥滾動將粉末送到已經熔化的金屬層上部，形成一個鋪粉層厚的均勻粉層，電腦調入下一個層面的二維輪廓資訊，並進行加工；如此層層加工，直至整個三維零件實體製造完畢。

利用 SLM 技術直接成形金屬零件，相對於傳統加工技術，SLM 技術具有以下優點[4]。

① 成形材料廣泛　從理論上講，任何金屬粉末都可以被高能束的雷射束熔化，故只要將金屬材料製作成金屬粉末，就可以透過 SLM 技術直接成形具有一定性能和功能的金屬零部件。

② 複雜零件製造工藝簡單，週期短　傳統複雜金屬零件的製造需要多種工藝配合才能完成，如人工關節的製造就需要模具、精密鑄造、切削、打孔等多種工藝的並行製造，同時需要多種專業技術人員才能完成最終的零件製造，不但工

藝繁瑣，而且製件的週期較長。SLM 技術是由金屬粉末原料直接一次成形最終製件，與製件的複雜程度無關，簡化了複雜金屬製件的製造工序，縮短了複雜金屬製件的製造時間，提高了製造效率，如圖 2-3 所示。

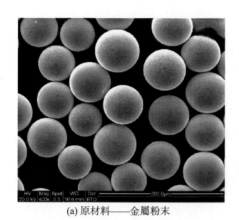

(a) 原材料——金屬粉末　　　　　(b) SLM產品——義齒

圖 2-3　雷射選區熔化直接製造終端功能件

③ 製件材料利用率高，節省成本　用傳統的鑄造技術製造金屬零件主要是透過去除毛坯上多餘的材料來獲得所需的金屬製件，因此往往需要大塊的坯料，但最終零件的用料遠小於坯料的用料。而用 SLM 技術製造零件耗費的材料基本上和零件實際用料相等，在加工過程中未用完的粉末材料可以重複利用，其材料利用率一般高達 90％以上。特別對於一些貴重的金屬材料（如黃金等），材料的成本占整個製造成本的大部分，大量浪費的材料使加工製造費用提高數倍，節省材料的優勢往往就能夠更加凸顯出來。

④ 製件綜合力學性能優良　金屬製件的力學性能是由其內部組織決定的，晶粒越細小，其綜合力學性能一般就越好。相比較鑄造、鍛造而言，SLM 製件是利用高能束的雷射選擇性地熔化金屬粉末，其雷射光斑小、能量高，製件內部缺陷少。製件的內部組織是在快速熔化/凝固的條件下形成的，顯微組織往往具有晶粒尺寸小、組織細化、增強相彌散分布等優點，從而使製件表現出優良的綜合力學性能，通常情況下，其大部分力學性能指標都優於同種材質的鍛件性能。

⑤ 適合輕量化多孔製件的製造　對一些具有複雜細微結構的多孔零件，傳統方法無法加工出製件內部的複雜孔隙，而採用 SLM 工藝，透過調整工藝參數或者數據模型即可達到上述目的，實現零件的輕量化的需求。如人工關節往往需要內部具有一定尺寸的孔隙來滿足生物力學和細胞生長的需求，但傳統的製造方式無法製造出滿足設計要求的多孔人工關節，而採用 SLM 技術，透過修改數據模型或工藝參數，即可成形出任意形狀複雜的多孔結構，從而使其更好地滿足實

際需求，如圖 2-4 所示。

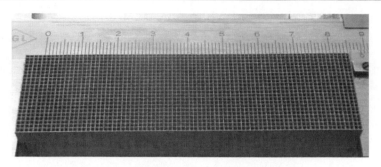

圖 2-4　雷射選區熔化製造的輕量化多孔零件

⑥ 滿足個性化金屬零件製造需求　利用 SLM 技術可以很便利地滿足一些個性化金屬零件製造，擺脱了傳統金屬零件製造對模具的依賴性。如一些個性化的人工金屬修復體，設計者只需設計出自己的產品，即可利用 SLM 技術直接成形出自己設計的產品，而無須專業技術人員來製造，滿足現代人的個性需求，如圖 2-5 所示。

(a)　　　　　　　　　　　　　　(b)

圖 2-5　雷射選區熔化製造的個性化人工修復體

2.1.3　大臺面多雷射實現技術

在航空航太、軍工、汽車、船舶等重要領域，其核心部件一般為金屬或輕質複合材料的複雜結構零件，絕大部分零部件不但具有尺寸大的特點，而且形狀上是非對稱性的、有著不規則曲面或複雜內部結構。

大型金屬零部件按空間形狀可分為箱體類、殼體類、薄壁殼體類和異形零件等，採用傳統的模具開發製造時，產品的定型往往需要多次的設計、測試和改

進，不僅週期長、費用高，而且從模具設計到加工製造是一個多環節的複雜過程，返工率高，一些複雜結構甚至無法製造，成為高端產品開發和製造的「瓶頸」。在傳統鑄造生產中，模板、芯盒、壓蠟型、壓鑄模的製造往往採用機加工的方法來完成，有時還需要鉗工進行修整，其週期長、耗資大，略有失誤就可能會導致全部返工。特別是對一些形狀複雜的鑄件，如葉片、葉輪、發動機缸體和缸蓋等，模具的製造難度更大。即使使用 5 軸以上高檔數控加工中心等昂貴的裝備，在加工技術與工藝可行性方面仍存在很大困難，因此極大地限制了航空航太、軍工、船舶等重要領域大型複雜零部件的研發和生產。

SLM 技術作為增材製造（或稱 3D 列印）技術的一種，可在無須模具的情況下，快速製造出各種材料的複雜結構，是解決上述傳統模具在製造複雜零件時所面臨難題的重要手段。航空航太發動機中的大尺寸燃氣渦輪罩、渦輪盤、機匣、空心渦輪葉片，汽車新型發動機排氣管、缸體和缸蓋，以及船舶的大型泵輪等一般採用傳統鑄造工藝製造。這些典型鑄件具有結構複雜（如空心渦輪葉片具有空心冷卻的流道內腔，壁厚很薄，最薄處為 $1\sim2mm$）、尺寸大（一般都在 1m 以上）、精密度要求嚴格等特點。採用傳統鑄造工藝，需要昂貴的多套模具來壓制蠟模或成形砂型（芯），試製週期長、成本高。而且大尺寸蠟模是採用多個小尺寸蠟模拼接組裝成一體，難以達到大型複雜精鑄件的高精密度要求。因此，航空航太、汽車等重要領域急需新的技術裝備來研製與生產大尺寸複雜零部件和模具，需要大型 SLM 裝備在保持現有精密度的同時進一步擴大成形空間。

但目前海內外商品化 SLM 裝備的臺面較小，無法一次整體成形大尺寸複雜零件，通常採用分段製造再拼接的方法，使得製件精密度及性能下降、效率降低、成本升高。當臺面足夠大時，已有的雷射掃描系統隨著成形腔的進一步擴大，雷射聚焦光斑以及成形效率無法滿足要求，必須採用多雷射掃描系統，但是存在多雷射協同掃描、多雷射負載均衡以及多雷射精密度校準等一系列技術難題；成形過程中大範圍立體溫度場的均勻性難以準確控制，在冷卻過程中降溫不受控，使得大尺寸製件在冷卻收縮過程中極易產生嚴重翹曲變形，導致製件精密度下降，甚至報廢。

上述技術難題決定了現有 SLM 裝備的臺面無法簡單地放大，而是需要解決一系列關鍵共性技術，才能實現大臺面多雷射技術。

① 多雷射器掃描區域之間如果採用直線分割或梯度重疊等傳統方法，將導致在多雷射器掃描的鄰接區域出現表面品質劣化、性能降低等問題，嚴重影響最終製件品質。採用基於隨機擾動分割多雷射器加工區域的大尺寸、高性能製件的加工方法，可以實現大臺面金屬零件的 SLM 加工並保證製件的品質。該方法是基於多重隨機權因子、具備局部非規則性的可控隨機擾動曲線動態生成方法來即時設計不同掃描區域間的分割路徑。能保證每一層的區域分割路徑都是各不相同

的隨機曲線，從各個方向看各雷射掃描區域之間都是犬牙交錯的，可以顯著提高連接強度，並且對於各種規則或者不規則的實體模型都具有良好的適應性，應力應變分布較為均勻，不會出現分割面形狀正好與相鄰模型表面基本吻合而導致掃描品質劣化的可能性。該方法可顯著提高多雷射器拼合處連接性能、表面品質及整體尺寸精密度，使其達到與單雷射器掃描基本一致甚至更好的 SLM 成形品質。

② 由於大尺寸製件的幾何形狀不可能完全對稱，簡單地將加工區域劃分成多個等面積的區域無法實現多個雷射器工作負載的一致性，存在幾個雷射器工作完成後等待另一個雷射器工作完成的情況，因此，將嚴重影響大尺寸 SLM 製件的成形效率。採用負載均衡、區域自適應劃分技術即可解決上述難題，同時實現大臺面多雷射加工成形品質良好的 SLM 製件，也會在一定程度上影響整個成形區域的溫度場、應力場均勻性。對於微小細節區域，受振鏡掃描系統加減速性能的影響，簡單地將其劃分成多個區域掃描加工效率不一定比單雷射器整體掃描細節區域高，並且 SLM 製件力學性能反而會受到很大影響，因此根據負載均衡方法，可均勻分配各個雷射束的任務，且盡量避開對細節輪廓區域的切割，可使各個雷射器負載基本一致，達到最高的掃描效率，粉床溫度場也可更加均勻，實現大臺面多雷射加工。

③ 受機械安裝精密度影響，多個雷射器的工作區域不可能組成一個理想工作平面，且各個振鏡的畸變及動態聚焦精密度也不完全相同，因此，將會嚴重影響 SLM 製件在拼合處的力學性能、表面品質及精密度，所以，需要對各個光路進行一致性校正。然而，當雷射器增加到一定數量後，其調整難度急劇上升，將難以完全依靠人工進行校正。可採用基於機器視覺的方法自動完成整個系統的檢測工作，測量出各個掃描系統的畸變、平行度、垂直度誤差及功率誤差，由此基於軟體最優化算法提出一種全局最優的調整方案，輔助人工完成機械、光路的初步調整後基於軟體可自動完成高精密度的掃描區域、功率、光斑的校正工作。測試用基板在整個測試過程中無須更換和反覆安裝，提高了校正精密度，降低了測試成本。

④ 由於大尺寸 SLM 製件在成形過程中，成形腔內部溫度分布不均勻，可透過多點溫控技術結合立體加熱方式實現大尺寸粉床預熱溫度場的高均勻性控制，提取大型預熱溫度場的各個關鍵以及特徵區域，結合加熱單位經過細分的多層可調式輻射加熱裝置，採用工作面整體加熱與各個區域單獨加熱相結合的方式，保證工作面的預熱溫度場均勻；同時在零件成形過程中，透過對工作缸的其餘各個方向進行加熱控溫，保證零件所處的立體溫度場的溫度均勻性。

⑤ 大臺面的 SLM 設備如果不對冷卻過程採取適當的溫度控制措施，將會導致冷卻過程中的溫度場不均勻度急劇上升，製件在這個時候易發生嚴重的翹曲變形問題，導致成形精密度受到很大影響，甚至加工失敗。利用受控降溫方法，可以有效地緩解大尺寸 SLM 製件冷卻過程中的翹曲變形問題。基於對製件 CAD

模型形貌特徵的自動分析，根據製件精密度要求，自動規劃出一條合理的降溫曲線。溫控系統根據預先設計的降溫曲線，持續進行立體控溫，確保整個 SLM 製件的冷卻過程得到全面的控制，從而有效地抑制大尺寸 SLM 製件翹曲變形的問題。

⑥ 由於鋪粉輥對 SLM 熔融區域的摩擦力因素，SLM 裝備在成形過程中存在一定的細節特徵損傷問題，製件的細微特徵結構有微小的概率在加工初期被鋪粉輥刮傷，如果不及時採取措施，該微小損傷將導致整個製件的加工失敗。這是 SLM 裝備的固有特性，只是在加工小型、簡單零件時表現不明顯。但當零件尺寸增大或同時加工多個零件時，模型體積將呈三次方增長，該損傷概率將急劇增大，嚴重影響 SLM 製件的整體成功率。利用一種基於高溫機器視覺的 SLM 智慧製造、監控方法，可實現大臺面多雷射加工。同時基於高溫機器視覺技術的智慧檢測方法，在加工過程即時監控雷射掃描熔融區域，當感知到細節損傷（粉末熔融區域與加工區域不重合時），能即時改變加工工藝路徑，迴避該細節特徵並繼續成形，以避免局部的損傷影響全局製造，從而可顯著提高大尺寸 SLM 製件的製造成功率。

2.2 關鍵功能部件

2.2.1 光路系統

光路系統作為 SLM 加工的能量源，是 SLM 設備系統的重要組成，其工作的穩定性直接決定成形加工的品質[5,6]。光路系統要實現在較小的光斑範圍內具有極高的雷射能量密度。為此，必須透過擴束鏡先將發散的雷射全部矯正為準直平行光，然後透過聚焦透鏡來調整獲得符合高能量密度的光斑尺寸。光路系統包括雷射器、擴束鏡及掃描裝置等，如圖 2-6 所示。

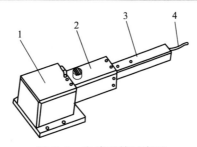

圖 2-6　光路系統示意圖

1—掃描裝置；2—擴束鏡；3—準直器；4—光纖

（1）雷射擴束系統

如果雷射束需要傳輸較長距離，為了得到合適的聚焦光斑以及掃描一定大小的工作面，通常在選擇合適的透鏡焦距的同時，需要將雷射束進行擴束。雷射束擴束的基本方法有兩種：克卜勒法和伽利略法，如圖 2-7 所示。

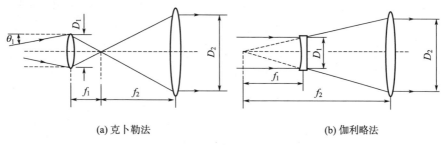

(a) 克卜勒法　　　　　　　　(b) 伽利略法

圖 2-7　擴束鏡光路原理

擴束鏡工作原理類似於逆置的望遠鏡（圖 2-7），起著對入射光束擴大或準直的作用，雷射經過擴束後，雷射光斑被擴大，從而減少了雷射束傳輸過程中光學器件表面雷射束的功率密度，減小了雷射束透過時光學組件的熱應力，有利於保護光路上的光學組件。擴束後的雷射束的發散角被壓縮，減小了雷射的繞射，從而能夠獲得較小的聚焦光斑，提升光束品質（如能量密度）。光束經過擴束鏡後，直徑變為輸入直徑與擴束倍數的乘積。在選用擴束鏡時，其入射鏡片直徑應大於輸入光束直徑，輸出的光束直徑應小於與其連接的下一組光路組件的輸入直徑。例如：雷射器光束直徑為 5mm，選用的擴束鏡輸入鏡片直徑應大於 5mm，經擴束鏡放大 3 倍後，雷射束直徑變為 15mm，後續選用的振鏡（掃描系統）的輸入直徑應大於 15mm。

（2）雷射聚焦系統

雷射掃描系統通常需要輔以合適的聚焦系統才能工作，根據聚焦物鏡在整個光學系統中的不同位置，振鏡式雷射掃描方式通常可分為物鏡前掃描和物鏡後掃描[7]。物鏡前掃描方式一般採用 F-Theta 透鏡作為聚焦物鏡，其聚焦面為一個平面，在焦平面上的雷射聚焦光斑大小一致；物鏡後掃描方式可採用普通物鏡聚焦方式或動態聚焦方式，根據實際中雷射束的不同、工作面的大小以及聚焦要求進行選擇。

在進行小幅面掃描時，一般可以採用聚焦透鏡為 F-Theta 透鏡的物鏡前掃描方式，其可以保證整個工作面內雷射聚焦光斑較小而且均勻，並且掃描的圖形畸變在可控制範圍內；而在需要掃描較大幅面的工作場時，採用 F-Theta 透鏡由於雷射聚集光斑過大以及掃描圖形畸變嚴重而不再適用，所以一般採用動態聚焦方

式的物鏡後掃描方式。

　　① 物鏡前掃描方式　　雷射束被擴束後，先經掃描系統偏轉再進入 F-Theta 透鏡，由 F-Theta 透鏡將雷射束會聚在工作平面上，即為物鏡前掃描方式，如圖 2-8 所示。

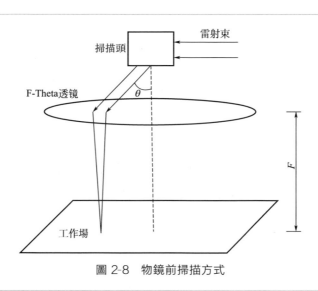

圖 2-8　物鏡前掃描方式

　　近似平行的入射雷射束經過振鏡掃描後再由 F-Theta 透鏡聚焦於工作面上。F-Theta 透鏡聚焦為平面聚焦，雷射束聚焦光斑大小在整個工作面內大小一致。透過改變入射雷射束與 F-Theta 透鏡軸線之間的夾角 θ 來改變工作面上焦點的座標。SLM 系統工作面較小時，採用 F-Theta 透鏡聚焦的物鏡前掃描方式一般可以滿足要求。相對於採用動態聚焦方式的物鏡後掃描方式，採用 F-Theta 透鏡聚焦的物鏡前掃描方式結構簡單緊湊、成本低廉，而且能夠保證在工作面內的聚焦光斑大小一致。但是 F-Theta 透鏡不適合大工作面的 SLM 系統。首先，設計和製造具有較大工作面的 F-Theta 透鏡成本昂貴；同時，為了獲得較大的掃描範圍，具有較大工作面積的 F-Theta 透鏡的焦距都較長，從而裝備的高度需要相應增高，給其應用帶來很大的困難；由於焦距的拉長，其焦平面上的光斑變大，同時由於設計和製造工藝方面的原因，工作面上掃描圖形的畸變變大，甚至無法透過掃描圖形校正來滿足精密度要求，導致無法滿足應用的要求。

　　② 物鏡後掃描方式　　如圖 2-9 所示，雷射束被擴束後，先經過聚焦系統形成會聚光束，再透過振鏡的偏轉，形成工作面上的掃描點，即為物鏡後掃描方式。當採用靜態聚焦方式時，雷射束經過掃描系統後的聚焦面為一個球弧面，如果以工作面中心為聚焦面與工作面的相切點，則越遠離工作面中心，工作面上掃描點的離焦誤差越大。如果在整個工作面內掃描點的離焦誤差可控制在焦深範圍

之內，則可以採用靜態聚焦方式。如在小工作面的光固化成形系統中，採用長聚焦透鏡，能夠保證在聚焦光斑較小的情況下獲得較大的焦深，整個工作面內的掃描點的離焦誤差在焦深範圍之內，所以可以採用靜態聚焦方式的振鏡式物鏡前掃描方式。

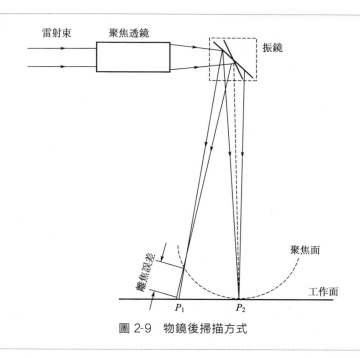

圖 2-9　物鏡後掃描方式

當雷射器的雷射波長較長時，很難在較小聚焦光斑情況下取得大的焦深，所以不能採用靜態聚焦方式的振鏡式物鏡前掃描方式，在掃描幅面較大時一般採用動態聚焦方式。動態聚焦系統一般由執行電動機、一個可移動的聚焦鏡和靜止的物鏡組成。為了提高動態聚焦系統的響應速度，動態聚焦系統聚焦鏡的移動距離較短，一般為 5mm 以內，輔助的物鏡可以將聚焦鏡的調節作用進行放大，從而在整個工作面內將掃描點的聚焦光斑控制在一定範圍之內。

在工作檯面較小的 SLM 裝備中，採用 F-Theta 透鏡作為聚焦透鏡的物鏡前掃描方式，由於其焦距以及工作面光斑都在合適的範圍之內，且成本低廉，故可以採用。而在大工作幅面的選擇性雷射燒結系統中，如果採用 F-Theta 透鏡作為聚焦透鏡，由於焦距太長以及聚焦光斑太大，所以並不適合。一般在需要進行大幅面掃描時採用動態聚焦的掃描系統，透過動態聚焦的焦距調節，可以保證掃描時整個工作場內的掃描點都處在焦點位置，同時由於掃描角度以及聚焦距離的不同，邊緣掃描點的聚焦光斑一般比中心聚焦光斑稍大。

2.2.2 缸體運動系統

缸體運動系統主要為缸體升降系統，實現送粉、鋪粉和零件的上下運動，通常採用電動機驅動絲槓的傳動方式[8]。

(1) 工作缸缸體設計

工作缸缸體形狀一般有方形和圓形兩種。方形缸具有以下優勢：加工方便，成本低。採用拼接方式加工製作，不需要大型的加工設備即可完成加工。同時，由於成形缸內部裝有微米級的細小粉末，缸壁和基板的配合精密度高，缸壁必須有一定的精密度，方形缸的精密度容易保證。鋪粉輥鋪送的粉層為矩形，如採用圓形缸，則缸體周圍的工作檯面上將會鋪送有大量的粉末，方形缸可以節約粉末，降低成本。

(2) 傳動裝置

目前常用的傳動裝置有鏈傳動、帶傳動、精密滾珠絲槓傳動。鏈傳動易磨損，易脫落，傳動速度低且只能用於兩平行軸之間的傳動，無法進行豎直方向的進給傳動。帶傳動滑動係數大，傳動精密度低，實現困難。相比其他傳動方式，滾珠絲槓傳動具有以下優點。

① 傳動精密度高　高精密度的滾珠絲槓副，導程累計誤差可以控制在 $5\mu m/300mm$ 以下。滾珠螺旋轉動的摩擦力小，運行的溫升小，透過預拉伸可以消除熱補償。採用預緊螺母可消除軸向間隙，若預緊力適當，在一定程度上可以提高傳動系統的剛度和定位精密度。

② 傳動效率好　滾珠絲槓的傳動效率可以高達 $90\%\sim98\%$，是滑動螺旋傳動的 $2\sim4$ 倍，在機械結構小型化、能源節約等方面有重要作用。

③ 同步性能好　SLM 成形加工的粉末層厚約為 $20\mu m$，每次進給量小，滾珠絲槓的高節拍運動能夠達到逐層下降、層層熔化的效果。

④ 滾珠絲槓傳動還具備了低速無爬行、運行平穩、靈敏度準確度高的特點。

滾珠絲槓作為直線運動和回轉運動相互轉換的進給傳動件，優勢顯著，因此 SLM 平臺常採用滾珠絲槓作為成形缸豎直進給系統的傳動裝置。滾珠絲槓主要包括絲槓、螺母、滾珠、預壓片等零件，它有四種運動方式，具體特點如表 2-1 所示。

表 2-1　滾珠絲槓四種運動方式的特點

運動方式	特點
絲槓旋轉 螺母直線運動	結構緊湊，絲槓剛性較好，但需要設計導向裝置來限制螺母的轉動

運動方式	特點
螺母旋轉 絲槓直線運動	結構複雜，佔用空間大，需要限制螺母移動和絲槓的轉動，因此應用較少
螺母固定 絲槓旋轉並直線運動	結構簡單，傳動精密度高，螺母可支撐絲槓軸，可消除附加軸向竄動，絲槓軸的剛性較差，只適用於成形較小的場合
絲槓固定 螺母旋轉並直線運動	結構緊湊，但在多數情況下使用極不方便，因此較少應用

　　SLM 要求傳動裝置具有結構緊湊、剛性較好的運動特點，因此豎直進給系統採用絲槓旋轉、螺母移動的方式實現成形缸內基板的上下運動。絲槓軸的一端與電動機相連，控制絲槓做旋轉運動，藉助滾珠絲槓副中滾珠在閉合迴路中的循環作用推動螺母做直線移動。

（3）基板活塞結構

　　基板活塞結構包括連接桿托板、移動托板、連接桿與基板座及基板。滾珠絲槓副的螺母與連接桿托板和移動托板固定連接，連接桿托板與移動托板利用標準圓柱件透過焊接方式固定連接；此結構透過連接桿與工作缸內部的基板座固定連接；滾珠絲槓副的螺母透過推動基板活塞結構整體運動來帶動基板和成形件進行上下運動。

　　工作缸內裝有微米級細小粉末的情況下，豎直鋪粉進給系統能夠精密運行的關鍵之一是保證基板與缸壁之間有合理的配合間隙。當粉末顆粒直徑與間隙數值相當時，很容易出現粉末卡在基板和缸壁之間的情況，在基板向下運動過程中，顆粒和基板與缸壁產生研磨，致使兩者出現塑性劃痕，使得缸壁與基板的滑動摩擦係數增大，隨著基板向下運動，兩者接觸面積增大，摩擦力增大，最終出現卡死的情況；若間隙過大，則出現大量漏粉的問題。在設計中，基板尺寸精密度為六級精密度，表面粗糙度 $Ra \leqslant 0.8\mu m$。

　　基板材料的熱物理性質與是否預熱也直接影響零件的成形品質：基板材料的熱膨脹係數要求與粉末顆粒材料相近，否則在雷射掃描加工粉末時，基板和成形零件受熱，兩者變形差距大，在熔化層產生熱應力，使熔化層出現裂紋和翹曲變形；基板的熔點與粉末顆粒材料相近，這樣熔化層能夠與基板有很好的冶金結合，SLM 成形的支承結構可以很好地與基板黏結，不至於脫落；基板要與第一層熔化層有良好的潤濕性，使得基板和熔化層的冶金結合更好，因此在加工不同粉末材料時，需要不同材料的基板，基板設計為可拆卸更換。

　　為了方便拆卸，基板和基板座透過螺紋連接。基板和基板座之間安裝有一圈基板墊，基板墊的主要材料是毛氈和橡膠，一方面可以吸納部分下落粉末，另一

方面，當雷射掃描加工產生的熱量使得基板熱脹冷縮的時候可以起到緩衝作用，基板不至於因此而被卡死。

工作缸內部裝有微米級的細小粉末，在基板活塞結構上下運動中，可能會沿著基板和缸壁之間的縫隙下落。平臺中在工作缸體底部安裝缸體托板，一方面將進給傳動結構與工作缸相連接；另一方面在一定程度上隔絕了內部粉末與外部滾珠絲槓等機械元件的直接接觸。

SLM 加工過程中，雷射束根據當前層資訊有選擇性地掃描粉末，被掃描的粉末溫度瞬間升高至熔點形成熔池，而雷射束掃描完成離開該區域，熔融的粉末瞬間凝固冷卻成形。對於一些脆性材料，高溫快速熔化、瞬時凝固冷卻的過程溫差大，材料內部熱應力高，很難透過形變方式將熱應力完全消除，極易產生翹曲和裂紋。因此，加工這些脆性材料時需要對基板進行預熱。

目前，基板加熱的方式主要有電阻絲加熱、微波加熱、感應加熱等。其中電阻絲加熱升溫速度慢，加熱溫度低，無法長期在近千攝氏度的高溫下工作；微波加熱對材料具有選擇性，加熱的材料不同，加熱溫度也會隨之發生改變，且需要密閉空間，在 SLM 成形中對雷射器掃描振鏡等部件存在潛在的隱患；感應加熱升溫速度快，加熱溫度易控制，是一種較為不錯的預熱方式。感應加熱的工作過程為：當接通外置電源，變壓器對銅管線圈通以高頻交流電，線圈周圍產生高密度磁場，線圈上方的基板對磁場產生感應，使得基板內部產生強大的感應電流形成渦流而升溫。該方式可以使得基板在短時間內達到 1000℃的高溫。

2.2.3　送鋪粉機構

要實現送鋪粉以及零件的儲存，就必須有相應的送鋪粉機構[9]。

（1）送粉系統

送粉系統分為上送粉系統和下送粉系統。

① 上送粉系統　上送粉系統透過步進電動機驅動輥槽轉動，控製粉末下落量。上送粉系統的主要特點有：粉末輸送量均勻；輸送同樣體積粉末，上送粉系統所占空間比下送粉系統所占空間小；可使裝備結構緊湊。

② 下送粉系統　下送粉系統經步進電動機控制絲槓轉角，控制送粉缸運動量，從而控製粉末層厚度。下送粉系統的主要特點有：粉末輸送量均勻；粉末不會揚起，成形腔環境較潔淨，減少雷射在傳輸過程的損耗。

（2）鋪粉系統

① 鋪粉系統的關鍵參數　由於在不發生氧化情況下，雷射直接穿透金屬材料的深度為 0.1mm 量級。為保證指定深度的金屬粉末完全熔化，且表層粉末溫度不超過氧化溫度，SLM 中需要使鋪粉厚度較小。同時，掃描速度越快，底層

粉末受雷射作用的時間越短，則溫度有可能達不到熔點，因此，較小的鋪粉厚度，對擴大掃描速度調節範圍也是有利的。此外，由於每個切片不可能做到無限薄，多個具有一定厚度的切片堆積，就產生了「臺階效應」，「臺階效應」與切片厚度密切相關，為提高成形精密度，宜採用小的切片厚度，其最小值取決於系統的最小鋪粉厚度。採用小的鋪粉厚度有利於消除球化。因此，對鋪粉系統而言，最重要的設計參數是最小鋪粉厚度。

鋪粉系統主要由鋪粉裝置、步進電動機、電動機控制器、成形升降臺和盛粉升降臺等組成。最小鋪粉厚度是由鋪粉裝置與成形升降臺之間的最小間隙決定的，鋪粉裝置、成形升降臺的結構設計及運動控制很重要。

影響最小鋪粉厚度的因素有鋪粉輥或刮板的製造及安裝誤差、成形升降臺的運動控制和成形升降臺形位公差。

② 鋪粉裝置　鋪粉裝置主要有鋪粉輥和刮刀兩種，如圖 2-10 所示。對於輥筒式鋪粉，由於輥筒具有壓實作用，因此，這種方式的優點是鋪粉緻密性高。但是，當製造零件發生變形時，壓輥容易被損傷，壓輥一旦損壞就必須進行更換，且更換過程較為繁瑣，還會造成粉末浪費。同時，輥筒鋪粉方式對粉量需求較大，一般鋪粉層厚在 0.05～0.25mm 之間，而刮板式鋪粉能夠達到較小的鋪粉層厚。

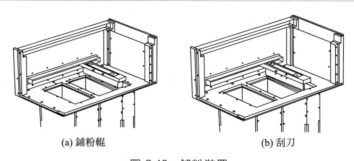

(a) 鋪粉輥　　　　　　　　　　　(b) 刮刀

圖 2-10　鋪粉裝置

在實際加工過程中，由於受工藝參數選擇不當、熱應力變形和粉末氧化等不利因素影響，很容易導致掃描後的製件表面出現球化、翹曲等凹凸不平的缺陷。當凸起部分高於鋪粉厚度時，將與鋪粉機構發生干涉。若採用鋼性鋪粉機構，將導致鋪粉過程中出現卡頓，甚至造成已成形部分或鋪粉機構損壞。因此，在設計鋪粉機構時在其底部增加了矽橡膠條，可以實現柔性鋪粉，避免出現以上情況。鋪粉機構底部的矽橡膠條凸出於鋪粉機構底板，柔性鋪粉過程如圖 2-11 所示。

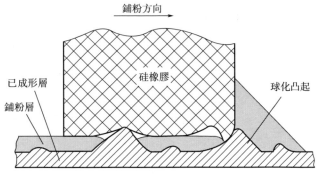

圖 2-11　柔性鋪粉過程

③ 影響鋪粉的因素

a. 粉末特性。一般來説，粉末的球形度越高，流動性越好，鋪粉的品質越好。角形顆粒的內摩擦角較大，鋪粉過程粉末顆粒之間作用力大，容易產生整體推動現象，在成形區域發生滑動，鋪覆的粉層的均匀性較差。此外，粉末黏性大，易黏結在鋪粉輥上，較難形成粉層。

b. 鋪粉輥的運行速度。鋪粉輥的速度包括自轉頻率和水平移動速度，不同大小的匹配對鋪粉造成不同的結果，導致鋪粉失敗的因素主要有已成形件被擠壓變形或推動、速度過大引起的粉層飄散。最優的鋪粉效果是在鋪粉輥摩擦力作用下，前側表層粉末向前推動，裏層粉末則處於不動狀態。

c. 鋪粉輥的機械結構。轉軸偏心、徑向跳動、彎曲變形與工作平面不平行四種設計製造安裝誤差和鋪粉輥長期與粉末作用，表面磨損引起粉層不均匀是鋪粉輥機械結構的兩類主要誤差。在鋪粉輥的製造裝配過程中應該避免第一類誤差，同時定期檢查檢修各個零部件，並定期更換，提高鋪粉品質。

d. 進給量以及進給精密度。鋪粉進給系統用於控制加工過程中成形缸內基板活塞結構的移動量，即鋪粉層厚，粉層厚度過薄或者過厚均不適合，鋪粉厚度影響鋪粉層的品質。進給精密度決定了粉層的厚度精密度，主要包括進給結構承受外力的變形精密度以及閉環反饋系統的控制精密度。

2.3　核心元器件

SLM 的核心器件由主機、雷射器、光路傳輸系統、控制系統和軟體系統等幾個部分組成。下面分別介紹各個組成部分的功能、構成及特點[10]。

2.3.1 雷射器

在 SLM 工藝中，需要在成形過程中完全熔化掃描所經過的金屬粉末，並且保證熔化深度能穿透每層粉末的厚度，將兩個金屬層熔結起來，形成冶金結合的組織，並且也要求成形過程中消除大的熱變形、提高成形精密度。因此對雷射光束的性能要求很高[11]。

在成形過程中，提高雷射功率雖然可以快速使粉末升溫，但熱影響區也會增大，使成形件的變形量增大，不利於提高成形精密度，甚至可能使成形件發生斷裂。如果單一減小掃描速度，會導致掃描的熱影響區增大，不利於提高成形精密度，也會顯著降低成形效率。因此透過採用減小雷射聚焦光斑的方法可獲得高的雷射功率密度，實現快速升溫的目的，同時為提高成形精密度和成形效率，採用了中低功率雷射器。

其次，不同的雷射波長下，材料對雷射能量的吸收率是不一樣的，對金屬材料而言，短波長更有利於材料對雷射能量的吸收，SLM 工藝中優先選擇短波長類型的雷射器。

（1）雷射器類型

雷射器按工作物質分類，可分為氣體雷射器、液體雷射器、固體雷射器、準分子雷射器和半導體雷射器等。

固體雷射器特性：輸出能量或功率高；輸出相同光能時，固體雷射器的體積比氣體雷射器的要小得多，便於携帶與使用；固體雷射器的種類和輸出譜線數有限。

氣體雷射器特性：其工作物質為氣體，由於氣體密度比固體小，因此在輸出相同功率情況下氣體雷射器比固體雷射器的尺寸大。為了輸出較高功率，氣體雷射器的主要工作介質為 CO_2。

液體雷射器特性：其工作物質為無機液體或有機染料液體，能得到輸出波長連續可調的雷射束。

半導體雷射器特性：其工作物質為半導體，具有體積小的特點。

符合 SLM 成形要求的雷射器主要有光纖雷射器、半導體雷射器、準分子雷射器、盤形雷射器等。半導體泵浦全固態雷射器及光纖雷射器更具有應用前景，這裏著重介紹這兩種雷射器。

① 半導體泵浦固體雷射器（Diode Pumped Solid State Laser，DPSSL） 這是一種高效率、長壽命、光束品質高、穩定性好、結構緊湊小型化的第二代新型固體雷射器。其種類很多，可以是連續的、脈衝的、加倍頻混頻等非線性轉換的。工作物質的形狀有圓柱和板條狀的。其泵浦的耦合方式可分為端面泵浦和側

面泵浦。

　　端面泵浦方式採用的泵浦源為經會聚處理後的半導體雷射，光束直接沿垂直於雷射晶體端面的方向進入晶體，由於耦合損失較少，並且泵浦光也有一定的模式，產生的振盪光模式與泵浦模式有密切關係，匹配效果好，因此有較好的光束品質。但由於這種泵浦方式中，泵浦光束激活的晶體體積較小，難以實現較大的功率輸出，因此在雷射加工領域的應用受到了限制。

　　側面泵浦方式採用多個雷射二極管陣列圍成一圈組成泵浦源，可以獲得很高的泵浦功率，並且由於採用側面泵浦的方式，雷射透過雷射晶體反射傳輸，這樣，雷射經過雷射晶體的長度就大於雷射晶體的外形長度，即提供了更長的有效長度。在有效長度內，雷射晶體皆可直接吸收到由雷射二極管發射的泵浦光，從而光轉換效率更高，更容易獲得較高功率的雷射輸出。盡管這種泵浦方式獲得的雷射光束品質模式比不上端面泵浦方式獲得的雷射光束品質，但仍比燈泵浦 Nd：YAG 固體雷射器好得多。正是由於側面泵浦方式具有效率高、光束品質較好的優點，使得這種泵浦方式的半導體泵浦雷射器近年來在國際上發展極為迅速，已成為雷射學科的重點發展方向之一，在雷射打標、雷射微加工、雷射印刷、雷射顯示技術、雷射醫學和科研等領域都有廣泛的用途。當前發展最為成熟的半導體側面泵浦雷射器是半導體泵浦 Nd：YAG 雷射器，其輸出波長為 $1.06\mu m$，與目前廣泛應用於雷射加工業上的燈泵浦 Nd：YAG 雷射器的輸出波長一樣，但半導體泵浦 Nd：YAG 雷射器具有燈泵浦 Nd：YAG 雷射器所沒有的諸多優點，如光束品質可接近基模，雷射器的總體效率可達 10％以上，體積更緊湊小巧，工作壽命更長等。因此半導體泵浦 Nd：YAG 雷射器是雷射選區熔化工藝的理想雷射器之一。德國的 Concept Laser 公司的 M3 雷射選區熔化快速成形系統就採用了半導體泵浦的單模 Nd：YAG 雷射器，雷射功率為 100～200W。

　　② 光纖雷射器　被譽為第三代雷射器，也是當前雷射領域的研究焦點。它因具有體積小、效率高、可靠性高、運轉成本低、光束品質好（通常僅受繞射限制）和傳送光束靈活等優點，被廣泛應用於通訊、材料加工、醫療等領域。

　　光纖雷射器主要包括摻稀土元素的光纖雷射器和非線性效應光纖雷射器（光纖受激布里淵散射雷射器和光纖受激拉曼散射雷射器）。高功率光纖雷射器的實現得益於雙包層光纖的出現。與單包層光纖相比，雙包層光纖只比單包層光纖多了一個內包層，然而就是因為這一內包層，使得雙包層光纖比單包層光纖有著更好的光學性能。內包層的橫向尺寸和數值孔徑都大於纖芯。纖芯中摻雜稀土元素。纖芯的折射率比內包層要高，而內包層的折射率又比外包層要高，這樣使得摻雜纖芯振盪產生的雷射能限制在纖芯內部傳播，使輸出雷射的模式好、光束品質高，並且由於內包層的折射率要比外包層高，內包層與纖芯一起構成了一個大的纖芯，用於傳輸泵浦光，泵浦光能反復穿越摻雜纖芯，這就大大提高了泵浦效

率。雙包層光纖雷射器工作過程如下。

　　泵浦光多次穿過摻雜纖芯，將摻雜纖芯中稀土元素的原子泵浦到高能階，透過泵浦光對摻雜纖芯的不斷泵浦，使摻雜纖芯達到粒子數反轉，然後透過躍遷產生自發輻射光。在光纖的兩端設置了諧振腔腔鏡，腔鏡可以是反射鏡、光纖光柵或是光纖環。現在多採用具有體積小、插入損耗低、與光纖相容性好的布拉格光纖光柵作為諧振腔腔鏡。兩個腔鏡中，其中一端的布拉格光纖光柵做成對特定波長的自發輻射光全反射形式，另一端的布拉格光纖光柵做成對此特定波長的自發輻射光部分反射、部分透射形式。這樣摻雜纖芯就形成了法布立-培若（F-P）諧振腔。布拉格光纖光柵對自發輻射光有選頻作用。這一特定波長的輻射光作為激發光，使達到粒子數反轉的摻雜纖芯內的稀土元素產生受激輻射躍遷。此特定波長的輻射光在諧振腔內被多次放大和反射，最後產生雷射，由部分反射光纖光柵端輸出。光纖雷射器已能滿足工業上的使用要求。近兩年，國外的金屬零件雷射選區熔化工藝中已經開始採用光纖雷射器，如德國的 EOS GmbH 公司的 EOSINT M270 設備、Phenix-systems 公司的 PM250 都採用固體光纖雷射器。光纖雷射器結構示意圖如圖 2-12 所示。

圖 2-12　光纖雷射器結構

（2）雷射器參數

　　雷射功率：連續雷射的功率或者脈衝雷射在某一段時間的輸出能量，通常以功率 P 計量。如果雷射器在時間 t（單位 s）內輸出能量為 E_0（單位 J），則輸出功率 $P = E_0/t$。

　　雷射波長：光具有波粒二象性，也就是光既可以看做是一種粒子，也可以看做是一種波。波具有週期性，一個波長是一個週期下光波的長度，一般用 λ 表示。

　　雷射光斑：雷射光斑是雷射器參數，指的是雷射器發出雷射的光束直徑大小。

　　光束品質：光束品質因子是雷射光束品質的評估和控制理論基礎，其表示方式為 M^2。其定義為

$$M^2 = R\theta/R_0\theta_0$$

式中　R——實際光束的束腰半徑；

　　　R_0——基膜高斯光束的束腰半徑；

　　　θ——實際光束的遠場發散角；

　　　θ_0——基模高斯光束的遠場發散角。

光束品質因子為 1 時，具有最好的光束品質。

雷射的聚焦特徵：雷射束經聚焦後能在焦點（繞射極限或束腰）處獲得最大的雷射功率密度。從以下五個方面討論雷射聚焦特徵。

① 雷射束的發散　雷射束可分為近場區和遠場區。對高斯光束，當傳播距離小於 d_a^2/λ（λ 為雷射波長，d_a 為雷射輸出孔徑）時，光束發散很小，為近場區。當距離大於 d_a^2/λ 時，光束的發散由繞射效應決定，發散角一般為 λ/d_a^2 的數量級。

為確定雷射束在材料表面（靶面）上的聚焦情況，引入無維參量 ξ

$$\xi = \pm \frac{z_0 r_1}{\omega_0} \tag{2-1}$$

$$2\theta = d_1/f$$

式中　z_0——靶面到束腰的距離；

　　　$2r_1$——聚焦透鏡的孔徑；

　　　d_1——光束在透鏡上光斑大小；

　　　f——透鏡的焦距。

當靶面在束腰之外時，ξ 為＋；當靶面在透鏡與束腰之間時，ξ 為－，如圖 2-13 所示。

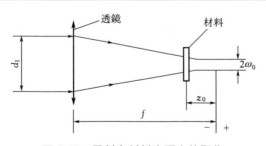

圖 2-13　雷射在材料表面上的聚焦

雷射光束的發散角對聚焦焦斑大小起決定作用，可用雷射聚焦特徵參數 q（聚焦特徵值）來表徵光束的聚焦性質，即

$$q = \frac{\text{非高斯光束的發散角}}{\text{高斯光束的發散角}} \tag{2-2}$$

一般而言，q 值越大，光束的聚焦性能越差，對應的焦斑尺寸越大。

　　② 雷射束的準直（發散角的縮小）　雷射束有兩種準直法，如圖 2-14 所示。圖中輸出光束直徑 D_2 和輸入的 D_1 的比值為 f_1/f_2，而發散角和光束直徑成反比，所以

$$\theta_2 = \frac{f_1}{f_2}\theta_1 \tag{2-3}$$

式中　θ_1——輸入光束發散角；

　　　θ_2——準直後的發散角。

　　因為 $f_1 < f_2$，使準直後的發散角 θ_2 縮為原來的發散角 θ_1 的 f_1/f_2。

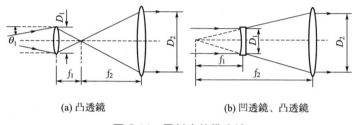

(a) 凸透鏡　　　　　　　(b) 凹透鏡、凸透鏡

圖 2-14　雷射束的準直法

　　圖 2-14(b) 所示的由凹透鏡和凸透鏡組成的準直系統比圖 2-14(a) 所示的準直系統更為緊湊，該系統更適合在高功率雷射系統中使用，這主要是因為在凹和凸透鏡之間沒有實焦點存在，從而可避免空氣擊穿。

　　③ 光束品質因子和傳播因子　可用下面兩個特徵參數中的一個來描述光束的品質特性，即光束品質因子 M^2 和光束傳播因子 K，定義如下

$$K = \frac{1}{M^2} = \frac{\lambda}{\pi} \times \frac{1}{\omega_0 \theta_\infty} \tag{2-4}$$

式中　λ——雷射波長；

　　　θ_∞——雷射束的發散角；

　　　ω_0——束腰的光斑直徑。

　　如果 $M^2 = 1$（即 $K=1$），那麼雷射束已經達到了繞射極限，光束發散程度最小且在光路傳輸過程各處的光斑直徑最小；如果 M^2 是其他值，雷射束則是 M^2 倍的繞射極限。K 和 M^2 通常用作雷射器的光束品質特徵參數，工業雷射器 K 一般在 0.1～1 之間，而 M^2 則在 1～10 之間。雷射束的 M^2 越接近 1，雷射束的品質越好。

　　因為 Nd：YAG 雷射器產生的雷射束波長較短，所以根據式(2-4) 可知其 M^2 值有較大的數量級。當 M^2 已知，光束半徑與雷射出口距離之間的雙曲線函數關係如圖 2-15 所示，則 $\omega(z)$ 的計算式如下

$$\omega(z) = \omega_0 \left[1 + \left(\lambda M^2 \frac{z - z_0}{\pi \omega_0^2} \right)^2 \right]^{\frac{1}{2}} \tag{2-5}$$

式中　$\omega(z)$——在雷射器出口 z 處的雷射半徑；

　　　z_0——雷射束腰離雷射器出口的距離。

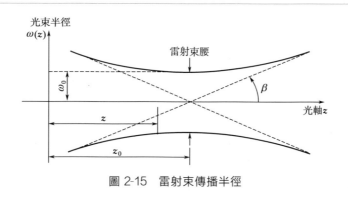

圖 2-15　雷射束傳播半徑

④ 光束參數積　光束的束腰 ω_0 和雷射束遠場發散角 θ_∞ 的乘積定義為光束參數積（Beam Parameter Product，BPP）

$$\omega_0\theta_\infty=\frac{\lambda}{K\pi}=\frac{M^2\lambda}{\pi} \tag{2-6}$$

光束參數積表示光束的傳播特性，只要使用的光學系統無變形、無裂縫，那麼它在整個光束傳播過程都是不變的。

⑤ 光束的聚焦　雷射在傳輸變換過程中，其聚焦前後的束腰直徑乘以遠場發散角保持不變，為一常數

$$D_0\theta_{0\infty}=D_1\theta_{1\infty}=K_{\mathrm{f}} \tag{2-7}$$

這個常數為雷射光束聚焦特徵參數 K_{f}。K_{f} 越小，表徵光束的傳輸性能和聚焦性能越好，也就是說可以進行遠距離傳輸，而且可以得到最小的聚焦光斑和高度集中的功率密度。

光束經過聚焦鏡後的傳播如圖 2-16 所示，聚焦透鏡的焦距為 f，波長為 λ 的圓形對稱光束，其在透鏡處的光束半徑為 r，遠場發散角為 θ_∞，傳播因子為 K，則焦點半徑 r_{foc} 可以透過式(2-8) 計算

$$r_{\mathrm{foc}}=\frac{f\lambda}{rK\pi}=\frac{f\omega_0\theta_\infty}{r} \tag{2-8}$$

當採用擴束鏡時，其入射光束最好在光束的束腰位置，其原因是因光束在束腰位置具有最高的準直度（平行度，即最小的發散角）和最小的畸變。

因此，對於固定的焦距 f、$2\omega_0$ 及 $2\theta_\infty$，根據式(2-8) 可知，入射較大直徑光束經聚焦透鏡後能得到較小聚焦光斑。因此，在聚焦鏡之前通常使用擴束鏡（準直鏡），以得到更小的聚焦光斑。

在焦點附近，為焦點處 2 倍的兩個光束橫截面間的距離稱為瑞利（Rayleigh）長度或焦深，可用式（2-9）表示

$$z_{\text{Rayleigh}} = \frac{f^2 \lambda}{2r^2 K \pi} \tag{2-9}$$

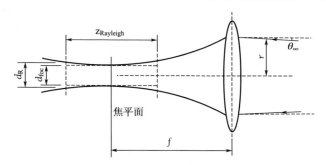

圖 2-16　光束經過聚焦鏡後的傳播示意

　　商品化光纖雷射器主要有英國 SPI 和德國 IPG 兩家公司的產品，其主要性能如表 2-2、表 2-3 所示。

表 2-2　SPI 公司 400W 光纖雷射器主要參數

參數	參數範圍	參數	參數範圍
型號	SP-400C-W-S6-A-A	調變頻率	100kHz
功率	400W	功率穩定性(8h)	＜2%
中心波長	(1070±10)nm	紅光指示	波長 630～680nm,1mW
出口光斑	(5.0±0.7)mm	工作電壓	200～240(±10%)V AC, 47～63Hz,13A
工作模式	CW/Modulated	冷卻方式	水冷,冷卻量 2500W
光束品質因子 M^2	＜1.1		

表 2-3　IPG 公司 400W 光纖雷射器參數

參數	參數範圍	參數	參數範圍
型號	YLR-400-WC-Y11	調變頻率	50kHz
功率	400W	功率穩定性(4h)	＜3%
中心波長	(1070±5)nm	紅光指示	同光路指引
出口光斑	(5.0±0.5)mm	工作電壓	200～240VAC,50/60Hz,7A
工作模式	CW/Modulated	冷卻方式	水冷,冷卻量 1100W
光束品質因子 M^2	＜1.1		

(3) 雷射器的選用方法

① 選用雷射器需要的確定參數　選擇雷射器首先要保證所選擇的雷射器具有合適的雷射參數。可透過雷射器最高輸出功率、雷射波長、光束束腰直徑、光束品質因子四個參數來選擇雷射器。對於前三個參數，可以預先假定。光束品質因子則需要根據熔化成形的實際要求計算。

光路系統由擴束鏡及聚焦鏡兩組元件組成，對高斯光束，如已確定焦距 f、擴束倍率 n，將聚焦單位近似看成一個薄透鏡，則經擴束準直及聚焦後，得到聚焦光斑直徑 D_{min} 與光束品質因子 M^2 的關係如式(2-10) 所示

$$D_{min} = d_r + d_t = \frac{4\lambda M^2 f}{\pi n D_0} + \frac{k_n (nD_0)^3}{f^2} \qquad (2\text{-}10)$$

式中，d_r 為艾利圓直徑；d_t 為彌散圓直徑；D_0 為光束束腰直徑；k_n 為透鏡折射率的函數，與透鏡材料有關。

根據成形工藝條件求得所需的聚焦光斑直徑，即可由式(2-10) 求得所要選用的雷射器的光束品質。

② 成形所需聚焦光斑尺寸的計算方法　在 SLM 工藝中，為避免材料劇烈氣化後氣流將粉末或熔液吹跑，選區雷射熔化過程一般要求材料表面的溫度在氣化點以下，即採用保證指定深度粉末達到熔點而表面溫度不能超過氣化點的淺層熔化方式成形。由於不同材料的熱物理性質參數不同，在相同的加工參數下計算所得的聚焦光斑直徑必定不相同，因此，不能以單種材料作為計算聚焦光斑的標準，而應綜合考慮多種成形材料。

如上所述，雷射器的輸出功率是可以事先假定的，則最大功率已知。由於鋪粉系統的鋪粉精密度有限，會有一個最小的鋪粉厚度，如採用這一最小鋪粉厚度成形，則在最大雷射功率下，應該可以確定同種材料下成形的最大掃描速度。式(2-10) 中，k_n 通常只有 0.01 的量級，而光束束腰直徑 D_0 也遠比焦距小，因此，式中等號右邊第二項對光斑的大小影響很小，於是從等號右邊第一項可以看到，當可調擴束鏡倍數最大時，聚焦光斑直徑最小，可調擴束鏡倍數最小時，聚焦光斑直徑最大。

由於熱物理性質參數不同，對每種金屬材料都可求得該種材料成形過程所需的聚焦光斑直徑，形成一個聚焦光斑直徑數組。如果從這數組中提取出最小的數值（最小聚焦光斑直徑），則這個數值可作為雷射器選用的依據，因此，可採用圖 2-17 所示流程確定所需的聚焦光斑尺寸。

圖 2-17 所示的計算流程中，需要對單種材料計算合適的聚焦光斑尺寸。由於雷射熔化的精確求解十分困難，其中涉及熱傳導、對流、輻射等傳熱方式，如果考慮熔化過程中全部的傳熱方式，無論是數值法還是解析法都很難得到一個精

確的解，因此求解前需進行一定假設。

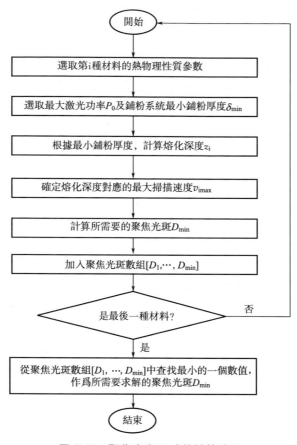

圖 2-17　聚焦光斑尺寸的計算流程

　　如上所述，SLM 過程一般要求粉體表面的溫度在氣化點以下。考慮到採用的掃描速度通常較高，因此熱傳導在熔池的熱傳播過程占主導地位，輻射和對流幾乎可以忽略不計。並且由於聚焦光斑細小，熔池非常細小，熔化及凝固速度都很快，可忽略熔池中相變潛熱以及熱物理參數隨溫度和狀態的變化對傳熱過程的影響。為簡化計算，再假設雷射功率密度分布均勻，由於採用逐層成形的原理（如是首層，則對應一個很厚的基板），計算是基於半無限厚物體的溫度場來進行的，則單種材料的合適聚焦光斑直徑的計算模型可描述如下

$$T_m = \frac{2Bp}{k_q}\sqrt{t_p\psi}\,\mathrm{ierfc}\frac{z}{2\sqrt{t_p\psi}} \tag{2-11}$$

$$T_{q0} = \frac{2Bp}{k}\sqrt{\frac{t_p\psi}{\pi}} \qquad (2\text{-}12)$$

$$T_{q0} \leqslant T_v \qquad (2\text{-}13)$$

$$t_p \approx \frac{D_{\min}}{v} \qquad (2\text{-}14)$$

$$p \approx \frac{4P_0}{\pi D_{\min}^2} \qquad (2\text{-}15)$$

$$C_0 = \eta\delta_{\min} \qquad (2\text{-}16)$$

式中　p——功率密度；

$\quad k_q$——熱導率；

$\quad B$——材料對雷射的吸收係數；

$\quad T_{q0}$——材料表面溫度；

$\quad T_m$——材料熔化溫度；

$\quad T_v$——材料氣化溫度；

$\quad \psi$——材料熱擴散係數；

$\quad t_p$——雷射作用時間；

$\quad \delta_{\min}$——系統的最小鋪粉厚度；

$\quad C_0$——熔化深度；

$\quad \eta$——鋪粉安全係數，$\eta > 1$；

$\mathrm{ierfc}(s)$——互補誤差函數。

則有

$$\mathrm{ierfc}(s) = \int_s^\infty \mathrm{erfc}(s)\,\mathrm{d}s$$

$$\mathrm{erfc}(s) = 1 - \mathrm{erf}(s)$$

$$\mathrm{erf}(s) = \frac{2}{\sqrt{\pi}}\int_0^s \mathrm{e}^{-s^2}\,\mathrm{d}s$$

　　上述求解的前提條件是雷射功率密度均勻分布，對於相同光斑大小的高斯光束，在同等功率下，高斯光束在光斑中心處的功率密度比功率密度均勻分布的光束更高，故在光斑中心處得到的熔化深度也更深，因此採用上述求解得到的雷射聚焦光斑直徑對於選用高斯光束的雷射器是偏於安全的。

　　③ 雷射器的選用示例　假定選用鈦粉、鎳粉、銅粉、鎢粉為成形材料，材料的熱物理性質參數如表 2-4 所示（這裏假設粉末材料的熱物理性質參數與固態材料的熱物理性質參數相同）。鋪粉安全係數 η 取為 1.5，最大雷射功率取為 200W，鋪粉系統的最小鋪粉厚度 $\delta_{\min}$ 為 20μm。

表 2-4　材料的熱物理性質參數

項目	熱導率 k_q /[W/(cm·K)]	熔點 T_m /K	氣化溫度 T_v /K	熱擴散率 ψ /(cm²/s)	吸收率 A （YAG 雷射）
Ti	0.216	1941	3562	0.064	0.42
Ni	0.9	1726	3110	0.232	0.26
Cu	4	1356	2855	1.16	0.1
W	1.7	3653	5800	0.657	0.41

a. 確定用於選用雷射器的聚焦光斑直徑 D_{min}。

• 以鈦粉為成形材料所求得的聚焦光斑直徑。往式(2-11)～式(2-16) 中代入相關參數，利用 matlab 作圖，可得圖 2-18 所示的聚焦光斑尺寸與粉末溫度曲線。由圖 2-15 可知，隨著掃描速度的增大，溫度與光斑直徑關係曲線是不斷向左推移的。以 0.755m/s 的掃描速度為分界點（對應曲線 2，2′），在該掃描速度下，最小鋪粉厚度對應的指定深度粉末達到深點時，表面溫度恰好達到氣化點。掃描速度小於或等於 0.755m/s 時，會有合適的聚焦光斑直徑，能保證指定深度粉末達到熔點時，表面溫度又沒有超過氣化溫度，但以掃描速度等於 0.755m/s 時所對應的聚焦光斑直徑最小（圖中左界線對應的 X 軸座標值），即 $D_{lmin} = 276\mu m$ 為所求的聚焦光斑，0.755m/s 為所求的最大掃描速度，即 $v_{max} = 0.755m/s$。

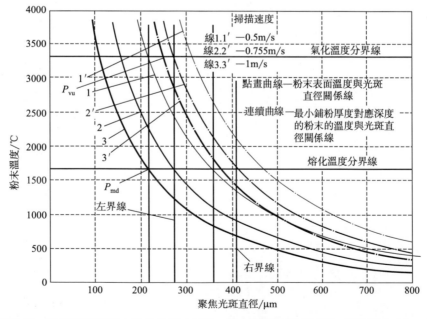

圖 2-18　聚焦光斑與粉末溫度曲線（材料：鈦，雷射功率 200W，鋪粉厚度 20μm）

　　由圖 2-18 也可發現，聚焦光斑直徑並非越小越好，當掃描速度達到 1m/s 時，最小鋪粉厚度對應的指定深度粉末在更小的聚焦光斑直徑 $220\mu m$ 處進入熔化區域（圖 2-18 的曲線 3），但此時粉末表面溫度早已超過氣化點，繼續增大掃描速度，由於隨掃描速度的增大，溫度與光斑直徑關係曲線不斷向左推移，圖 2-18 中的表面溫度曲線與氣化線的交點 P_{vu} 與最小鋪粉厚度對應深度粉末溫度曲線與熔化線的交點 P_{md} 在 X 方向的距離將越來越大，於是仍然找不到一個聚焦光斑直徑，使當最小鋪粉厚度對應的指定深度粉末達到熔點時，粉末表面溫度在氣化點以下。

　　因此，在確定鋪粉厚度及雷射功率前提下，對一種成形材料，並非聚焦光斑直徑越小越好，而是存在一個能滿足淺層熔化方式成形要求的最小值。

　　• 以鎳粉為成形材料所求得的聚焦光斑直徑。往式(2-11)～式(2-16) 中代入鎳粉的相關參數，利用 matlab 作圖，可得圖 2-19 所示的聚焦光斑直徑與粉末溫度曲線。

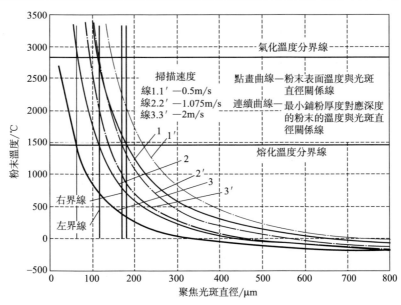

圖 2-19　聚焦光斑直徑與粉末溫度曲線（材料：鎳，雷射功率 200W，鋪粉厚度 20μm）

　　同理分析，最大掃描速度 $v_{2max}=1.075m/s$，聚焦光斑直徑 $D_{2min}=116\mu m$。
　　• 以銅粉為成形材料所求得的聚焦光斑直徑。往式(2-11)～式(2-16) 中代入銅粉的相關參數，利用 matlab 作圖，可得圖 2-20 所示的聚焦光斑直徑與粉末溫度曲線。

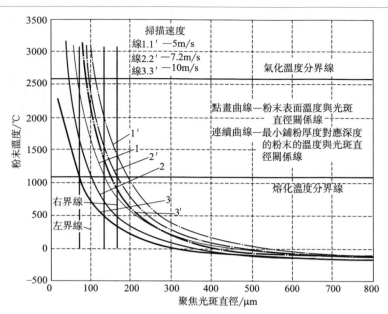

圖 2-20 聚焦光斑直徑與溫度曲線（材料：銅，雷射功率 200W，鋪粉厚度 20μm）

同理分析，最大掃描速度 $v_{3max} = 7.2 \text{m/s}$，聚焦光斑直徑 $D_{3min} = 101 \mu m$。

• 以鎢粉為成形材料所求得的聚焦光斑尺寸。往式(2-11)～式(2-16) 中代入鎢粉的相關參數，利用 matlab 作圖，可得圖 2-21 所示的聚焦光斑直徑與粉末溫度曲線。

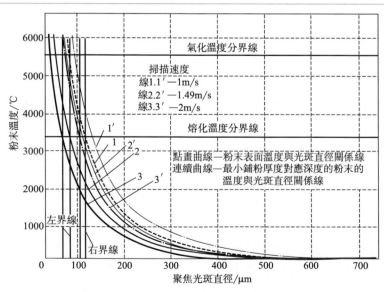

圖 2-21 聚焦光斑直徑與粉末溫度曲線（材料：鎢，雷射功率 200W，鋪粉厚度 20μm）

同理分析，最大掃描速度 $v_{4\max}=1.49\mathrm{m/s}$，聚焦光斑直徑 $D_{4\min}=87\mu\mathrm{m}$。

- 求得最小光斑直徑數組及用於選擇雷射器的聚焦光斑直徑。歸納上述所求，聚焦光斑直徑數組為：

$$\mathrm{Group\_}D_{\min}=[D_{1\min},D_{2\min},D_{3\min},D_{4\min}]=[276,116,101,87]$$

因此，用於選擇雷射器的最小聚焦光斑直徑為 $D_{\min}=87\mu\mathrm{m}$。

同理分析圖 2-18～圖 2-21，可知在確定鋪粉厚度及雷射功率前提下，對一種成形材料，並非聚焦光斑直徑越小越好，而是存在一個能滿足淺層熔化方式成形要求的最小值。因此聚焦光斑直徑數組中的值，在成形過程中，都有可能用到，但透過可調擴束鏡，可以獲得比最小聚焦光斑直徑更大的值。EOS 公司的 EOS270SLM 系統，採用的聚焦光斑直徑為 $100\sim500\mu\mathrm{m}$ 可調，其理由可能也是如此。

b. 半導體側面泵浦 Nd：YAG 雷射器的選用。根據系統布局確定透鏡焦距 $f=550\mathrm{mm}$，擴束鏡最大擴束倍數為 $n=8$，則採用最大擴束倍數時的光斑最小。

為使金屬材料吸入更多的雷射能量，應當採用短波長的雷射束。半導體側面泵浦 Nd：YAG 雷射具有較短的雷射波長，很適合應用於選區雷射熔化快速成形工藝中，波長為 $\lambda=1.064\mu\mathrm{m}$，下面對這種雷射器進行計算選用。

根據式(2-10)，為使雷射束能在焦平面上聚集成聚焦光斑直徑為 $D_{\min}$ 的雷射斑點，應當使

$$M^{2}\leqslant\left[D_{\min}-\frac{k_{\mathrm{n}}(nD_{0})^{3}}{f^{2}}\right]\times\frac{\pi nD_{0}}{4\lambda f} \tag{2-17}$$

已知輸出光束束腰直徑選為 $D_{0}=3\mathrm{mm}$。令 $\lambda=1.064\mu\mathrm{m}$，$D_{\min}=87\mu\mathrm{m}$，$f=550\mathrm{mm}$，$n=8$，則對新月形硒化鋅透鏡，式(2-10) 中的 $k_{n}=0.0187$。將這些數值代入式(2-17)，可求得雷射光束品質因子 M^{2}

$$M^{2}\leqslant2.785$$

所以選用雷射器時，應當使 $M^{2}\leqslant2.785$。

因此，要選用的半導體側面泵浦雷射器應該具有表 2-5 所示的參數。

表 2-5　擬選用的雷射器參數

參數	參數值
最大輸出功率 P_{0}	200W
波長 λ	$1.06\mu\mathrm{m}$
輸出光束束腰直徑 D_{0}	3mm
光束品質因子 M^{2}	$\leqslant2.785$

c. 光纖雷射器的選用。擬選用摻鐿雙包層光纖雷射器，其波長為 $\lambda = 1.09\mu m$。當前市場上商品化的光纖雷射器主要有 SPI 公司及 IPG 公司的光纖雷射器，$50 \sim 200W$ 的摻鐿雙包層光纖雷射器的光束品質因子都是 $M^2 < 1.1$，輸出光束束腰直徑都是 $D_0 = 5mm$。

已知擬採用的最大輸出功率為 $200W$ 的光纖雷射器，則將 $\lambda = 1.09\mu m$，$D_{min} = 87\mu m$，$f = 550mm$，$n = 8$，$D_0 = 5mm$ 代入式(2-17)，同理求得 $M^2 < 4.35$。因此採用光纖雷射器是明顯可以得到更細微的聚焦光斑的。但是如上所述，不同的材料在最大功率、最小鋪粉厚度情況下，都對應一個合適的聚焦光斑直徑（上述求得的聚焦光斑直徑數組）。採用光纖雷射器後能不能聚焦到聚焦光斑直徑數組中的最大聚焦光斑尺寸，還得驗算。

由前面的分析可知，最大聚焦光斑直徑對應著最小的擴束倍數，如果驗算得到擴束倍數小於 1，則是不合理的，在這種情況下，調整擴束鏡倍數，已無法得到聚焦光斑直徑數組中的一些值。

為此，採用光纖雷射器的情況下，面臨的問題是如何得到想要的較大尺寸聚焦光斑。一種方法是採用光闌限制光束束腰直徑大小，如採用 3mm 孔徑的光闌，則光束束腰直徑大小也為 3mm，由於對高斯光束，光束截面外圍的能量分布很小，可以忽略光闌的過濾損耗，則前面所求得的聚焦光斑直徑數組仍是適合的。更簡便的方法是將聚焦透鏡設計為位置可調，則在成形過程，根據實際情況選用一定的正離焦量，這樣，加工平面不在焦點位置，即可得到一個較大的聚焦光斑。

2.3.2　掃描系統

SLM 的光學掃描系統基本上有兩種：$X\text{-}Y$ 平面式掃描系統和振鏡式掃描系統[12-14]。

$X\text{-}Y$ 平面式掃描系統具有結構簡單、定位精密度高、成本低和數據處理相對簡單等優點。該掃描方式由電腦控制光學鏡片在 $X\text{-}Y$ 平面式內移動以實現掃描，沒有對掃描尺寸的限制，無論在工作檯的中心或邊緣任何位置，都能保證光斑尺寸和入射角度保持不變，不會出現光斑畸變的問題，大大簡化了物鏡設計。但是它的運動慣性較大，為確保掃描定位精密度，其運動速度不能過快。如圖 2-22 所示，雷射器產生的雷射束經光纖傳輸並從準直鏡組輸出後，經第一反射鏡片反射傳輸到固定在 X 軸上的第二反射鏡片上，然後反射後的雷射束被雷射掃描頭上的反射鏡改變為與掃描平面垂直的方向，接著透過聚焦鏡片，雷射束由平行光變成工作平面上最終的聚焦光斑。

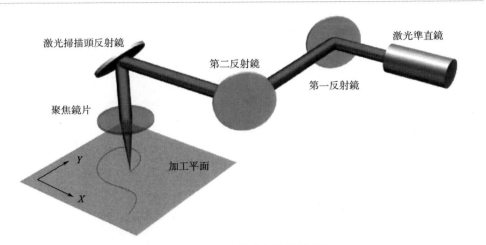

激光掃描頭反射鏡

第二反射鏡

激光準直鏡

第一反射鏡

聚焦鏡片

Y

X

加工平面

圖 2-22　X-Y 平面式光學掃描系統

振鏡式掃描是目前海內外 SLM 設備上使用較多的掃描方式。這種掃描方式使用電動機帶動兩片反射鏡分別沿 X 軸和 Y 軸做高速往復偏轉，透過兩個反射鏡的配合運動，從而實現雷射束的掃描。在帶動態聚焦模組的振鏡掃描系統中，還需要控制 Z 軸聚焦鏡的往復運動來實現焦距補償。

振鏡掃描系統存在如下幾個優點：鏡片偏轉較小角度即可實現大幅面的掃描，具有更緊湊的結構；鏡片偏轉的轉動慣量很低，配合電腦控制和高速伺服電動機能明顯降低雷射掃描延遲，提高系統的動態響應速度，具有更高的效率；振鏡掃描系統的原理性誤差目前已能透過電腦控制的編程調節的方式彌補，具有更高的精密度。

基於振鏡掃描系統的這些優點，該技術得到了高速發展，產品已在雷射加工、雷射測量、半導體加工、生物醫學等多個領域得到了廣泛的應用。目前，推出成熟振鏡掃描系統產品的主要有德國的 SCANLAB 公司和美國的 CTI 公司，中國雖然也有科研機構在進行研發，但還沒有成熟產品。尤其 SCANLAB 公司針對各種不同應用場合有多套解決方案，能夠提供適用於 CO_2、Nd：YAG、HeNe 等雷射器的掃描系統方案，為各大雷射成形公司所選用。

振鏡掃描系統的工作原理如圖 2-23 所示，雷射光束進入振鏡頭後，先投射到沿 X 軸偏轉的反射鏡上，然後反射到沿 Y 軸旋轉的反射鏡上，最後投射到工作平面 XOY 內。利用兩反射鏡偏轉角度的組合，實現在整個視場內的任意位置的掃描。下面具體介紹振鏡掃描系統的構成。

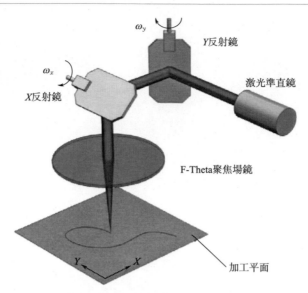

ω_y

Y反射鏡

激光準直鏡

ω_x

X反射鏡

F-Theta聚焦場鏡

Y　X

加工平面

圖 2-23　振鏡掃描系統工作原理

（1）系統執行電動機及伺服驅動

　　振鏡掃描系統的執行電動機採用檢流計式有限轉角電動機，按其電磁結構可分為動圈式、動磁式和動鐵式三種，為了獲得較快的響應速度，需要執行電動機在一定轉動慣量時具有最大的轉矩。目前振鏡掃描系統執行電動機主要是採用動磁式電動機，它的定子由導磁鐵芯和定子繞組組成，形成一個具有一定極數的徑向磁場；轉子由永磁體組成，形成與定子磁極對應的徑向磁場。兩者電磁作用直接與主磁場有關，動磁式結構的執行電動機電磁轉矩較大，可以方便地受定子勵磁控制。振鏡掃描系統各軸各自形成一個位置隨動伺服系統，為了得到較好的頻率響應特性和最佳阻尼狀態，伺服系統採用帶有位置負反饋和速度負反饋的閉環控制系統，位置傳感器的輸出訊號反映振鏡偏轉的實際位置，用此反饋信號與指令信號之間的偏差來驅動振鏡執行電動機的偏轉，以修正位置誤差。對位置輸出信號取微分可得速度反饋信號，改變速度環增益可以方便地調節系統的阻尼係數。振鏡掃描系統執行電動機的位置傳感器有電容式、電感式和電阻式等幾類。振鏡掃描系統執行電動機主要是採用差動圓筒形電容傳感器。這種傳感器轉動慣量小，結構牢固，容易獲得較大的線性區和較理想的動態響應性能。

　　在進行掃描時，振鏡的掃描方式如圖 2-24 所示，主要有三種：空跳掃描、柵格掃描以及向量掃描，每種掃描方式對振鏡的控制要求都不同。

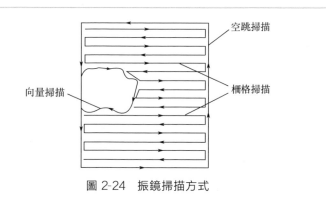

空跳掃描

柵格掃描

向量掃描

圖 2-24　振鏡掃描方式

① 空跳掃描　是從一個掃描點到另一個掃描點的快速運動，主要是在從掃描工作面上的一個掃描圖形跳躍至另一個掃描圖形時發生。空跳掃描需要在運動起點關閉雷射，終點開啓雷射，由於空跳過程中不需要掃描圖形，掃描中跳躍運動的速度均勻性和雷射功率控制並不重要，只需要保證跳躍終點的準確定位，因此空跳掃描的振鏡掃描速度可以非常快，再結合合適的掃描延時和雷射控制延時即可實現空跳掃描的精確控制。

② 柵格掃描　是快速成形中最常用的一種掃描方式，振鏡按柵格化的圖形掃描路徑往復掃描一些平行的線段，掃描過程中要求掃描線盡可能保持勻速，掃描中雷射功率均勻，以保證掃描品質，這就需要結合振鏡掃描系統的動態響應性能對掃描線進行合理的插補，形成一系列的掃描插補點，透過一定的中斷週期輸出插補點來實現勻速掃描。

③ 向量掃描　一般在掃描圖形輪廓時使用。不同於柵格掃描方式的平行線掃描，向量掃描主要進行曲線掃描，需要著重考慮振鏡式雷射掃描系統在精確定位的同時保證掃描線的均勻性，通常需要輔以合適的曲線延時。

在位置伺服控制系統中，執行機構接收的控制命令主要是兩種：增量位移和絕對位移。增量位移的控制量為目標位置相對於當前位置的增量，絕對位移的控制量為目標位置相對於座標中心的絕對位置。增量位移的每一次增量控制都有可能引入誤差，而其誤差累計效應將使整個掃描的精密度很差。因此振鏡掃描系統中，其控制方式採用絕對位移控制。同時，振鏡掃描系統是一個高精密度的數控系統，不管是何種掃描方式，其運動控制都必須透過對掃描路徑的插補來實現。高效、高精密度的插補算法是振鏡掃描系統實現高精密度掃描的基礎。

（2）反射鏡

振鏡掃描系統的反射鏡片是將雷射束最終反射至工作面的執行器件。反射鏡固定在執行電動機的轉軸上面，根據所需要承受的雷射波長和功率不同採用不同

的材料。一般在低功率系統中，採用普通玻璃作為反射鏡基片，在高功率系統中，反射鏡可採用金屬銅作為反射基片，以便於冷卻散熱。同時如果要得到較高的掃描速度，需要減小反射鏡的慣量，可採用金屬鈹製作反射鏡基片。反射鏡的反射面根據入射雷射束波長不同一般要鍍高反射膜提高反射率，一般反射率可達 99％。

反射鏡作為執行電動機的主要負載，其轉動慣量是影響掃描速度的主要因素。反射鏡的尺寸由入射雷射束的直徑以及掃描角度決定，並需要有一定的餘量。在採用靜態聚焦的光固化系統中，雷射束的直徑較小，振鏡的鏡片可以做得很小。而在 SLM 中，由於焦距較長，為了獲得較小的聚焦光斑，就需要擴大雷射束的直徑，尤其是採用動態聚焦的振鏡系統中，振鏡的入射雷射束光斑尺寸可達 33mm 甚至更大，振鏡的鏡片尺寸較大，這將導致振鏡執行電動機負載的轉動慣量加大，影響振鏡的掃描速度。

(3) 動態聚焦系統

動態聚焦系統由執行電動機、可移動的聚焦鏡和固定的物鏡組成，掃描時執行電動機的旋轉運動透過特殊設計的機械結構轉變為直線運動帶動聚焦鏡的移動來調節焦距，再透過物鏡放大動態聚焦鏡的調節作用來實現整個工作面上掃描點的聚焦。

如圖 2-25 所示，動態聚焦系統的光學鏡片組主要包括可移動的動態聚焦透鏡和起光學放大作用的物鏡組。動態聚焦透鏡由一片透鏡組成，其焦距為 f_1，物鏡由兩片透鏡組成，其焦距分別為 f_2 和 f_3。其中 $L_1 = f_1$，$L_2 = f_2$，在調焦過程中，動態聚焦鏡移動距離 C_1，則工作面上聚焦點的焦距變化量為 ΔS。由於在動態調焦過程中，第三個透鏡上的光斑大小會隨 C_1 改變，振鏡 X 軸和 Y 軸反射鏡上的光斑也相應變化，如果要使振鏡 X 軸和 Y 軸反射鏡上的光斑保持恒定，可以使 $L_3 = f_2$，則基本光學成像公式為

$$\frac{1}{u} + \frac{1}{v} = \frac{1}{f} \qquad (2\text{-}18)$$

根據式(2-18) 可得焦點位置的變化量 ΔS 與透鏡移動量 C_1 之間的關係為

$$\Delta S = \frac{C_1 f_3^2}{f_2^2 - z f_3} \qquad (2\text{-}19)$$

實際中，動態聚焦的聚焦透鏡和物鏡組的調焦值在應用之前需要對其進行標定，透過在光具座上移動動態聚焦來確定動態聚焦透鏡移動距離與工作面上掃描點的聚焦長度變化之間的數學關係，通常為了得到較好的動態聚焦響應性能，動態聚焦鏡的移動距離都非常小，需要靠物鏡組來對動態聚焦鏡的調焦作用進行放大。動態聚焦透鏡與物鏡間的初始距離為 31.05mm，透過向物鏡方向移動，動態聚焦透鏡可以擴展掃描系統的聚焦長度，動態聚焦的標定值如表 2-6 所示。

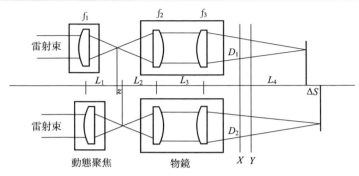

圖 2-25　透鏡聚焦及光學槓桿原理

表 2-6　動態聚焦的標定值

Z 軸運動距離/mm	離焦補償 ΔS/mm	Z 軸運動距離/mm	離焦補償 ΔS/mm
0.0	0.0	1.0	22.109
0.2	2.558	1.2	27.522
0.4	6.377	1.4	33.020
0.6	11.539	1.6	38.610
0.8	16.783	1.8	44.292

　　以工作面中心為離焦誤差補償的初始點，對於工作面上的任意點 $P(x,y)$，透過拉格朗日插值算法可以得到其對應的 Z 軸動態聚焦值。對任意點 $P(x,y)$，其對應需要補償的離焦誤差補償值可以透過式(2-20) 計算

$$\Delta S = \sqrt{\left(\sqrt{h^2 + y^2} + d\right)^2 + x^2} - h - e \qquad (2\text{-}20)$$

透過式(2-21) 可以得到動態聚焦補償值的拉格朗日插值係數

$$S_i = \frac{\prod\limits_{k=0, k\neq i}^{0} (\Delta S - \Delta S_k)}{\prod\limits_{j=0, j\neq i}^{0} (\Delta S_i - \Delta S_j)} \qquad (2\text{-}21)$$

　　從而結合表 2-6 中的標定數據和計算得出的拉格朗日插值係數，我們可以透過拉格朗日插值算法得到任意點 $P(x,y)$ 對應的 Z 軸動態聚焦的移動距離

$$Z = \sum_{i=0}^{0} Z_i S_i \qquad (2\text{-}22)$$

　　在振鏡掃描系統中，動態聚焦部分的慣量較大，相比較振鏡 X 軸和 Y 軸而言，其響應速度較慢，因此設計中動態聚焦移動距離較短，需要靠合適的物鏡來放大動態聚焦的調焦作用。同時，為了減小動態聚焦部分的機械傳動誤差且盡可能地減小動態聚焦部分的慣量，採用 $20\mu m$ 厚具有較好韌性和強度的薄鋼帶作為傳動介質，採用雙向傳動的方式來減小其傳動誤差，其結構如圖 2-26 所示。

驅動結構位於下方

透鏡
20μm厚鋼帶
電動機

圖 2-26　動態聚焦結構

　　動態聚焦的移動機構透過滑輪固定在光滑的導軌上，其運動過程中的滑動摩擦力很小，極大地減小了運動阻力對動態聚焦系統動態響應性能的影響；採用具有較好韌性的薄鋼帶雙向傳動的方式，在盡量小增加動態聚焦系統慣量的同時，盡量減小運動過程中的傳動誤差，保證了動態聚焦的控制精密度。

2.3.3　氣體保護

　　由於金屬材料極易與空氣中的氧、氮、水蒸氣發生化學反應。因此，在 SLM 成形過程中，一個良好的氣體保護系統是成功成形的重要保證。

　　實現良好的氣體保護，在雷射快速成形領域，通常採用的方案有以下幾種。

　　① 將成形室密封起來，只留一個口子抽真空，成形過程在真空下進行。

　　② 在成形過程中，保護氣體隨粉末同時噴射到成形區域，保護氣噴嘴與雷射束同時運動。在雷射熔覆製造中採用了這種氣體保護方式。

　　③ 將成形室密封起來，只留一個進氣口和一個出氣口，在成形過程中往成形室中充保護氣體，這也是整體氣體保護方式。

　　在 SLM 裝備中，鋪粉系統是內置於成形室的，由於鋪粉系統具有較大的尺寸，因此成形室的空間較大。如採用第一種方案，則成形室的設計工藝要求相當高，保證成形室有足夠的密封性，能承受足夠大的壓力，並且在成形過程中，往往需要大功率的抽真空設備，增大了運行成本，也製造了大量的噪聲。

　　對第二種氣體保護方案，由於雷射束由掃描振鏡控制實現掃描運動，掃描速度快，很難製造一個保護氣噴嘴與雷射束隨動，因此實現該方案比較困難。

　　第三種氣體保護方法更為常用。然而單純採用整體氣體保護方式，還不能很好解決 SLM 工藝中的氧化問題。因此，在保留整體氣體保護方式的前提下，新研發的 SLM 系統還採用了一種局部氣體保護方式，構成了「整體充普通氮氣結合局部充高純氬氣」的氣體保護方案。

　　該方案可有兩種運行方式。

　　① 單純採用「局部充高純氬氣」的氣體保護方式　當設備處於實驗室階段，特別是工藝參數沒有十分成熟的情況下，使用者在使用過程中肯定需要頻繁打開成形室進行測試工作，而成形室空間大，充氣時間長，也很難將空氣驅趕乾淨，這時採用整體氣體保護方式，耗時耗氣卻對改善氣體保護效果幫助不大。因此，

在實驗測試階段，可只採用「局部充高純氬氣」的氣體保護方式進行實驗研究。

② 採用「整體充普通氮氣結合局部充高純氬氣」的氣體保護方式　成形工藝完善後，兩種氣體保護方式可同時採用，這時，由於是多層實體自動成形，成形過程無須開啓室門，同時採用兩種氣體保護方式，可以獲得更好的成形氣氛。

2.3.4　氧傳感器

SLM 成形過程要求減少氧化對零件力學性能造成的不利影響。另外，液態金屬在氧作用下其表面張力急劇下降，導致液態金屬的潤濕能力下降，容易球化，嚴重影響成形。為此，SLM 裝備要求具有氣體保護裝置以及測試氧氣含量的傳感器。讓整個 SLM 成形過程在真空環境進行，根據真空裝置的設計原則，選用高強度的 45 鋼。外殼分為上下兩部分。連接接合面用 O 形密封圈密封。O 形圈密封接合面，仍然存在泄漏率。接合面與 O 形密封槽相配合，接合面表面光潔度受機械加工精密度的影響。為了提高密封性能，要求機加工 O 形槽及其配合面的表面光潔度比較高。

2.3.5　循環淨化裝置

循環淨化裝置的主要功能是微調氧氣含量和除塵。工作艙內氣體在經過「洗氣」之後，氧含量降到 500×10^{-6} 以下方可開啓循環淨化裝置，透過催化劑除氧的方式將氧含量進一步降低到 100×10^{-6} 以下，相比單純使用「洗氣」功能來達到氧含量要求更快更有效，也可以節省保護氣的消耗量。

另一方面，因在加工過程中有大量微米級粉末材料參與，且在雷射掃描熔化時存在能量衝擊，會有少量粉末隨氣流漂浮在艙體內，同時粉末中的某些雜質在熔化時會產生「煙塵」，這些「煙塵」被認為是沸騰的金屬熔池產生的電解金屬蒸氣瞬間冷卻形成的絮狀冷凝物，其平均直徑只有 $1\mu m$。為防止漂浮冷凝物污染艙體環境，尤其是進入雷射光路範圍，影響雷射的入射，循環淨化過程中利用濾芯將氣流中漂浮的固形物收集起來。

為了實現上述功能，循環淨化裝置需要包括淨化柱、除塵濾芯和風機等。氣體進入淨化柱後，在這裏完成兩道工序：一是分子篩乾燥除水，將水含量降低到 100×10^{-6} 以下，工作環境若濕度過大會阻礙粉末流動，對鋪粉效果產生不利影響，且工作區域粉末聚集的水分在掃描雷射的高能量衝擊下迅速汽化膨脹，使粉末飛濺；二是催化劑除氧，其工作原理為活性銅與氣流中的氧氣成分反應生成氧化銅而將氧含量降低。過高的氧含量對銅催化劑也會有損壞，且工作效率會降低，因此一般在 500×10^{-6} 以下才利用催化劑法除氧，最高可將氧含量降低到 1×10^{-6} 以下。循環風機的功能是為氣體透過淨化裝置的流動提供動力，可按百分比設置實際工作流量。

2.4　SLM 成形裝備

2.4.1　典型裝備產品及特點

目前，歐洲市場上已經有不同規格的 SLM 商業化裝備銷售，並大量投入工程應用，解決了航空航太、核工業、醫學等領域的技術關鍵。典型 SLM 成形裝備的參數對比見表 2-7。

表 2-7　典型 SLM 成形裝備對比

品牌	型號	外觀圖片	成形尺寸/mm³	雷射器	成形效率	掃描速度/(m/s)	針對材料
EOS(德國)	EOSINT M290		250×250×325	Yb-fibre laser 400 W	2～30mm³/s	7	不鏽鋼、工具鋼、鈦合金、鎳基合金、鋁合金
	EOSINT M400		400×400×400	Yb-fibre laser 1000W	—	7	

續表

品牌	型號	外觀圖片	成形尺寸/mm³	雷射器	成形效率	掃描速度/(m/s)	針對材料
3D Systems（美國）	ProX 300		250×250×300	500W 光纖雷射器	—	—	不鏽鋼、工具鋼、有色合金、超級合金、金屬陶瓷
Concept Laser（德國）	Concept M2		250×250×280	200~400W 光纖雷射器	2~10cm³/h	7	不鏽鋼、鋁合金、鈦合金、熱作鋼、鈷鉻合金、鎳合金
Renishaw（英國）	AM250		245×245×300	200~400W 光纖雷射器	5~20cm³/h	2	不鏽鋼、模具鋼、鋁合金、鈦合金、鈷鉻合金、鉻鎳鐵合金

續表

品牌	型號	外觀圖片	成形尺寸/mm³	雷射器	成形效率	掃描速度/(m/s)	針對材料
SLM Solutions（德國）	SLM 280HL		280×280×350	2×400/1000 光纖雷射器	35cm³/h	15	不鏽鋼、工具鋼、模具鋼、鈦合金、純鈦、鈷鉻合金、鋁合金、高溫鎳基合金
	SLM 500HL		500×280×325	400/1000W 光纖雷射器	70cm³/h	15	
Sodick（日本）	OPM250L		250×250×250	500W 光纖雷射器	—	—	馬氏體時效鋼與STAVAX

2.4.2 華科三維 HKM 系列裝備簡介

華科三維研製的 HKM 系列裝備如圖 2-27 所示，它們的主要技術參數如表 2-8 所示。HKM 系列裝備利用雷射器對各種金屬材料，如鈦合金、鋁合金以及 CoCrMo 合金、鐵鎳合金等粉末材料直接燒結成形，可直接燒結金屬零件、注塑模具等。

表 2-8　華科三維 HKM 系列裝備主要技術參數

型號	HK M125	HK M280
雷射器	單模光纖雷射器，進口，500W	單模光纖雷射器，進口，500W
掃描系統	振鏡式動態聚焦，8m/s	振鏡式動態聚焦，8m/s
分層厚度	0.02～0.1mm	0.02～0.1mm
精密度	±0.1mm($L\leqslant100$mm)	±0.1%($L>100$mm)
成形室尺寸	125mm×125mm×150mm	280mm×280mm×300mm
鋪粉方式	自動上送粉，單缸單向鋪粉	
成形材料	不鏽鋼、鈷鉻合金、鈦合金、鎳基高溫合金等金屬粉末	
操作系統	Windows XP	
保護氣體	氮氣或氬氣	
控制軟體	HUST 3DP(自主研發)	
軟體功能	直接讀取 STL 文件，在線切片功能，在成形過程中可隨時改變參數，如層厚、掃描間距、掃描方式等；三維可視化	
主機外形尺寸	1480mm×1070mm×1910mm	1710mm×1168mm×1938mm

圖 2-27　華科三維 HKM 系列裝備

參考文獻

[1]　史玉升，魯中良，章文獻，等. 選擇性雷射熔化快速成形技術與裝備[J]. 中國表面工程，2006, 19（s1）: 150-153.

[2]　王黎. 選擇性雷射熔化成形金屬零件性能研究[D]. 武漢: 華中科技大學，2012.

[3]　黃常帥，楊永強，吳偉輝. 金屬構件選區雷射熔化快速成型鋪粉控制系統研究[J]. 機電工程技術，2005, 34（6）: 31-34.

[4]　趙志國，柏林，李黎，等. 雷射選區熔化成形技術的發展現狀及研究進展[J]. 航空製造技術，2014, 463（19）: 46-49.

[5]　文世峰. 選擇性雷射燒結快速成形中振鏡掃描與控制系統的研究[D]. 武漢: 華中科技大學，2010.

[6]　尹西鵬. 選擇性雷射熔化快速成型系統設計與實現[D]. 武漢: 華中科技大學，2008.

[7]　章文獻，史玉升，賈和平. 選區雷射熔化成形系統的動態聚焦技術研究[J]. 應用雷射，2008, 28（2）: 99-102.

[8]　李志偉. 雷射選區熔化快速成型設備結構設計[D]. 南京: 南京理工大學，2016.

[9]　王文奎. 金屬雷射選區熔化設備成型系統研究[D]. 石家莊: 河北科技大學，2016.

[10]　馮聯華，張寧，曹洪忠，等. 雙波長選區雷射熔化成形中 F-theta 鏡頭光學設計[J]. 長春理工大學學報: 自然科學版，2016, 39（4）: 25-28.

[11]　楊永強，吳偉輝. 選區雷射熔化快速成型系統及工藝研究[J]. 新技術新工藝，2006（6）: 48-50.

[12]　吳偉輝. 選區雷射熔化快速成型系統設計及工藝研究[D]. 廣州: 華南理工大學，2007.

[13]　劉坤. 金屬粉末選區雷射熔化三維列印系統研究[D]. 青島: 山東科技大學，2015.

[14]　楊雄文，楊永強，劉洋，等. 雷射選區熔化成型典型幾何特徵尺寸精密度研究[J]. 中國雷射，2015（3）: 62-71.

第3章

原材料特性要求

3.1 SLM 用金屬粉末

適合 SLM 技術的金屬粉末比較廣泛。自行設計適合 SLM 成形的材料成分並製作粉末，其造價比較高，不經濟。因此，目前研究 SLM 技術的粉末主要來源於商用粉末，透過研究它們的成形性能，從而提出該技術選用粉末的標準。

用於 SLM 成形的粉末可以分為混合粉末、預合金粉末、單質金屬粉末三類[1]，如圖 3-1 所示。

○ 基體　　● 合金元素

(a) 混合粉末　　　　　　　　(b) 預合金粉末　　　　　　　(c) 單質金屬粉末

圖 3-1　SLM 粉末種類

(1) 混合粉末

混合粉末 [圖 3-1(a)] 是將多種成分顆粒利用機械方法混合均勻。常用的機械法是機械球磨法。利用這種方法的優點：混合粉末經過適當配比，經球磨混合均勻後粉末的鬆裝密度較高。不過，混合粉末在成形過程中可能會因輥筒或刮板等作用使得粉末成分出現分離（不均勻化）情況，影響成分分布的均勻度。

設計混合粉末時要考慮雷射光斑大小對粉末顆粒粒度的要求。Kruth J. P. 等人研製了鐵基混合粉（Fe、Ni、Cu、Fe_3P）。因雷射光斑為 $600\mu m$，所以要

求混合粉中顆粒的最大尺寸不能超過該光斑直徑。該混合粉的成分組成為50％Fe、20％ Ni、15％ Cu、15％ Fe_3P。各成分的粒度分布要求為：Fe、Cu和Fe_3P粉末的粒度小於60μm，而Ni粉末的粒度小於5μm。除了Fe粉末外，其餘粉末顆粒形狀均為球形。粉末化學成分之間的相互作用如下：助熔劑（Fe_3P或Cu_3P）有利於提高成形過程中雷射能量的利用率；因為純鐵的熔點是1538℃，而當它與少量P形成合金時，合金熔點只有1048℃；P在鐵中溶解，有利於降低熔體（液體）的表面張力，減少形成「球化」的趨勢，因此提高了成形件的表面品質和緻密度；另外，因P氧化能力強，所以P能降低Cu和Fe粉顆粒的氧化程度；Ni的添加，可以起到強化效果，增加成形件的硬度；不同元素間的反應可能形成金屬間相，如（Fe，Ni）$_3$P。Kruth J. P. 等研究的混合粉末的鬆裝密度是3.17g/cm^3。經過對該混合粉末的成形工藝研究，使用優化參數所成形的金屬零件的相對緻密度（零件緻密度與材料的理論緻密度的百分比）最大可達91％，其最大抗彎強度為630MPa[2]。由此可見，應用這種混合粉末的SLM成形件不能滿足100％緻密度要求，其力學性能還有待進一步提高。

魯中良等研製了Fe-Ni-C混合粉末，其組成成分（品質分數）為：91.5％Fe、8.0％Ni、0.5％ C。Fe、Ni粉末為300目，C粉為200目。應用該混合粉末的SLM成形件緻密度較低，存在大量的孔隙。基於混合粉末的成形件緻密度有待提高，其力學性能受緻密度、成分均勻度的影響[3]。

（2）預合金粉末

預合金粉末［圖 3-1(b)］是液態合金經過霧化方法製作的粉末，粉末顆粒成分均勻。因此，利用預合金粉末成形，沒有成分分布不均勻的不利因素。根據預合金主要成分，預合金粉末可以分為鐵基、鎳基、鈦基、鈷基、鋁基、銅基、鎢基等類型。

鐵基合金粉末包括工具鋼M2、工具鋼H13、不鏽鋼316L（1.4404）、Inox904L、314S-HC、鐵合金（Fe15Cr1.5B）等。鐵基合金粉末的SLM成形結果表明：低碳鋼比高碳鋼的成形性好，但成形件的相對緻密度仍不能完全達到100％。

鎳基合金粉末包括Ni625、NiTi合金、Waspaloy合金、鎳基預合金（83.6％Ni、9.4％Cr、1.8％B、2.8％Si、2.0％Fe、0.4％C）等。鎳基合金粉末的SLM成形件其相對緻密度最高可達99.7％。

鈦合金粉末主要有TiAl6V4合金。其SLM成形件的相對緻密度可達95％。

鈷合金粉末主要有鈷鉻合金。其SLM成形件的相對緻密度可達96％。

鋁合金粉末主要有Al6061合金。其SLM成形件的相對緻密度可達91％。

　　銅合金粉末包括 Cu/Sn 合金、銅基合金（84.5Cu8Sn6.5P1Ni）、預合金 Cu-P。其 SLM 成形件的相對緻密度只能達到 95％。

　　鎢基合金粉末主要有鎢銅合金。其 SLM 成形件的相對緻密度仍然達不到 100％。

　　（3）單質金屬粉末

　　單質金屬粉末［圖 3-1(c)］是液態單質金屬經過霧化方法製作的粉末，粉末的顆粒成分均勻。因此，SLM 單質金屬粉末成形不存在成分分布不均勻的不利影響。單質金屬粉末主要有鈦粉。鈦粉的 SLM 成形件成形性較好，成形件的相對緻密度可達 98％。

　　綜上所述，SLM 技術所用粉末主要為單質金屬粉末和預合金粉末。單質金屬粉末和預合金粉末的成形件的成分分布、綜合力學性能較好。所以成形工藝研究主要針對預合金、單質金屬粉末的工藝優化，以提高成形件的緻密度。

3.2　**金屬粉末製作方法**

　　由於加工方法和製件性能的不同，往往需要不同種類或特性的金屬粉末。從材質範圍來看，不僅需要金屬粉末，也需要合金粉末、金屬化合物粉末等；從粉末外形來看，需要球狀、片狀、纖維狀等各種形狀的粉末；從粉末粒徑來看，需要粒徑為 $500\sim1000\mu m$ 的粗粉，也需要小於 $0.1\mu m$ 的超細粉末。作為雷射增材製造金屬製件的基本耗材，金屬粉末需滿足粒徑小、粒度分布窄、球形度高、流動性好和鬆裝密度高等要求。因此，為了得到優異性能的雷射增材製造金屬製件，必須尋求一種有效的金屬粉末製作方法。

　　粉末的形成是依靠能量傳遞到材料而製造新表面的過程。按照製粉過程中有無化學反應，可將粉末的制取方法分為兩大類，即機械法和物理化學法。機械法是使原料在機械作用下粉碎而化學成分基本不發生變化的方法，主要有機械粉碎法和霧化法。霧化法應用較廣，並且發展和衍生了許多新的製粉工藝，因此也常被列為另外一類獨立的製粉方法。物理化學法則是藉助化學或物理的作用，改變原料的化學成分或聚集狀態而獲得所需粉末的一種方法，比如還原法、電解法等。某些金屬粉末可以採用多種方法生產出來，在進行製粉方法的選擇時，要綜合考慮材料的特殊性能及制取方法的特點和成本，從而確定合適的生產方法。

3.2.1 　霧化法

霧化法是直接擊碎液體金屬或合金而制得粉末的方法。霧化法一般利用高壓氣體、高壓液體或高速旋轉的葉片，將經高溫、高壓熔融的金屬或合金破碎成細小液滴，然後在收集器內冷凝細小液滴而得到超細金屬粉末，所得粒徑一般小於 $150\mu m$。霧化法生產效率較高、成本較低，易於製造熔點低於 1750℃ 的各種高純度金屬和合金粉末。Zn、Sn、Pb、Al、Cu、Ni、Fe 以及各種鐵合金、鋁合金、鎳合金、低合金鋼、不鏽鋼及高溫合金等都能透過霧化法制成粉末，且該方法特別有利於製造合金粉，已成為高性能及特種合金粉末製作技術的主要發展方向，是生產金屬及合金粉末的主要方法之一。霧化法所得粉末顆粒氧含量較低、粒度可控，粉末的形狀因霧化條件而異。金屬熔液的溫度越高，球化的傾向越顯著。霧化法的缺點是難以制得粒徑小於 $20\mu m$ 的細粉。

霧化有許多工藝方法。

① 二流霧化法。是藉助高壓水流或氣流的衝擊來破碎液流製作金屬粉末。

② 離心霧化法。用離心力破碎液流。

③ 真空霧化法。在真空中霧化。

④ 超聲霧化法。利用超聲波能量來實現液流的破碎。

本節主要討論二流霧化法和離心霧化法，並簡要介紹真空霧化法、超聲霧化法及一些其他霧化方法。

(1) 二流霧化法

二流霧化法是利用高速氣流或高壓水擊碎金屬液流的一種霧化法。雙流霧化主要包括水霧化和氣霧化兩種方法。霧化過程十分複雜，包括物理機械作用和物理化學變化。霧化過程中的物理機械作用主要表現為霧化介質同金屬液流之間的能量交換（霧化介質的動能部分轉化為金屬液滴的表面能）和熱量交換（金屬液滴將一部分熱量轉給霧化介質）。霧化過程中的物理化學作用主要表現為液體金屬的黏度和表面張力在霧化過程和冷卻過程中不斷發生變化。此外，在很多情況下，霧化過程中液體金屬與霧化介質發生化學作用（氧化、脫碳等）使金屬液體改變成分。

這裏以氣霧化為例對霧化過程進行說明，其具體過程如圖 3-2(a) 所示：金屬液自漏包底小孔順著環形中心孔（或噴嘴）軸線自由落下，壓縮氣體由環形噴口高速噴出形成一定的噴射頂角，而環形氣流構成一封閉的倒置圓錐，於頂點（霧化交點）交匯，然後又散開，最後散落到粉末收集器中。如圖 3-2(b) 所示，金屬液流在氣流作用下分為 4 個區域：Ⅰ—負壓紊流區；Ⅱ—原始液滴形成區；Ⅲ—有效霧化區；Ⅳ—冷卻凝固區[4]。

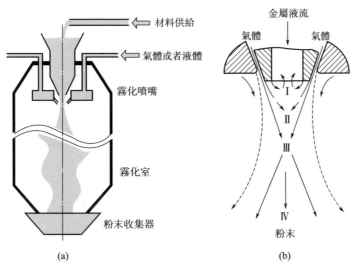

圖 3-2　金屬液流氣霧化過程

由上述液滴在高速氣流下霧化過程可以看出，氣流和金屬液滴的動力交互作用越顯著，霧化過程越強烈。基於流體力學原理，金屬液流的破碎程度主要取決於氣流對金屬液滴的相對速度及金屬液滴的表面張力和運動黏度[5]。

$$H = \frac{\rho u^2 b}{\sigma_0} \qquad (3\text{-}1)$$

式中　H——液滴破碎準數；

　　　ρ——氣體密度，g/cm^3；

　　　u——氣流對液滴的相對密度，m/s；

　　　b——金屬液滴大小，μm；

　　　σ_0——金屬表面張力，N/cm，一般取 $10^{-5} N/cm$。

一般來說，金屬液流的表面張力和運動黏度係數較小，所以氣流對金屬液滴的相對速度是主要因素。

噴嘴是氣體霧化的關鍵技術，其結構和性能決定了霧化粉末的性能和生產效率。因此噴嘴結構設計與性能的不斷提高決定著氣體霧化技術的進步。霧化噴嘴的結構基本上可分為兩類。

① 自由降落式噴嘴　金屬液流在從容器（漏包）出口到與霧化介質相遇點之間無約束地自由降落，所有水霧化的噴嘴和多數氣體霧化的噴嘴都採用這種形式。

② 限制式噴嘴　金屬液流在噴嘴出口處即被破碎。這種形式的噴嘴傳遞氣體到金屬的能量最大，主要用於鋁、鋅等低熔點金屬的霧化。

氣霧化由於其製作的粉末具有純度高、氧含量低、粉末粒度可控以及球形度

高等優點，已成為高性能及特種合金粉末製作技術的主要發展方向。目前，氣霧化生產的粉末占世界粉末總產量的 30％～50％。但是，氣霧化法也存在不足，高壓氣流的能量遠小於高壓水流的能量，所以氣霧化對金屬熔體的破碎效率低於水霧化。

　　對於水霧化方法而言，由於水的比熱容遠大於氣體，所以在霧化過程中，被破碎的金屬熔滴由於凝固過快而變成不規則狀，使粉末的球形度受到影響。另外一些具有高活性的金屬或者合金，與水接觸會發生反應，同時由於霧化過程中與水的接觸，會提高粉末的氧含量。這些問題限制了水霧化法在製作球形度高、氧含量低的金屬粉末的應用。如圖 3-3 所示，大量實驗表明，水霧化粉末由於氧含量較高，導致成形表面生成較多的氧化膜，不利於熔池的潤濕與鋪展，故容易導致嚴重球化現象。不規則的水霧化粉末流動性較差，粉末顆粒之間堆積協調性較差，因而鋪粉時的堆積密度較低；而氣霧化粉末一般為球形，粉末流動性較好，可以得到較高的堆積密度，有利於最終成形的緻密度[6]。

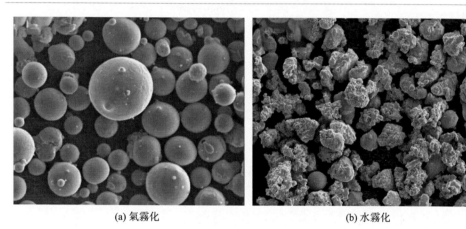

(a) 氣霧化　　　　　　　　　　　　　　　　(b) 水霧化

圖 3-3　不同霧化方法下金屬粉末形貌

（2）離心霧化法

　　離心霧化法是利用機械旋轉時產生的離心力將金屬液流擊碎成細的液滴，落入冷卻介質中凝結成粉末。離心霧化方法成本較低，製造的粉末氧含量低，粒度可控。但是離心過程中的飛濺現象會降低粉末的球形度，且難以製作超細粉末。

　　離心霧化有多種形式，最早的是旋轉圓盤霧化，即所謂的 DPG 法，後來又發展了旋轉水流霧化、旋轉電極霧化和旋轉坩堝霧化等。旋轉圓盤霧化工藝如圖 3-4 所示，從漏嘴流出的金屬液流被具有一定壓力的水引至轉動的圓盤上，為圓盤上特殊的葉片所擊碎，並迅速冷卻成粉末收集起來。透過改變圓盤的轉

速、葉片的形狀和數目，可以調節粉末的粒徑。還可以藉助氬氣浪衝擊已生成的粉末顆粒來提高凝固速率。由於金屬液流的冷卻速率增加，粉末顆粒的顯微結構變得較細，合金固溶度增加，甚至可以形成新相（玻璃質和非晶態相等）。

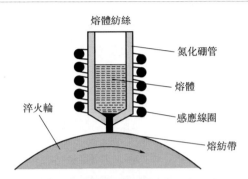

圖 3-4　旋轉圓盤離心霧化過程示意

　　電漿旋轉電極法（Plasma Rotating Electrode-comminuting Process，PREP）是俄羅斯發展起來的一種球形粉末製作工藝[7]。將金屬或合金加工成棒料並利用電漿體加熱棒端，同時棒料進行高速旋轉，依靠離心力使熔化液滴細化，在惰性氣體環境中凝固並在表面張力作用下球化形成粉末。其原理如圖 3-5 所示。

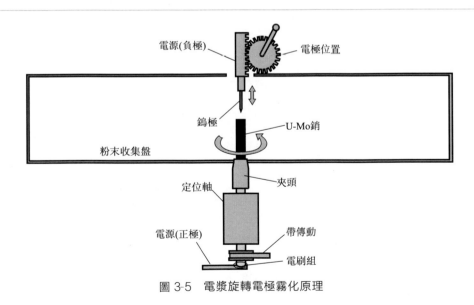

圖 3-5　電漿旋轉電極霧化原理

　　電漿旋轉電極法適用於鈦合金、高溫合金等合金粉末的製作。該方法製作的金屬粉末球形度較高，流動性好，但粉末粒度較粗，SLM 工藝用微細粒度（0～

45μm）粉末收得率低，細粉成本偏高。由於粉末的粗細及液滴尺寸的大小主要取決於棒料的轉速和棒料的直徑，轉速提高必然會對設備密封、振動等提出更高的要求。

（3）真空霧化法

真空霧化法是近期發展和不斷完善的一項新技術。真空熔煉技術可以有效地防止合金元素的氧化燒損，具有改善合金元素的固溶度，減少偏析，細化晶粒，改善第二相的形狀、尺寸及分布等優點；而惰氣霧化技術可以起到細化合金組織、改善合金性能的效果，尤其適用於合金化程度較高、對組織形態依賴性較高的工具鋼、超合金等金屬材料，這是傳統鑄造技術難以實現的[8]。相對於普通氣霧化技術，用真空熔煉惰氣霧化法生產的金屬粉末，還具有氧含量低、細粉收得率高、外貌球形度好等優點，適合於各粒度段、高性能噴塗粉末的製作。具體工藝是合金（金屬）在真空感應爐中熔化、精煉後，熔化的金屬液體倒入保溫坩堝中，並進入導流管和噴嘴，此時熔體流被高壓氣體流所霧化。霧化後的金屬粉末在霧化塔中進行凝固、沉降，落入收粉罐中[9]。具體流程如圖 3-6 所示。

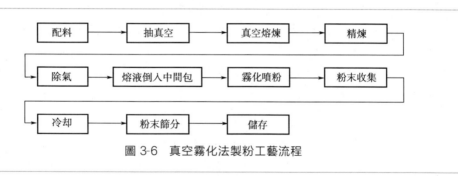

圖 3-6　真空霧化法製粉工藝流程

但是，粉末的粒度、性能及產量對生產設備，尤其是霧化系統依賴性較高。先進的霧化系統及霧化技術可以得到性能較高且高產量的合金粉末。我國真空氣霧化技術起步較晚，目前市場銷售的合金粉末大部分採用普通氣霧化或水霧化工藝製作，往往存在氧含量高、雜質元素不能有效控制、球形度差及細粉收得率低的缺點，產品性能往往不能滿足高性能產品的要求。而中國產真空氣霧化設備由於霧化氣流不順暢、霧化壓力低、霧化效率不高、真空度不佳等缺陷，細粉收得率及氧含量很難達到國外先進水平要求。隨著真空氣霧化技術研究的不斷推進，特別是先進的進口真空氣霧化設備的引進，我國真空氣霧化技術正逐漸朝產業化方向發展，其產品也逐步向民品市場推廣[8]。

（4）超聲霧化法

20 世紀 60 年代末，瑞典的 Kohlswa 等率先開展了超聲霧化制取金屬粉末的

嘗試。他們利用帶有 Hartmann 哨的 Laval 噴嘴產生的 20～100kHz 脈衝超聲流衝擊金屬液流，成功製作了鋁合金、銅合金等粉末材料，這就是後來被稱為超聲霧化的金屬粉末製作技術[9]。超聲霧化法是利用超聲振動能量和氣流衝擊動能使液流破碎，製粉效率顯著提高，但仍需要消耗大量惰性氣體。20世紀80年代初，Ruthardt 等提出單純利用高頻超聲振動直接霧化液態金屬的設想。隨著壓電陶瓷材料、換能器製作技術、超聲功率電源及其信號追蹤技術的發展，金屬超聲振動霧化技術相繼在中、低熔點金屬粉末製作領域得到應用[10]。

金屬超聲霧化是利用超聲能量使金屬熔液在氣相中形成微細霧滴，霧滴冷卻凝固成為金屬粉末的過程。金屬超聲霧化主要有三種形式[11]：第一種是利用功率源發生器將工頻交流電轉變為高頻電磁振盪提供給超聲換能器，換能器藉助於壓電晶體的伸縮效應將高頻電磁振盪轉化為微弱的機械振動，超聲聚能器再將機械振動的質點位移或速度放大並傳至超聲工具頭。當金屬熔體從導液管流至超聲工具頭表面上時，在超聲振動作用下鋪展成液膜，當振動面的振幅達到一定值時，薄液層在超聲振動的作用下被擊碎，激起的液滴即從振動面上飛出形成霧滴。第二種是透過一些特殊的方法將超聲波的能量聚集在一個很小的空間體積內，直接利用超聲波對金屬液霧化。第三種是將超聲霧化與傳統的霧化技術結合的超聲複合霧化技術。

(5) 其他霧化方法

在霧化技術的改進方面，新發展的霧化工藝大多是對噴嘴結構進行了優化設計。緊偶合霧化技術是一種對限制式噴嘴結構進行改造的霧化技術，由於其氣流出口至液流的距離達到最短，因而提高了氣體動能的傳輸效率；高壓氣體霧化技術[12] 對緊偶合噴嘴結構進行進一步改進，將緊偶合噴嘴的環縫出口改為 20～24 個單一噴孔，透過提高氣壓和改變導液管出口處的形狀設計，克服緊偶合噴嘴中存在的氣流激波，使氣流呈超聲速層流狀態，並在導液管出口處形成有效的負壓。這一改進有效提高了霧化效率，在生產微細粉方面很有成效，且能明顯節約氣體用量；超聲緊偶合霧化技術對緊偶合環縫式噴嘴進行結構優化，使氣流的出口速度超過聲速，並且增加金屬的品質流率。大大提高了粉末的冷卻速度，可以生產快冷或非晶結構的粉末；層流霧化技術對常規噴嘴進行了重大改進，改進後霧化效率大大提高，粉末粒度分布窄，冷卻速度可達 $10^6 \sim 10^7 \mathrm{K/s}$[13]。

電漿霧化法 (Plasma Atomization，PA) 是加拿大 AP&C 公司獨有的金屬粉末製作技術。採用對稱安裝在熔煉室頂端的離子體炬，形成高溫的電漿體焦點，溫度甚至可以高達 10000K，專用送料裝置將金屬絲送入電漿體焦點，原料被迅速熔化或汽化，被電漿體高速衝擊分散霧化成超細液滴或氣霧狀，在霧化塔中飛行沉積過程中，與通入霧化塔中的冷卻氫氣進行熱交換冷卻凝固成超細粉末。PA 法制得的金屬粉末呈近規則球形，粉末整體粒徑偏細。AP&C 公司同瑞

典 Arcam 公司合作，針對當前增材製造市場的快速發展，對產能進行擴建和提升。由於電漿炬溫度高，理論上 PA 法可製作現有的所有高熔點金屬合金粉末，但由於該技術採用絲材霧化製粉，限制了較多難變形合金材料粉末的製作，如鈦鋁金屬間化合物等，同時原料絲材的預先製作提高了製粉成本，為保證粉末粒度等品質控制，生產效率有待提升[7]。

3.2.2　化學法

化學法主要分為還原法、電解法和羰基法。前兩種方法應用較為廣泛，為製作金屬粉末的主要方法。

(1) 還原法

還原法是透過金屬氧化物或鹽類以制取金屬粉末的方法，具有操作簡單、工藝參數易於控制、生產效率高、成本較低等優點，適合工業化生產，是應用最廣的制取金屬粉末的方法之一，Fe、Ni、Co、Cu、W、Mo 等金屬粉末都可以透過這種方法生產。如用固體碳還原可以制取鐵粉和鎢粉；用氫、分解氨或轉化天然氣（主要成分為 H_2 和 CO）還原，可以制取鎢、鉬、鐵、銅、鈷、鎳等粉末；用鈉、鈣、鎂等金屬作還原劑可以制取鉭、鈮、鈦、鋯、釷、鈾等稀有金屬粉末；用還原-化合法可以制取碳化物、硼化物、矽化物、氮化物等難熔化合物粉末。表 3-1 列出了還原法的一系列應用實例。

表 3-1　還原法制取金屬粉末的應用實例

被還原物料	還原劑	實例	還原類型
固體	固體	$FeO + C \longrightarrow Fe + CO$	固體碳還原
固體	氣體	$WO_3 + 3H_2 \longrightarrow W + 3H_2O$	氣體還原
固體	熔體	$ThO_2 + 2Ca \longrightarrow Th + 2CaO$	金屬熱還原
氣體	氣體	$WCl_6 + 3H_2 \longrightarrow W + 6HCl$	氣相氫還原
氣體	熔體	$TiCl_4 + 2Mg \longrightarrow Ti + 2MgCl_2$	氣相金屬熱還原
溶液	固體	$CuSO_4 + Fe \longrightarrow Cu + FeSO_4$	置換
溶液	氣體	$Me(NH_3)_nSO_4 + H_2 \longrightarrow Me + (NH_4)_2SO_4 + (n-2)NH_3$	溶液氫還原
熔鹽	熔體	$ZcCl_4 + KCl + Mg \longrightarrow Zr + 產物$	金屬熱還原

還原法基本原理為，所使用的還原劑對氧的親和力比氧化物和所用鹽類中相應金屬對氧的親和力大，因而能夠奪取金屬氧化物或鹽類中的氧而使金屬被還原出來。最簡單的還原反應可用下式表示

$$MeO + X \longrightarrow Me + XO \tag{3-2}$$

式中，X 為還原劑；Me 為欲制取的金屬粉末。

　不同的金屬元素對氧的作用情況不同，因此生成氧化物的穩定性也不大一樣。可以用氧化反應過程中的吉布斯自由能 ΔG 的大小來表徵氧化物的穩定程度。如反應過程中的 ΔG 值越小，則表示其氧化物的穩定性就越高，即其對氧的親和力越大。

　① 固體碳/氣體還原法　還原法所用的還原劑可呈固態、氣態或液態，還可以採用氣體-固體聯合還原劑等。固體碳可以還原很多金屬氧化物，如鐵、錳、銅、鎳、鎢等氧化物來製取相應的金屬粉末。但是，用這種方法所製成的粉末易被碳污染，在某些情況下，若對鎢粉的含碳量要求不嚴格時，可以採用這種方法。在工業上，大規模應用碳做還原劑的方法主要還是制取鐵粉，一種採用碳還原鐵礦粉生產鐵粉的典型的工藝流程如圖 3-7 所示。

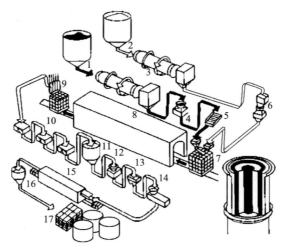

圖 3-7　碳還原鐵礦粉生產鐵粉工藝流程[14]
1—還原劑；2—鐵礦粉；3—乾燥；4—破碎；5—篩分；6,13—篩選；7—裝料；8—還原；9—卸載；
10—破碎；11—儲料倉；12—粉碎；14—分級篩分；15—退火；16—均勻化；17—自動包裝

　在該還原工藝中，主要工藝條件為還原溫度和還原時間。隨著還原溫度的升高，還原時間可以縮短。在一定範圍內，溫度升高，對碳的氣化反應是非常有利的。溫度升高到 1000℃ 時，碳氣化後其氣相成分幾乎全部為 CO，CO 濃度的升高對還原反應速率和擴散過程都是有利的，所以溫度升高能加快還原反應的進行。但溫度升得過高，鐵粉容易燒結，阻礙了 CO 向氧化鐵層的擴散過程，則使還原速率下降。

　在鐵粉的還原工藝中，氣體還原法制取的鐵粉比固體碳還原法制取的鐵粉更純，成本也更低，故得到了很大的發展。與固體碳和 CO 還原氧化鐵相比，達到同樣的還原程度，氫還原所需溫度更低，還原時間更短。基本工藝如圖 3-8 所

示，利用三段流化床進行還原。採用氫-鐵法制取的鐵粉純度很高，為防止還原粉末被氧化，需在 $600\sim800℃$ 的保護氣氛中進行鈍化處理。此外，氫還原法在鎢粉和鈷粉的製作方面也有較為廣泛的應用。

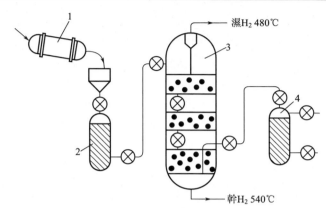

圖 3-8　氫-鐵還原法過程示意圖[15]

1—儲氫罐；2—鐵料倉；3—還原爐；4—卸料倉

② 金屬熱還原法　金屬熱還原法主要應用於制取稀土金屬，特別適用於生產無碳金屬，也可制取像 Cr-Ni 這樣的金屬粉末。金屬熱還原的反應可用一般化學式(3-3) 來表示

$$MeX+Me'\longrightarrow Me'X+Me \qquad (3-3)$$

式中，MeX 為被還原的化合物（氧化物、鹽類）；Me′為熱還原劑。

要使金屬熱還原順利進行，還原劑一般需要滿足下列要求。

a. 還原反應所發生的熱效應大，希望還原反應能依靠反應熱自發地進行。

b. 形成的渣以及殘餘的還原劑容易用溶洗、蒸餾或其他方法與所得的金屬分離開來。

c. 還原劑與被還原金屬不能形成合金或其他化合物。

綜合考慮，最適宜的金屬熱還原劑有鈣、鎂、鈉等，有時也採用金屬氫化物。金屬熱還原法在工業上比較常用的有：用鈣還原 TiO_2、ThO_2、UO_2 等；用鎂和鈉還原 $TiCl_4$、$ZrCl_4$、$TaCl_5$ 等；用氫化鈣（CaH_2）還原氧化鉻和氧化鎳制取鎳鉻不鏽鋼粉。金屬熱還原時，被還原物料可以是固態、氣態的，也可以是熔鹽。後二者相應的又具有氣相還原和液相沉澱的特點。

（2）電解法

在一定條件下，粉末可以在電解槽的陰極上沉積出來。電解法是透過電解熔鹽或鹽的水溶液使得金屬粉末在陰極沉積析出的方法。電解製粉的原理與電解精

煉金屬相同，但電流密度、電解液的組成和濃度、陰極的大小和形狀等條件必須適當。一般來説，電解法耗電量較多，生產的粉末成本高，因此在粉末生產中所占的比例是較小的。電解粉末具有吸引力的原因是它的金屬粉末純度較高，一般單質粉末的純度可達 99.7% 以上。由於結晶，粉末形狀一般為樹枝狀，故壓制性好。另外，電解法可以很好地控制粉末的粒度，可以制取出超精細粉末。

電解法制取粉末主要採用水溶液電解和熔鹽電解兩種方法，此外還有有機電解質電解法和液體金屬陰極電解法等。電解水溶液可以生產 Cu、Ni、Fe、Ag、Sn、Zn 等金屬粉末，在一定條件下也可使幾種元素同時沉積制得 Fe-Ni、Fe-Cr 等合金粉末，電解熔鹽可以生產 Zr、Ta、Ti、Nb 等難熔金屬粉末。電解製粉時，有時可以直接由溶液（熔液）中透過電結晶析出粉末狀的金屬，有時需將電解析出物進一步機械粉碎而制得粉末。

① 水溶液電解法　水溶液電解法常用於生產銅粉、鐵粉、銀粉等材料。圖 3-9 為電解過程示意圖。當電解質溶液通入直流電後，產生正負離子的定向遷移，並在陰極和陽極發生反應，形成氧化產物和還原產物。

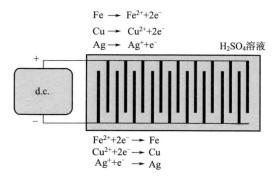

$$Fe \rightarrow Fe^{2+}+2e^-$$
$$Cu \rightarrow Cu^{2+}+2e^-$$
$$Ag \rightarrow Ag^++e^-$$

H_2SO_4溶液

$$Fe^{2+}+2e^- \rightarrow Fe$$
$$Cu^{2+}+2e^- \rightarrow Cu$$
$$Ag^++e^- \rightarrow Ag$$

圖 3-9　電解過程示意

水溶液制取銅粉的工藝條件大體上有高電流密度和低電流密度兩種方案，中國多數採用高銅離子濃度、高電流密度和高電解液溫度，歐美各國多採用低銅離子濃度、低電流密度和低電解液溫度。二者各有利弊。歐美各國採用高的電解條件特點是電耗少、酸霧少，但生產效率低。採用高電解液溫度、高銅離子濃度則可容許有較大的電流密度，生產效率高。缺點是電流效率低、電耗大、酸霧較大、勞動條件差。水溶液電解所得的銅粉在高溫、潮濕環境下容易氧化，鈍化處理是防止電解銅粉發生嚴重氧化的有效措施。

工業生產中，電解鐵粉一般是由硫酸鹽槽和氯化鹽槽來生產的。與硫酸鹽槽相比，由氯化鹽槽電解制取鐵粉時，電解質的導電性較好，沒有陽極鈍化現象，形成氫氧化物的傾向小，由氯化物電解質帶入鐵粉中的雜質易除去，並且鐵粉不

含硫。

②　熔鹽電解法　熔鹽電解可以生產與氧親和力大、不能從水溶液中電解析出的金屬粉末，如鈦、鋯、鉭、鈮、鈾、釷等。熔鹽電解不僅可以制取純金屬，而且還可以制取合金（如 Ta-Nb 合金等）以及難熔金屬化合物（如硼化物）。

熔鹽電解與溶液電解的原理無原則區別，但由於使用熔鹽作電解質，故電解體系比較複雜，電解溫度較高（低於電解金屬熔點），這就給熔鹽電解帶來了許多困難。與水溶液電解相比，熔鹽電解有以下一些特點：操作困難；產物和鹽類的揮發損失大，故要經常補加鹽；有副反應和二次反應（析出的金屬發生氧化反應），故電流效率低，產物混有大量鹽類，而熔鹽的分離較困難。

目前熔鹽電解法常用的金屬化合物為氧化物、氯化物和氟鋯酸鹽，對電解質的主要要求包括以下幾點。

a. 電解質中不適合有電極電位比被電解的金屬電極電位更正的金屬雜質。

b. 電解質在熔融狀態下對被電解的金屬化合物溶解度要大，而對析出金屬的溶解度要小。

c. 電解溫度下，電解質的黏度要小，流動性要好，這有利於陽極氣體的排出及電解質成分的均勻。

d. 電解質熔點要低，以便降低電解溫度。

e. 熔融電解質的導電性要高。

f. 在電解溫度下，電解質的揮發要小，對電解槽和電極的侵蝕性要小。

g. 電解質無論是固態還是液態，化學穩定性都高。

h. 價格便宜易得。

（3）羰基法[16]

將某些金屬（鐵、鎳等）與一氧化碳合成為金屬羰基化合物，再熱分解為金屬粉末和一氧化碳。工業上主要用來生產鎳和鐵的細粉和超細粉，以及 Fe-Ni、Fe-Co、Ni-Co 等合金粉末。如

$$[Ni]+4(CO) \Longleftrightarrow [Ni](CO)_4 \qquad (3\text{-}4)$$

羰基法制得的粉末很細，純度很高，但與還原粉末比較起來，羰基粉末的成本目前還是比較高的，限制了羰基粉末在工業上的廣泛應用。

3.2.3　機械法

機械法是用研磨或氣流、超聲的方法將大塊固體或粗粉破碎，利用介質或物料之間，或物料與物料之間的相互研磨或衝擊使顆粒細化。該方法具有成本低、產量高以及製作工藝簡單易行等特點。本書主要介紹兩種典型的機械製粉方法：球磨法和冷氣流粉碎法。

（1）球磨法

球磨法利用了金屬顆粒在不同應變速率下因產生變形而破碎細化的機理，其過程如圖 3-10 所示。

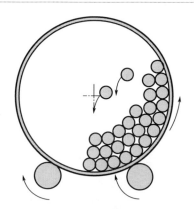

圖 3-10　球磨法製粉過程示意

球磨法主要工藝過程包括以下幾點。

① 據產品的元素組成，將單質或金屬粉末（顆粒）組成初始粉末。

② 根據所製產品的性質，選擇合理的球磨介質，如鋼球、剛玉球或其他介質球。

③ 初始粉末和球磨介質按一定的比例放入球磨機中進行球磨。

④ 初始粉末在球磨機中長時間運轉，回轉機械能被傳遞給粉末，粉末在冷卻狀態下反復擠壓和破碎，逐步形成彌散分布的細粉。

⑤ 球磨時一般需要使用惰性氣體 Ar、N_2 等保護。

該方法的優點是對物料的選擇性不強、可連續操作、工藝簡單、生產效率高，適用於乾磨、濕磨，並且可以進行多種金屬及合金的粉末製作，能製作出常規方法難以獲得的高熔點金屬和合金奈米材料。缺點是在球磨過程中容易引入雜質，僅適用於金屬材料的製作，並且製粉後分級比較困難。隨著新的球磨機的誕生，這種情況正在逐步改善。已經發展的超細粉碎機可在短時間內將粒子粉碎至亞微米級。磨腔內襯材料逐步採用剛玉、氧化鋯，有的用特種橡膠、聚氨酯等，可避免混入雜質從而保證純度。

（2）冷氣流粉碎法

冷氣流粉碎法是目前製作磁性材料粉末應用最多的方法。氣流粉碎是利用氣流的能量使物料顆粒發生相互碰撞或與固定板碰撞而粉碎變細（平均粒度在 3～8μm）。具體的工藝過程為：壓縮氣體經過特殊設計的噴嘴後，被加速為超音速

氣流，噴射到研磨機的中心研磨區，從而帶動研磨區內的物料互相碰撞，使粉末粉碎變細；氣流膨脹後隨物料上升進入分級區，由渦輪式分級器分選出達到粒度的物料，其餘粗粉返回研磨區繼續研磨，直至達到要求的粒度被分出為止。整個生產過程可以連續自動運行，並透過分級輪轉速的調節來控製粉末粒徑大小。

　　冷氣流粉碎法適用於金屬及其氧化物粉末的製作，工藝成熟，適合於大批量工業化生產。由於研磨法採用乾法生產，從而省去了物料的脫水、烘乾等工藝；其產品純度高、活性大、分散性好，粒度細且分布較窄，顆粒表面光滑，但在金屬粉末的生產過程中必須消耗大量的惰性氣體或氮氣作為壓縮氣源，且只適合脆性金屬及合金的破碎製粉。

3.3　粉末特性及其對製件的影響

　　金屬粉床雷射增材製造技術是金屬材料的完全熔化和凝固過程。因此，其主要適合於金屬材料的成形，包括純金屬、合金以及金屬基複合材料等。以前對金屬製件的研究多放在加工工藝參數對其性能的影響，包括雷射能量、掃描策略和材料本身等因素對最終零件性能的影響，而很少有關於粉末特性對金屬製件性能的影響的研究，但實際上金屬粉末材料特性對成形品質的影響比較大，因此金屬粉床雷射增材製造過程中對粉末材料的粒度、顆粒形狀、含氧量等均有較嚴格的要求。

3.3.1　粉末性能參數

（1）粉末粒度

　　粒度的表示方法因顆粒的形狀、大小和組成的不同而不同，粒度值通常用顆粒平均粒徑表示。粒徑是金屬粉末諸多物性中最重要和最基本的特性值，它是用來表示粉末顆粒尺寸大小的幾何參數。然而，對於金屬粉末的顆粒尺寸有一定的限制，顆粒尺寸過大，鋪粉時的層厚會升高，會產生增材製造中常見的一類缺陷——臺階效應，造成較大誤差。在一定範圍內，粒度越小越有利於金屬粉末的熔化成形，成形製件的緻密度更高。在相同雷射光斑作用下，小粒度的粉末顆粒比表面能和熔化焓相對較大，在雷射作用下更易於快速熔化，且對大顆粒之間的空隙也有很好的填充效果，從而獲得高的緻密度[17]。但是過小的顆粒尺寸會增加比表面積，顆粒的團聚現象越容易發生，粉體的流動性會降低，最終影響製件的緻密度[18]。

　　顆粒尺寸不同，表現為雷射掃描時掃描線寬度的不均勻，且表面粗糙，有大顆粒的球化現象。如圖 3-11 所示，對比三種粒徑的 316L 不鏽鋼粉末的單道掃描

軌跡形貌（雷射功率為 120W，掃描速度為 650mm/s），其中可以看出粒徑為 50.81μm 的粉末單道成形性最差。這種現象出現的原因主要是由於粉末粒徑比較大，鋪粉時粉末容易出現分布不均的現象，且粉末比表面積較小，對能量的吸收較小。雷射束能量屬於高斯分布模式，在掃描過程中，雷射掃描線邊緣能量較低，使部分粉末顆粒並沒有完全熔化，導致掃描線不均勻，但隨著雷射功率的提高，粉末吸收的能量增加，粉末得到比較充分的熔化，熔化道品質改善[18]。

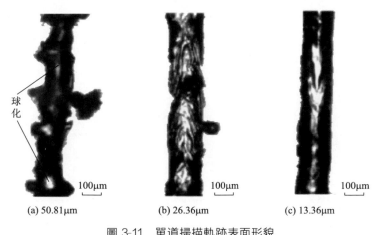

(a) 50.81μm　　　　　(b) 26.36μm　　　　　(c) 13.36μm

圖 3-11　單道掃描軌跡表面形貌

（2）粉末的流動性

金屬雷射增材製造中需要合金粉末具有很好的流動性，但是由於合金粉末製造工藝不同，其表面物理狀態也不盡相同，透過後期的篩分配比混勻後，其流動性也表現出多異性，影響流動性能的因素較多，例如合金粉末的球形度、表面形態等[19]。

金屬粉末的流動性能對金屬雷射增材製造工藝有著極其重要的影響，粉末的流動性能與工藝過程中的粉末鋪展有著極其緊密的聯繫。海內外對粉末的流動性能沒有統一的衡量標準，粉末流動性的主要測試內容為鬆裝密度、休止角、振實密度、分散度和崩潰角[19]。

① 鬆裝密度　是指合金粉末在特定容器中，處於自然填充滿後的密度。該指標是研究 SLM 成形粉末特性比較關鍵的一個指標，透過以往的研究證明，用於 SLM 成形合金粉末中，所有合金粉末的鬆裝密度趨於一個定值[19]。粉末鬆裝密度越高，則要求粉末間隙越小越好。即使粉末顆粒為球形，其鬆裝密度也和實際有距離。為了說明粒度分布與填充之間的關係，梅爾丹及施塔奇等研究了直徑相同的球形粉末，用堆積起來的方法研究間隙大小，其結果如圖 3-12 所示[1]。

圖 3-12 中，a. 在水平面上，使 4 個球體相互接觸，連接其中心即呈正方形，在各球的正上方堆積 4 個球，如此擴展堆積，則總孔隙度為 47％；b. 在 a 堆積中 2 球接觸點的正上方堆積一個球，如此擴展堆積，則總孔隙度為 41％；c. 使 3 個球相互接觸，再堆積一個球使之與 3 個球都接觸，如此擴展，則總孔隙度變為 26％；d. 在 a 的堆積上，像與 4 個球接觸那樣堆積其他球，如此擴展堆積，其總孔隙度還是 26％。上述四種堆積情況表明，孔隙度 26％ 是將同樣大小的球進行最稠密的填充所得到的最低值。

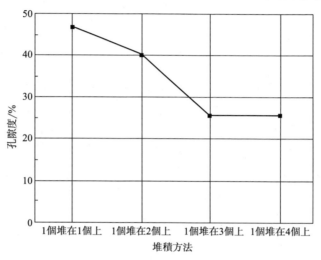

圖 3-12　梅爾丹及施塔奇的粉末堆積結果

② 振實密度　是指鬆裝密度測定後的容器，透過振動，使得容器中的粉末變為緊密。振實密度指標可以反映粉末的孔隙率和流動性等指標，有很大的參考作用[19]。

③ 分散度　指粉末從一定高度落下時的散落程度，具體測量方法為：用電子天平取粉末 10g，關閉料斗閥，把粉末均勻撒到料斗中後，將接料盤放置在分散度測定筒的正下方的分散度測定室內。開啓卸料閥，粉末試樣就會透過分散筒自由落下，緊接著稱量接料盤內殘留的粉末，實驗三次取平均值。粉末的分散度用來描述粉末的飛濺程度，如飛濺度太大，則影響 SLM 過程中的鋪粉效果[19]。

④ 休止角　將合金粉末自然堆積，在平衡靜止的狀態下，斜面與水平形成的最大角度稱為休止角。粉末流動性能越好，其休止角就越小，所以休止角是對合金粉末流動性檢測的一個重要指標。休止角的堆積示意如圖 3-13 所示。

⑤ 崩潰角　將一定的衝擊力給予休止角的粉末堆積層，表面崩潰後底角被稱為崩潰角。

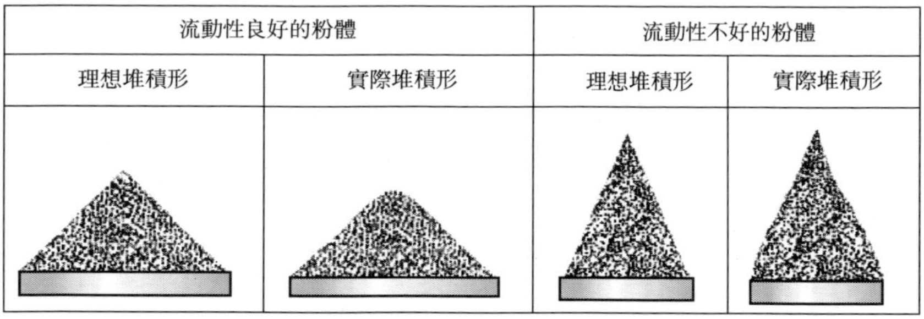

流動性良好的粉體		流動性不好的粉體	
理想堆積形	實際堆積形	理想堆積形	實際堆積形

圖 3-13　休止角理想狀態與實際狀態示意[19]

⑥ 差角　休止角與崩潰角之差為差角。

⑦ 壓縮度　同一個試樣的振實密度與鬆裝密度之差為壓縮度，壓縮度有時候也被稱為壓縮率。壓縮度越小，粉末的流動性能越好[19]。

粉末的流動性和粉末顆粒大小及粒度分布具有很密切的關係。金屬粉末流動性的測定方法主要是標準漏斗法（又叫霍爾流速計）。凡是能自由流過孔徑為 2.5mm 的標準漏斗的粉末，均能採用此標準。其原理是以 50g 金屬粉末流過規定孔徑的標準漏斗所需要的時間來表示[20]。表 3-2 為 Inconel625 合金粉末的流動性[21]。

表 3-2　Inconel625 合金粉末的流動性

項目	合金粉末粒徑$D_{50}/\mu m$	每 50g 粉末流動性/s
1[#]	34.07	19.29
2[#]	34.86	19.18
3[#]	34.96	17.40
4[#]	35.23	23.83

其中 4[#] 的流動性最差，原因是 4[#] 粉末中含有較多的小顆粒，大大降低了粉末的流動性。由此可知，粘連、團聚的小顆粒對粉末流動性的影響很大，即便顆粒的球形度很大，依舊會大幅度降低粉末的流動性和鋪粉流暢性，在粉末製作過程中，可以透過採取增大霧化筒體或加快冷卻速度等措施來避免、降低小顆粒的團聚現象[21]。

（3）粉末的堆積特性

粉末具有堆積特性，粉末裝入容器時，顆粒群的孔隙率因為粉末的裝法不同而不同。粉末的鬆裝密度越高，製件的緻密度會越高；粉末鋪粉密度越高，成形件的緻密度也會越高。

床層中顆粒之間的孔隙體積與整個床層體積之比稱為孔隙率（或稱為孔隙

度），以 P_0 表示，即

$$P_0 = \frac{床層體積－顆粒體積}{床層體積} \qquad (3\text{-}5)$$

式中　P_0——床層的孔隙率。

孔隙率的大小與顆粒形狀、表面粗糙度、粒徑及粒徑分布、顆粒直徑與床層直徑的比值、床層的填充方式等因素有關。一般來說孔隙率隨著顆粒球形度的增加而降低，顆粒表面越光滑，床層的孔隙率越小，如圖 3-14 所示。

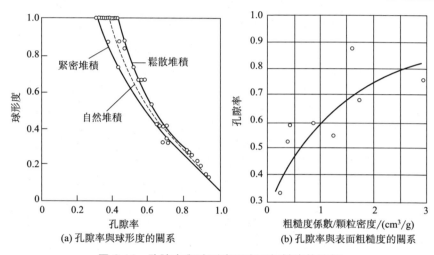

(a) 孔隙率與球形度的關系　　(b) 孔隙率與表面粗糙度的關系

圖 3-14　孔隙率與球形度和表面粗糙度的關係

為了提高粉床上的孔隙率，可摻雜不同粒徑的粉末。好的顆粒組成能增強燒結反應。小的顆粒進入大的顆粒間隙，這將增加孔隙率，能引導增強粉末燒結過程。需要注意的是，增加小的顆粒進入粉末中可能導致燒結時樣品的缺陷產生，這是因為小的粉末顆粒燒結時應力的形成要高於大的粉末顆粒燒結時的應力形成，大的粉末顆粒會抑制小的粉末顆粒的收縮效應，因此導致大的粉末顆粒周圍產生圓周裂紋[22]。

(4) 粉末的粒度分布

對於顆粒群，除了平均粒徑指標外，還有顆粒不同尺寸所占的分量，即粒度分布。理論上可用多種級別的粉末，使顆粒群的孔隙率接近零，然而實際上是不可能的。由大小不一（多分散）的顆粒所填充成的床層，小顆粒可以嵌入大顆粒之間的孔隙中，因此床層孔隙率比單分散顆粒填充的床層小。可以透過篩分的方法分出不同粒級，然後再將不同粒級粉末按照優化比例配合來達到高緻密度粉床的目的。圖 3-15 為 316L 粉末粒徑分布圖[23]。

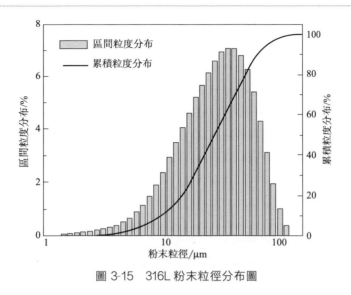

圖 3-15　316L 粉末粒徑分布圖

　　粉末顆粒尺寸和粒度分配在製件緻密性能上有重要的作用，一個好的成分摻雜配比是需要一系列等級的顆粒尺寸、形狀和表面形貌。理論上存在一個製件性能和顆粒尺寸分布之間的關係，例如，在 SLS 過程和傳統的粉末冶金燒結過程的比較，顯示出以下的特徵關係。

　　① 更小尺寸的顆粒燒結時反應更快，因為燒結時的應力與顆粒直徑有關。

　　② 粉末顆粒的緻密性是粉末顆粒點與點相接觸的結果，相似的顆粒有更高的孔隙率和更快的燒結速率。

　　這裏的「相似的顆粒」是指相似尺寸的顆粒，因為在採取兩種粒徑粉末混合時，選取的兩種粉末粒徑不能相差較大，否則小顆粒的粉末優先熔化，大顆粒的粉末有的沒有被完全熔化，熔化的金屬液以沒有熔化的金屬顆粒凝固生長，容易形成球化現象[19,24]。

　　總地來説，粒徑分布範圍越寬的粉末其鬆裝密度越大；鬆裝密度越高的粉末，成形零件的緻密度越高。但含有 2 種粒徑相差較大的粉末，成形零件的緻密度會降低；相同工藝下，小粒徑的粉末成形性能更好，形成的熔池更平整，表面光潔度更高；不同粒徑的粉末其最佳成形工藝參數不同。

3.3.2　粉末的形貌

　　Liu 等人發現顆粒尺寸、粒度分布和振實密度等因素對粉末冶金燒結時粉末行為的影響並不明顯，然而顆粒形貌極大影響製件的緻密性。他們論證了在不同

鋁粉末和其氧化膜之間的熱擴散可能造成氧化斷裂，並且斷裂特徵因為顆粒形貌的不同而不同，顆粒形狀有橢圓的和不規則形狀的[25]。Niu 和 Chang 研究水霧化和氣霧化粉末燒結反應的不同點，他們發現氣霧法製作的粉末在堆垛時，粉末之間和粉內部都存在孔隙，這些孔隙被認為是由粉末的不規則形狀和粉末中較高的氧氣含量造成的[26]。Olakanmi 等人研究了粉末性能如鬆裝密度和振實密度在粉床上傳熱時緻密化過程的性質，可以控制混合雙峰和三峰具有不同粒徑和分布以及不同比例的顆粒形狀的鋁粉。這個研究的結果揭示了合適的顆粒尺寸分布、正確的成分配比、球形的顆粒形狀會使粉末熱傳導率提高，這將增加 SLS 過程中燒結材料的緻密性[24]。

　　粉末顆粒形狀（圖 3-16）及晶體結構因粉末的製作方法（表 3-3）而不同，其種類繁多。對於金屬粉末的一個顆粒，有的是由很多小晶粒組成的，有的是單晶體。這些顆粒晶體結構因粉末的製作方法而顯著不同。由還原、電解、霧化和沉澱等方法製作的粉末多屬於前者（小晶粒），由晶間腐蝕法將各個晶粒分開而製作的粉末屬於後者（單晶體）。另外，用羰基法製作的 Fe 或 Ni 粉末，或由蒸發冷凝所得到的粉末，多具有同心殼狀。此外，雖同是還原粉末，但由於還原溫度及冷卻速度等原因，其顆粒形狀也並不相同[1]。

(a) 球形　　(b) 近圓形　(c) 角狀　　(d) 針狀

(e) 枝狀　　(f) 不規則狀　(g) 多孔狀　(h) 碎片狀

圖 3-16　粉末顆粒形狀

表 3-3　金屬粉末特性[1]

生產方法	典型純度 /%	顆粒特性		鬆裝密度
		形狀	篩分範圍	
霧化	99.5＋	由不規則到光滑、圓形而緻密的顆粒	由粗顆粒到 325 目	一般高
氧化物氣體還原	98.5～99.＋	不規則海綿狀	一般 100 目以下	由低到中
溶液氣體還原	99.2～99.8	不規則海綿狀	一般 100 目以下	由低到高
碳還原	98.5～99.＋	不規則海綿狀	最粗在 8 目以下	中
電解法	99.5＋	由不規則狀、片狀到緻密	全部網目	中到高

續表

生產方法	典型純度 /%	顆粒特性		鬆裝密度
		形狀	篩分範圍	
羰基分解法	99.5+	球形	一般在低微米範圍	中到高
研磨法	99.+	片狀和緻密	全部網目	中到低

　　粉末顆粒形狀主要會影響粉末的流動性，進而影響鋪粉的均勻性。在多層成形過程中，若鋪粉不均將導致掃描區域各部位的金屬熔化量不均，使成形製件內部組織結構不均。有可能出現部分區域結構緻密，而其他區域存在較多孔隙。圖 3-17 為不鏽鋼粉末顆粒微觀形貌。可以看出氣霧法製作的 316L 不鏽鋼的微觀顆粒形貌為較為規則的球形，水霧法製作的 316L 不鏽鋼的微觀顆粒形貌為不規則形狀[18]。

(a) 氣霧法

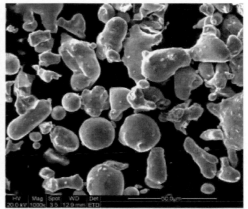

(b) 水霧法

圖 3-17　316L 不鏽鋼微觀顆粒形貌

　　不規則的水霧化粉末流動性較差，粉末顆粒之間堆積協調性較差，因而鋪粉時的堆積密度較低；而氣霧化粉末為球形，粉末流動性好，可以得到較高的堆積密度。金屬粉末的堆積密度對其成形緻密化的影響已經有所報導，其結果表明，採用高鬆裝密度的粉體材料有利於最終成形的緻密化。兩種粉末製件的表面形貌也存在明顯差異，在相同放大倍數下，水霧化粉末製件的表面較為粗糙，表面存在大量體積較大的孔隙；氣霧化粉末製件表面相對平整，孔隙數量少、體積小。在相同工藝參數下，粉末顆粒形狀直接影響著 SLM 成形製件的緻密度和表面品質。因此，球形顆粒粉末相對不規則顆粒粉末，更適合於

SLM 成形。

　　氣霧化法製作得到的金屬粉末，顆粒呈球狀，也會出現形狀不規則的顆粒。粉末顆粒形狀的表徵方法很多，用球形度 Q 或圓形度 S 來表徵顆粒接近球或圓的程度，顆粒球形度的大小直接影響粉末的流動性和鬆裝密度。顆粒的平均球形度用顆粒的表面積等效直徑與顆粒的體積等效直徑兩者的比值來計算，其公式為

$$Q = d_s / d_v \tag{3-6}$$

式中　Q——顆粒球形度；

　　　d_s——顆粒表面積等效直徑；

　　　d_v——顆粒體積等效直徑。

　　圓形度是基於粉末顆粒二維圖像分析的形狀特徵參數，其計算公式為

$$S = \frac{4\pi A}{C^2} \tag{3-7}$$

式中　S——顆粒圓形度；

　　　A——顆粒的投射陰影面積；

　　　C——顆粒的投射周長[21]。

3.3.3　粉末的氧含量

　　粉末的氧含量增加，會使成形製件的緻密度與拉伸強度明顯降低。當氧的含量超過 2％時，其性能急劇惡化[18]。這是由於一方面金屬粉末在雷射作用下短時間內吸收高密度的雷射能量，使溫度急劇上升，製件極易被氧化；另一方面，粉末中摻雜的氧化物在高溫的作用下也會導致液相金屬發生氧化，從而使液相熔池的表面張力增大，加大了球化效應，直接降低了成形製件的緻密度，影響了製件的內部組織。

　　總體上粉末氧含量對粉末球化的影響較為明顯，隨著氧含量增大，將出現大尺寸的球化現象。例如，採用低氧含量 316L 不鏽鋼粉末（氣霧化）進行雷射熔化時，成形表面較為平坦，單熔化道較為連續，且熔化道之間搭接良好，搭接後仍未出現大尺寸球化現象［圖 3-18(a)］；當採用高氧含量的 316L 不鏽鋼粉末（水霧化）進行 SLM 試驗時，發現雷射單熔化道不連續且分裂成多個金屬球，隨著多道與多層掃描的進行，成形表面最終惡化，形成大量孤立的大尺寸金屬球［圖 3-18(b)～(d)］，嚴重影響了製件的成形品質[23]。

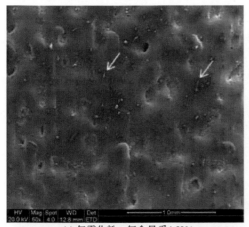
(a) 氣霧化粉，氧含量爲4.52%

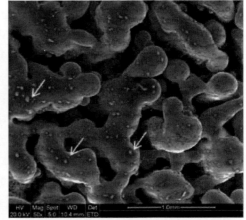
(b) 水霧化粉，氧含量爲5.44%

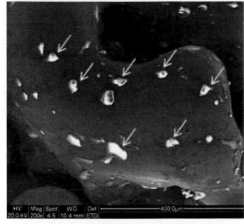
(c) 水霧化粉，氧含量爲5.44%

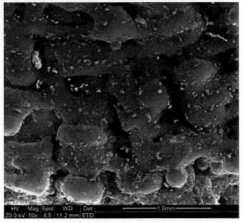
(d) 水霧化粉，氧含量爲5.90%

圖 3-18　不同氧含量的 316L 不鏽鋼粉末對大尺寸球化的影響

　　氧含量對成形過程中球化的影響可以歸結爲氧化物的界面潤濕問題。當雷射增材製造過程在低氧含量條件下進行時，熔池可在較爲潔淨的固態表面進行鋪展，其潤濕界面多爲液相/固相；然而，在高氧含量條件下進行時，熔池將在氧化物表面進行鋪展，其潤濕界面主要爲液相/氧化物。前者爲金屬零件同質材料潤濕，而後者爲金屬零件與氧化物的異質材料潤濕（潤濕性較差）。在熔池的形成與發展過程中，表面自由能始終向最低的方向發展。當熔池接觸金屬氧化物時，因其表面自由能比液相金屬與氣相的界面自由能小很多，所以液相金屬很難潤濕金屬氧化物。而球形的表面自由能最低，導致球化效應的產生。由此可見，當金屬粉末中氧含量較高時，其表面形成的大量氧化物不利於液態熔池的潤濕與

　　鋪展，從而形成大量的金屬球，降低了成形品質。

　　液相金屬因為金屬氧化物的存在不能有效地潤濕固相金屬界面，從而形成小球，影響到該條掃描線的成形品質。SLM 的掃描線在水平和垂直方向上的不斷累積，因金屬氧化物的存在而產生的金屬小球會嚴重地影響掃描線之間的結合，嚴重時甚至使成形製件產生裂紋。

　　圖 3-19 為不同氧含量下 SLM 試樣表面的微尺寸球化分析。可以看出，金屬粉末氧含量對微細尺寸球化的影響並不大，也就是說，利用氣霧化與水霧化製作的金屬粉末，其 SLM 成形過程中均易出現微尺寸球化現象。這是因為，如前一節所分析，微尺寸球化是由於在雷射衝擊波作用下，液態金屬被衝擊成大量細小的金屬球，形成飛濺。也就是說雷射束的動能部分轉化為飛濺金屬球的表面能，進而形成如圖 3-19 所示的大量微細金屬球。因而，微尺寸球化與雷射束的衝擊能量有關，與金屬粉末的氧含量無關。而大尺寸球化是由於金屬粉末氧含量較高導致潤濕性較差造成的。故 SLM 成形材料要選用低氧含量的氣霧化粉，才能提升 SLM 成形品質[23]。

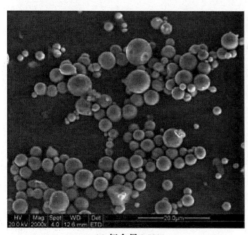 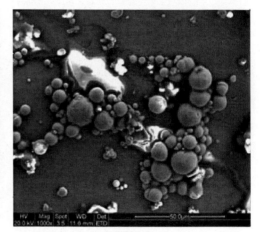

(a) 氧含量4.52%　　　　　　　　　　　　　　　(b) 氧含量5.9%

圖 3-19　SLM 成形試樣表面的微尺寸球化 SEM

3.3.4　粉末中的雜質

　　粉末化學性質也是粉末的重要特性，這和一般金屬的情況相同，但因為是粉末，所以需特別注意氧化物或氧化膜。粉末比塊狀金屬吸收或吸附的各種氣體多。

　　粉末中的固體雜質包括下列四種：夾雜物顆粒、金屬粉末顆粒內含有夾雜

物、金屬粉末顆粒內化合物以及固溶的夾雜物。其中，夾雜物顆粒主要來源於原料；金屬化合物是因不完全還原而殘留，一般市售還原粉中含量較多；氧化物因不能完全還原往往殘留在顆粒內部。超細粉末一旦接觸過空氣，其表面也往往會被氧化，即使進行過還原，粉末內部也難以除去氧化物質。粉末顆粒內部有些雜質能形成合金，並改善材料物理性能；而有些作為化合物的非金屬雜質對材料性能有害（如 Fe 中含有化合碳對磁性材料是有害的）。當硫、磷與氧、氫等作用生成氣體，將使材料生成氣孔[1]。

為避免吸收有害氣體，粉末應在無害氣氛中進行粉碎。儲藏和搬運時，裝入密閉容器或進行適當處置，以避免粉末的污染。

參考文獻

[1] 章文獻. 選擇性雷射熔化快速成形關鍵技術研究[D]. 武漢：華中科技大學，2008.

[2] Kruth J P, Froyen L, Vaerenbergh J V, et al. Selective laser melting of iron-based powder[J]. Journal of Materials Processing Tech, 2004, 149（1）: 616-622.

[3] 魯中良, 史玉升, 劉錦輝, 等. 間接選擇性雷射燒結與選擇性雷射熔化對比研究[J]. 鑄造技術, 2007, 28（11）: 1436-1441.

[4] Beddow J. K. 霧化法生產金屬粉末（The Production of Metal Powders by Atomization）[M]. 胡雲秀, 曹家勇譯. 北京：冶金工業出版社, 1985.

[5] German R M. Powder Metallurgy Science, Metal Powder Industry[M]. Amazon Press, 1994.

[6] 張艷紅, 董兵斌. 氣霧化法製作 3D 列印金屬粉末的方法研究[J]. 機械研究與應用, 2016,（02）: 203-205.

[7] 張飛, 高正江, 馬騰, 等. 增材製造用金屬粉末材料及其製作技術[J]. 工業技術創新,
2017,（04）: 59-63.

[8] 馬堯, 鮑君峰, 胡宇, 等. 真空氣霧化參數對粉末粒度及形貌的影響研究[J]. 熱噴涂技術, 2014,（01）: 45-48.

[9] 岳燦甫, 王永朝, 雷竹芳, 等. 真空氣霧化製粉技術及其應用[C]. 2012 船舶材料與工程應用學術會議論文集. 2012.

[10] 楊福寶, 徐駿, 石力開. 球形微細金屬粉末超聲霧化技術的最新研究進展[J]. 稀有金屬, 2005,（05）: 785-790.

[11] 黨新安, 劉星輝, 趙小娟. 金屬超聲霧化技術的研究進展[J]. 有色金屬, 2009,（02）: 49-54.

[12] 陳仕奇, 黃伯雲. 金屬粉末氣體霧化製作技術的研究現狀與進展[J]. 粉末冶金材料科學與工程, 2003,（03）: 201-208.

[13] Unal A. Gas atomization of fine zinc powders[J]. International Journal of Powder Metallurgy, 1990: 11-21.

[14] 韓鳳麟. 鋼鐵粉末生產[M]. 北京：冶金工業出版社, 1981.

[15] 盧壽慈. 粉體加工技術[M]. 北京：中國輕

工業出版社，2002.

[16] 李森. 羰基法制取超細粉末的探討[J]. 四川冶金，1990，（03）：45-48.

[17] 齊海波，顏永年，林峰，等. 雷射選區燒結工藝中的金屬粉末材料[J]. 雷射技術，2005，（02）：183-186.

[18] 王黎，魏青松，賀文婷，等. 粉末特性與工藝參數對 SLM 成形的影響[J]. 華中科技大學學報：自然科學版，2012，（06）：20-23.

[19] 孫驍. 選區雷射成形用 IN718 合金粉末特性及成形件組織結構的研究[D]. 重慶：重慶大學，2014.

[20] GB/T 1482—2010，金屬粉末流動性的測定[S].

[21] 楊啓雲，吳玉道，沙菲，等. 選區雷射熔化用 Inconel625 合金粉末的特性[J]. 中國粉體技術，2016，（03）：27-32.

[22] Olakanmi E O, Cochrane R F, Dalgarno K W. A review on selective laser sintering/melting（SLS/SLM）of aluminium alloy powders: Processing, microstructure, and properties[J]. Progress in Materials Science, 2015, 74: 401-477.

[23] 李瑞迪. 金屬粉末選擇性雷射熔化成形的關鍵基礎問題研究[D]. 武漢：華中科技大學，2010.

[24] Olakanmi E O, Dalgarno K W, Cochrane R F. Laser sintering of blended Al-Si powders [J]. Rapid Prototyping Journal, 2012, 18（2）: 109-119.

[25] Liu Z Y, Sercombe T B, Schaffer G B. The Effect of Particle Shape on the Sintering of Aluminum [J]. Metallurgical & Materials Transactions A, 2007, 38（6）: 1351-1357.

[26] Niu H J, Chang I T H. Selective laser sintering of gas and water atomized high speed steel powders [J]. Scripta Materialia, 1999, 41（1）: 25-30.

第4章

數據處理技術

4.1 STL 文件格式的介紹

　　STL（Stereo Lithographic）文件格式是美國 3D Systems 公司 1989 年提出的一種數據格式。它由大量三角形面片網格連接組成，每個三角形面片由其頂點和法向量定義[1,2]。STL 文件只能逼近零件外形，面片使用得越多，逼近程度越高，但相應的會增加文件長度和處理時間。STL 文件格式目前已被工業界認為是快速成形領域的標準文件格式，在逆向工程、有限元分析、醫學成像系統、文物保護等方面有廣泛的應用。圖 4-1 展示的是實際看到的零件圖與單純用 STL 格式表示的零件圖之間的區別，後者完全是由三角形面片組成。

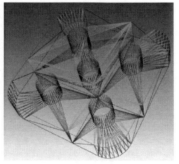

圖 4-1　模型實體圖和 STL 三角形面片網格圖

　　STL 模型中的三角形面片具有順序雜亂、無拓撲關係的特點。每個三角形面片都包含有組成三角形面片的法向量的 3 個分量（用來確定三角形面片的三個頂點的排列方向）以及三角形的 3 個頂點各自的 X 軸方向、Y 軸方向、Z 軸方向的座標值。如圖 4-2 所示，一個完整的 STL 模型數據記載了組成三維實體模型的所有三角形面片的法向量數據和各頂點座標數據資訊。

　　目前，STL 文件有二進制文件（BINARY）和文本文件（ASCII）兩種格式。下面分別對這兩種文件格式進行介紹。

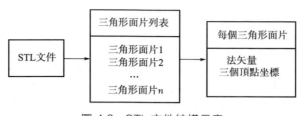

圖 4-2　STL 文件結構示意

4.1.1 STL 的二進制格式文件

　　二進制（BINARY）STL 文件用固定的位元組數來給出三角形面片的幾何資訊[3]。文件起始的 80 個位元組是文件頭，用於儲存文件名，緊接著用 4 個位元組的整數來描述模型的三角形面片總數，後面逐個給出每個三角形面片的幾何資訊。每個三角形面片佔用固定的 50 個位元組，依次是 3 個 4 位元組浮點數（法向量），3 個 4 位元組浮點數（三角形面片一個頂點），3 個 4 位元組浮點數（三角形面片一個頂點），3 個 4 位元組浮點數（三角形面片一個頂點），最後 2 個位元組為預留字，一般表示屬性特徵。二進制格式結構如圖 4-3 所示。

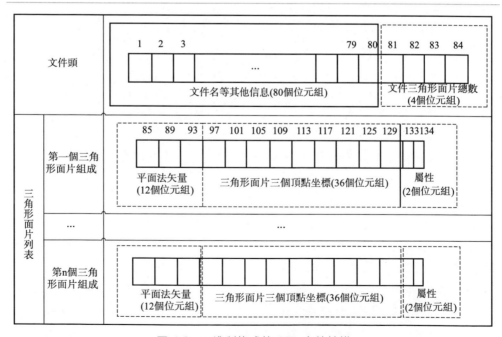

圖 4-3　二進制格式的 STL 文件結構

4.1.2　STL 的文本格式文件

文本（ASCII）格式 STL 文件逐行給出三角形面片的幾何資訊，每一行以 1 個或 2 個關鍵字開頭，儲存一個面片大約需要 250 個位元組。在 STL 文件中一個帶向量方向的三角形面片是由三角形面片的資訊單位 facet 來表述的，它的 3 個頂點的排列方向是沿指向實體外部的法向量方向上的逆時針方向。由若干個三角形面片的資訊單位 facet 構成整個 STL 文件格式模型。

STL 文件的首行給出了文件路徑及文件名。在一個 STL 文件中，每一個資訊單位 facet 由 7 行數據組成，每行對應的關鍵字表示的含義如下：facet normal 是三角形面片指向實體外部的法向量座標；outer loop 說明隨後的 3 行數據分別是三角形面片的 3 個頂點座標；end loop 表示完成三角形面片的 3 個頂點座標定義；end facet 表示完成一個三角形面片定義；end solid filename 表示整個 STL 文件定義結束。一個具體的 ASCII 格式的 STL 文件結構如圖 4-4 所示。

solid filename	//文件路徑及文件名
facet normal x y z	//三角形面片法向量的3個分量值
outer loop	//表明隨後表示三角形面片的三個頂點
vertex x y z	//三角形面片第一個頂點的座標
vertex x y z	//三角形面片第二個頂點的座標
vertex x y z	//三角形面片第三個頂點的座標
end loop	//三角形面片的三個頂點表示完畢
end facet	//第一個三角形面片定義完畢
……	//若干個三角形面片定義
end solid filename	//整個文件結束

圖 4-4　ASCII 格式的 STL 文件結構

4.1.3　STL 格式文件的特點

上述兩種格式的 STL 文件儲存同一個模型文件時，採用二進制文件格式比採用文本文件格式佔用記憶體要小得多，二進制文件格式大小約是文本文件格式的五分之一。但是採用文本文件格式的優勢是直觀，便於閱讀、檢查和修改，更容易進行下一步的數據處理。同時，STL 格式文件還有幾個構成原則[4,5]。

① 頂點原則　相鄰的兩個三角形面片之間能且只能透過一條公共邊相連。即每兩個相鄰的三角形面片有且只有兩個共同頂點共享，三角形面片的頂點只能是在與其相鄰的三角形面片的頂點處，而不能存在於三角形面片的邊上。不符合

STL 格式文件頂點原則的情況示例如圖 4-5(a) 所示。

② 邊原則　組成三角形面片的邊只能同時屬於兩個三角形面片。即與三角形面片的各條邊相鄰的三角形面片有且只有兩個。不符合 STL 格式文件邊原則的情況示例如圖 4-5(b) 所示。

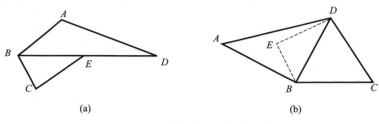

(a)　　　　　　　　　　　　(b)

圖 4-5　STL 格式文件異常構成情況

③ 法向量的方向原則　由於 STL 文件中的三角形面片是用來近似逼近三維模型的表面的，所以可以把三角形面片看作是三維模型內部與外部的分界面，它的法向量的方向始終朝向外側，並且與三個頂點連接成的向量方向構成右手原則，如圖 4-6 所示。

法矢量

圖 4-6　三角形面片頂點與法向量遵循右手定則

④ 取值原則　每個三角形面片的三個頂點座標值必須是正數。

⑤ 布滿原則　STL 格式文件模型用三角形面片進行逼近時，三角形面片必須布滿模型的每個面，不能有任何遺漏。

4.1.4　STL 文件的一般讀取算法

（1）二進制格式 STL 文件的讀取算法

以二進制 STL 文件作為數據源，根據文件格式和內部數據結構的分析，二進制 STL 文件格式的讀取算法步驟如下[6]。

① 綁定要讀取的 STL 文件，打開 STL 格式文件。

② 判斷是否為二進制文本 STL 文件格式，如為否，結束讀取。

③ 讀取文件的三角形面片總個數，定義一個臨時變量 M，用來儲存 STL 文件的三角形面片頂點資訊。

④ 讀取一個三角形面片頂點資訊，並存入臨時變量 M 中。

⑤ 判斷所有的三角形面片是否讀取完畢。如是，結束讀取；如為否，跳轉至步驟④。

透過上述步驟依次讀取 STL 格式文件中的三角形面片頂點資訊，能夠得到包含文件中所有三角形面片的頂點資訊的矩陣 M。二進制格式 STL 文件的讀取流程如圖 4-7 所示。

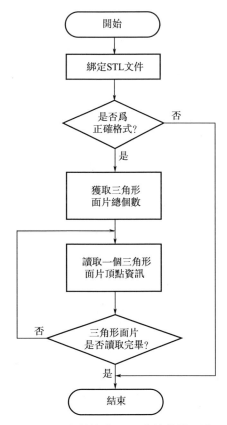

圖 4-7　二進制格式 STL 文件的讀取流程

(2) 文本格式 STL 文件的讀取算法

文本格式的 STL 文件結構是透過一些關鍵字來標識並按行儲存的，每一行都有特定的關鍵字。因此可以透過逐行的方式來讀取，具體的讀取算法步驟

如下。

① 打開要讀取的 STL 文件。

② 判斷是否為正確的 STL 文件格式，如果格式正確繼續下一步流程；如為否，結束讀取。

③ 讀取一行數據，判斷關鍵字是否為 facet normal，如是，數據存入為法向量資訊動態矩陣並轉至步驟⑤；如為否，跳轉至步驟④。

④ 判斷關鍵字是否為 vertex，如果是，數據存入頂點資訊動態矩陣並繼續下一步驟；如為否，直接進行下一步驟。

⑤ 判斷 STL 文件是否結束。如果是，讀取算法結束；如為否，跳轉執行步驟③。

這樣逐行讀取循環進行，直到 STL 文件讀取結束為止。文本格式 STL 文件的讀取流程如圖 4-8 所示。

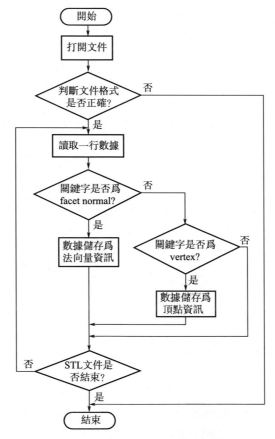

圖 4-8　文本格式的 STL 文件讀取流程

4.2 STL 模型預處理

4.2.1 增材製造數據處理軟體[7]

（1）Cura

Cura 是由 Ultimaker 開發的一款免費切片軟體。這款軟體的優點在於相容性非常高，並且操作簡單易學。Cura 既可以進行切片，也有 3D 列印機控制接口，可設置層厚、壁厚、頂/底面厚度、填充密度、列印速度、噴頭溫度、支撐類型、工作檯附著方式、網格邊界等基本參數；還可設置回抽、首層層高、首層擠出量、模型底部切除等高級參數。

如圖 4-9 所示，Cura 軟體界面左側為參數欄，有基本設置、高級設置及插件等，右側是三維視圖欄，可對模型進行移動、縮放、旋轉等操作。

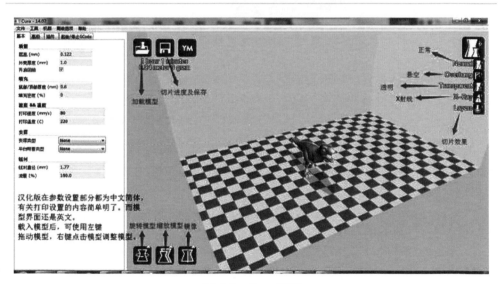

圖 4-9　Cura 界面

軟體界面提供了支撐和可解決翹曲變形的平臺附著類型，能夠幫助客户盡可能地成功列印。另外根據不同的參數設置，軟體計算的列印完成時間也不相同。圖 4-9 中的列印對象切片完成時間約 3min。

（2）Makerware

Makerware 是針對 Makerbot 機型專門設計的 3D 列印控制軟體，但也適用

於閃鑄等用 MakerBot 主板的機型，其操作簡單，功能完善，如圖 4-10 所示。目前中國還沒有比較完整的漢化版本，全英文界面還是不太容易上手。但是由於 Makerware 軟體本身設計簡單，操作起來比較直觀，因此，對於基礎 3D 列印機使用者而言，使用起來沒有特別大的困難。

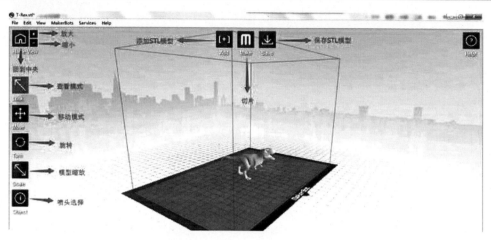

圖 4-10　Makerware 界面

Makerware 的主界面簡潔直觀。左方的按鈕主要是對模型進行移動和編輯，上方按鈕主要是對模型的載入、保存和列印。

(3) Flashprint

Flashprint 是閃鑄科技針對 Dreamer（夢想家）機型專門研發的軟體。自 Dreamer 機型開始，閃鑄科技在新產品上均使用該軟體，現在覆蓋機型包括 Dreamer、Finder、Guider。

Flashprint 在界面上默認為中文界面，但是，根據偏好設置，也可以改成其他語言界面，現在可用語言包括漢語、英語、俄語等 6 種語言。並且閃鑄為了能夠讓使用者獲得更好的使用者體驗，在出廠之前針對使用者的語言習慣進行了語言設置。

就支撐而言，Flashprint 針對不同模型使用不同支撐方式（線狀支撐和樹狀支撐），可降低列印成本，加快列印速度，提升列印成功率，並讓列印成品表面更光潔。其中樹狀支撐是閃鑄科技獨有的支撐方案，很大程度上解決了支撐難以去除的難題。另外，相比線狀支撐，樹狀支撐能夠很大程度上節省耗材。編者曾計算過，樹狀支撐至少可以節省 70％以上的耗材。使用者還可以手動添加支撐和修改支撐，對於 3D 列印使用者來説，在使用方面的操作性大大提高。Flashprint 自動支撐界面如圖 4-11 所示。

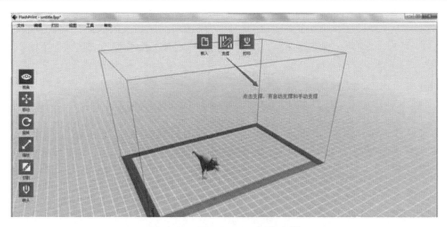

圖 4-11　Flashprint 自動支撐

（4）HORI3D Cura

弘瑞是中國產 3D 列印機中不錯的品牌之一，針對中國使用者，開發的操作軟體 HORI3D Cura 充分考慮了使用者體驗，雖然是英文界面（老版本 Cura14.07 仍為英文界面，新版本 Cura15.04.2 已漢化），但把游標放在界面對話框就會有英文提示，而且還根據使用規律設置好了最佳的列印參數，使用者基本不需要怎麼改動就可以使用，所以非常方便。此外，模型預覽功能也很多，使用者可隨意挑選。選定模型之後，可將調整好的模型切片直接保存在 SD 卡內。HORI3D Cura 界面如圖 4-12 所示。

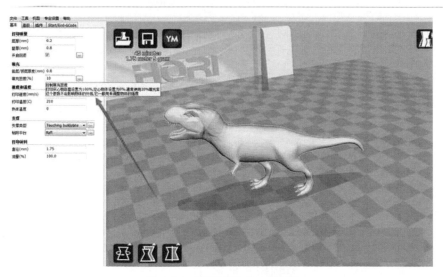

圖 4-12　HORI3D Cura 界面

（5）XYZware

XYZware 可以導入 STL 格式的 3D 模型文件，並導出為三緯 da Vinci 1.03D 列印機的專有格式 3w。3w 格式是經過 XYZware 切片後的文件格式，可以直接在三緯 daVinci1.0 上進行列印，從而省去了每次列印需要對 3D 模型做切片的步驟。

XYZware 左側一列為查看和調整 3D 數位模型的操作選項。可以設置頂部、底部、前、後、左、右 6 個查看視角。選中模型後還可以進行移動、旋轉、縮放等調整。不過，調整好的模型需要先保存再進行切片，因此，切片效率將有所降低。XYZware 界面如圖 4-13 所示。

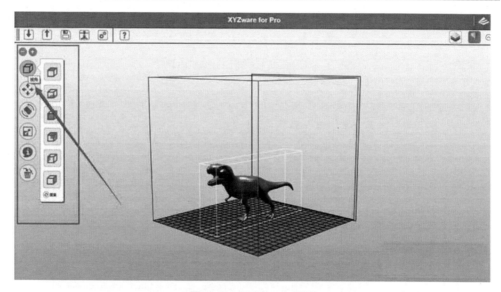

圖 4-13　XYZware 界面

（6）DaYinLa

Iceman3D 的列印軟體 DaYinLa，針對中國使用者做了優化處理，軟體左上角有模型的旋轉、縮放、預覽等各種模式，還能直接顯示模型的預計列印時間和預計消耗材料長度。設置選項包括系統設置和列印設置，另外這款軟體自帶模型庫，讓使用者打開軟體就可以隨心選擇想要的模型，如圖 4-14 所示。

六款軟體的優勢功能各不相同。Makerware 在使用者操作角度有更多的考量，但是對於功能開發方面稍弱於另幾款軟體。Cura 和 Flashprint 的浮雕功能表現都很好，同時二維轉三維列印，也讓列印機的應用範圍更廣一些。但是從切片速度來說，Cura 無疑是表現最好的。Flashprint 的切割功能表現出色，如

果能用好這個功能，對於模型列印的成功率可以大大提升。DaYinLa 自帶模型庫，讓使用者任意下載自帶的模型，無須再到別的網站進行下載，如表 4-1 所示。

圖 4-14　DaYinLa 模型庫

表 **4-1**　六款 **3D** 列印軟體主要功能對比

軟體	切片速度	支撐	操作便捷性	相容性
Cura	快	自動支撐。但不能及時查看	一般	強
Makeware	一般	自動支撐。自動支撐選項需勾選	一般	不強
Flashprint	較快	兩種支撐選項。可以及時查看	較便捷	較強
HORI3D Cura	較慢	只能在視圖中查看支撐狀況	較強	一般
XYZware	一般	自動支撐。但不能及時查看	較便捷	一般
DaYinLa	一般	自動支撐。但不能及時查看	一般	一般

4.2.2 STL 文件糾錯

由於 STL 文件格式本身的不足以及數據轉換過程中易出錯等原因，因此，在 STL 模型中會出現如漏洞、裂縫/重疊、頂點不重合以及法向量錯誤等缺陷[8]。為此，在 STL 文件讀入和拓撲關係構建時應進行錯誤檢查，並做出相應的修復。表 4-2 列舉了 STL 文件常見錯誤類型及説明。

表 4-2　STL 文件錯誤類型分類

錯誤類型	具體説明	圖示
空洞與裂縫	空洞是 STL 文件最常見的錯誤。對多個大曲率曲面相交構成的表面模型進行三角化處理時，如果拼接該模型的某些小麴面丢失，就會造成空洞	
重疊	面片的頂點座標都是用浮點數儲存的，如果控制精密度過低，就會出現面片的重疊情況；進行分塊造型的模型如果在造型後沒有進行布爾並運算，實際造型時添加的分割面就沒有去除，就會產生重疊錯誤。重疊分為表面重疊和體積重疊(多個實體堆疊到一起)兩種，其中，表面重疊又包括一個三角形與另一個三角形完全重合及一個三角形的部分與另一個或多個三角形部分重疊	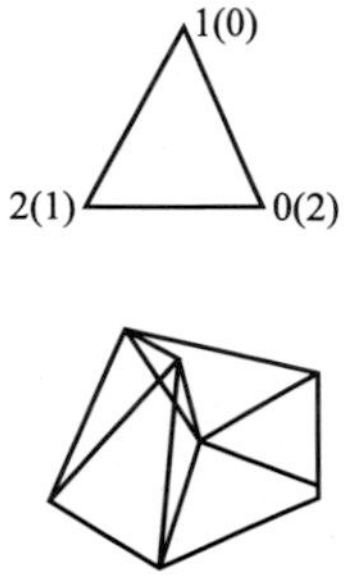
錯位	這是 STL 文件常見的錯誤，錯位是由於應該重合的頂點沒有重合所導致	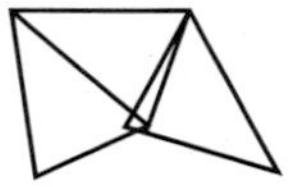
反向	三角形面片的旋向有錯誤，即違反了 STL 文件的取向規則，產生的原因主要是生成 STL 文件時頂點記錄順序混亂	
多餘	指在正常的網格拓撲結構的基礎上多出了一些獨立的面片	
不共頂點	違反了 STL 文件的共頂點規則，由於頂點不重合導致相鄰的三角形面片重合的頂點數少於兩個，此時三角形的頂點落在了相鄰三角形的邊上，但是沒有出現裂縫	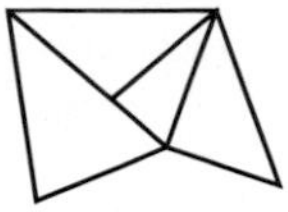

考慮到不同錯誤的特點及修復方法，基本錯誤修復的步驟可以歸納為：合併頂點→空洞修復→裂縫修復→刪除多餘→重疊修復→錯誤更新。重複執行上述步驟，直至修復完畢。

(1) 合併頂點

合併頂點可以修復錯位和部分裂縫。具體方法如下。

先遍歷所有連通錯誤區域；在每一個連通錯誤區域內，遍歷所有的錯誤頂點；計算該頂點與其他頂點間的距離 d_0，找到 $d_0 < e$ 的頂點（e 為指定的應該重合頂點的容許誤差）並將其加入臨時頂點數組；合併臨時頂點數組中不屬於同一邊的頂點，並合併相鄰關係；重複執行上述步驟，直至遍歷完所有連通錯誤區域。

如頂點 1 和頂點 0 需要合併，合併相鄰關係又包含下列步驟。

先找到頂點 1 的所有相鄰面片，將面片中頂點 1 的原來位置用頂點 0 代替；刪除頂點 1 的所有相鄰面片；將頂點 1 的相鄰面片加入頂點 0 的相鄰面片中；頂點 1 標記為「已刪除」。

原則上錯位錯誤比較容易修復，只需將距離很近的頂點合併就可以了。但是，由於實際上正常的 STL 文件面片的邊長有可能很小，甚至小於錯位距離，無法區分兩個短距離的頂點是否錯位，因此設置適當的 e 值是非常困難的。設置過小，糾正效果不明顯；設置過大，有可能將正常的短面片邊的頂點誤認為錯位頂點而導致產生其他錯誤。在實踐中一般是透過大量試驗的方法來獲得合理的 e 值。

(2) 空洞的修復

空洞是 STL 文件中最常見的錯誤。由於設置適當的錯位距離非常困難，故合併頂點後可能會產生空洞，因此在修補空洞前，應先進行合併頂點操作，以便集中處理空洞錯誤。空洞錯誤根據特徵可以分為順向單環和連環孔兩類，連通區域為順向單環的充要條件是：每個錯誤頂點有且僅有兩個錯誤邊而且方向為順時針。對於連環孔，則通常需要分解成可以處理的多個單環。單環都是順時針方向，是由 STL 文件的取向規則決定的，STL 文件要求單個面片法向量符合右手定則，且其法向量必須指向實體外面。對於空洞來說，繞向必然相反，即從實體外側看為順時針方向。

① 順向單環空洞的處理　順向單環空洞修復的方法是在空洞中構造三角形面片。由於大於三條邊的空洞都是空間多邊形，因此要把空間多邊形在三維空間中劃分成三角形非常複雜，本文採用最小角度判定法，具體算法如下。

遍歷頂點數不小於 3 的順向單環，計算環內各頂點處邊的夾角；找到夾角最小處的頂點；以該頂點和它的兩條相鄰錯誤邊形成新的面片，加入製件中；更新

錯誤區域；重複執行上述過程，直至單環內只剩三條邊，該三條邊組成一個新面片，加入面片數組中。

實例如圖 4-15 所示，先找到最小內角∠ABC，生成面片 ABC；再找到最小內角∠EAC，生成面片 EAC；最後生成面片 ECD。

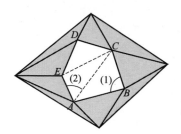

圖 4-15　最小角度法修補實例

每添加一個三角形，空洞的形狀和大小就發生了變化，最小夾角也發生了變化，因此每添加一個三角形後，必須對錯誤區域進行修訂。修訂過程如下：新添的錯誤邊設置其頂點和相鄰錯誤頂點；錯位頂點重設其相鄰錯誤邊；連通區域刪除已修復的錯誤頂點和錯誤邊；單環重新進行夾角計算。

② 連環孔的修補　連環孔（如圖 4-16 所示，白色部分為孔）的識別與修復十分困難，此處採用深度優先最短路徑法，將連環孔中的每個孔分離出來，然後逐個修復。具體步驟如下。

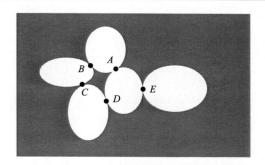

圖 4-16　連環孔

先建立邊的拓撲資訊，將所有邊列出來。將所有的交叉頂點找出來。交叉頂點就是與該點相連的邊數大於 2 的頂點，如圖 4-16 中的 A、B、C、D 和 E 點。建立由所有的交叉頂點組成的一個空間圖數據結構，在圖 4-16 中相鄰的交叉頂點的路徑是已知的。最後從某個交叉頂點作圖的深度優先搜索，第一次返回該交叉頂點所得的路徑就是一個封閉的孔。當然，若某交叉頂點有一條路徑返回自身

也肯定是一個孔。

對於如圖 4-16 所示的連環多孔，用圖來表述所有直接的連通路徑的交叉頂點，同時記錄其連通路徑，再透過圖的深度優先搜索查找孔。如對 A 點進行搜索，在搜索到第二層後即可得到封閉的孔 A—B—A；而對 E 點搜索一步即可得到 E—E。經過這種搜索後，可得到該實體的 5 個孔為 A—B—A，B—C—B，C—D—C，D—A—E—D 和 E—E，其中每個箭頭所代表的路徑都可能由許多邊組成。對頂點 A 進行深度優先搜索如圖 4-17 所示。

（3）裂縫的修復

裂縫的修復可以看作是頂點合併與空洞修復的組合，先合併頂點，以消除部分裂縫。合併頂點也可能會將裂縫轉化為空洞（裂縫本身也是空洞），對空洞再用圖 4-18 中的修復算法解決。

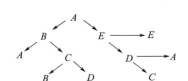

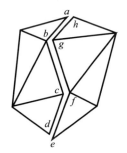

圖 4-17　對頂點 A 進行深度優先搜索　　圖 4-18　裂縫修復

（4）重疊的修復

重疊錯誤也是較難識別和修復的一類錯誤，此處提出一種實踐上可行的解決方案，算法如下。

先遍歷所有的連通錯誤區域；在每個遍歷連通區域內，遍歷所有的錯誤頂點；分別以每個錯誤頂點為中心搜索 n 圈（n 為指定圈數），找到落在某相鄰面片內的頂點，判斷為重疊錯誤；以該頂點為中心，刪除從第 1 圈到第 n 圈的所有相鄰面片，構成空洞；進行空洞的修復；重複執行上述步驟，直至遍歷完所有的連通錯誤區域。

其他錯誤的修復方案：上述修復功能並不能修復所有的 STL 文件錯誤，有些錯誤需要進一步識別和修復。對於不可識別或不易識別的錯誤，可採用一種簡單而有效的方法：①先將這些錯誤全部刪除，集中構成空洞錯誤，此時錯誤的數量雖然有可能並沒有減少（甚至有可能增加），但錯誤的複雜程度大大降低；②對這些空洞分別進行修復。如對前述的多餘錯誤，就將多餘的面片刪除，如果

有空洞，則再進行空洞修補；而對反向錯誤，則將反向錯誤的面片全部刪除，再進行空洞修補。

4.2.3 STL 模型旋轉與拼接

(1) 基本原理

將幾個 STL 模型按一定的要求分別對它們進行平移或旋轉，使它們的相對位置最佳但又不發生衝突。然後將這些變換後的 STL 模型數據保存在一個 STL 文件中，從而多個 STL 模型變成一個新的 STL 模型，多個 STL 文件合併成一個新的 STL 文件。

(2) 算法描述及實現過程

步驟 1：讀入多個 STL 模型文件，在電腦中同時顯示出多個要拼接的原 STL 模型。

步驟 2：建立一個數據文件，來保存拼接後形成的新 STL 模型數據。

步驟 3：對要拼接的原 STL 模型分別進行拼接或旋轉。

① 選中一個要拼接的原 STL 模型。單擊游標，判斷單擊點是否在 STL 模型的包圍盒中。如果單擊的點在 STL 模型的包圍盒中，就選中該模型。採用多邊形內外點的判斷算法實現。

② 按拼接的要求對其進行平移或旋轉。按照三維圖形幾何變換的原理，確定平移變換矩陣 T_0 和旋轉變換矩陣 R_1（繞 X 軸轉）、R_2（繞 Y 軸旋轉）、R_3（繞 Z 軸旋轉）；平移旋轉後，用上述矩陣修改圖類中的幾何變換矩陣。

重複執行上述兩步驟，直至滿足拼接要求。

步驟 4：變換結束後，將模型數據保存到新建的數據文件中，讀出 STL 模型的數據，用類中的幾何變換矩陣對其進行變換，然後存入新建的數據文件中。

4.2.4 STL 模型工藝支撐添加

支撐添加技術總的來說有兩種：一種是在繪製三維 CAD 模型時手動添加支撐；另外一種是由軟體自動生成支撐。

(1) 支撐的手動生成技術

該方法要求在設計零件的三維 CAD 模型時，確定零件的成形方向，根據零件的成形方向，人工判斷哪些地方要加支撐，並確定支撐的類型，最後將帶支撐結構的零件三維 CAD 數據模型一並轉成 STL 文件，經後續分層處理生成實體截面輪廓和支撐截面輪廓，然後進行層層製造與疊加，以得到零件原形及支撐體，最後將支撐體剝離掉。

支撐的手動生成方法有如下缺點：①要求使用者對成形工藝很熟悉，對設計人員和設備操作人員的要求較高；②支撐添加的品質難以保證，工藝規劃時間也較長；③適用性差，不靈活，一旦添加支撐的一些參數需要改變，需要重新添加全部的支撐。

（2）支撐的自動生成技術

目前支撐的自動生成技術有基於 STL 文件資訊和基於層片資訊兩種。基於 STL 文件資訊的支撐自動生成技術，即在 STL 模型中，根據支撐設計的參數（如支撐面角度、最大非支撐面面積、最大非支撐懸臂長度等），提取支撐面，生成支撐體，支撐的生成是與 STL 模型進行干涉計算而生成的。從 STL 模型添加支撐可以充分利用原型的整體資訊，生成的支撐品質高。但其算法複雜，特別是對於複雜的曲面形體，支撐面的輪廓形狀可能非常不規則，生成支撐區域的 STL 文件需用到維集合運算，處理難度非常大。

目前，大多數增材製造工藝均需要添加支撐結構，而不同的工藝往往還需要不同的支撐類型。下面分別介紹幾種典型支撐及特點。

① 柱狀支撐　柱狀支撐主要用於雷射選區熔化成形工藝，如圖 4-19 所示。支撐的主要作用體現在：承接下一層未成形粉末層，防止雷射掃描到過厚的金屬粉末層，發生塌陷；由於成形過程中金屬粉末受熱熔化冷卻後，內部存在巨大的收縮應力，導致零件極易發生翹曲變形，支撐結構連接已成形部分和未成形部分，可有效抑制收縮和翹曲變形，使製件保持應力平衡。

對於無支撐的豎直向上生長的零件，比如柱狀體，粉末在已成形面上均勻分布，此時其下方已成形部分的作用相當於一種實體支撐；對於有傾斜曲面的零件，如懸臂結構，此時若無支撐結構，會造成成形失敗，主要體現在：由於有很厚的金屬粉末，粉末不能完全融化，熔池內部向下塌陷，邊緣部分會上翹；在進行下一層粉末的鋪粉過程中，刮刀與邊緣部位摩擦，由於下方沒有固定連接，該部分會隨刮刀移動而翻轉，無法為下一層製造提供基礎，成形過程被破壞。添加支撐能有效防止此類現象發生。

綜上所述，在雷射選區熔化成形過程中，柱狀支撐結構作用如下。

a. 承接下一層粉末層，保證粉末完全熔化，防止出現塌陷。

b. 抑制成形過程中，由於受熱及冷卻產生的應力收縮，保持製件的應力平衡。

c. 連接上方新成形部分，將其固定，防止其發生移動或翻轉。

② 塊體支撐　目前熔融沉積製造的類別有很多。如採用雙噴頭的熔融沉積製造，它是由一個噴頭噴零件材料，另一個噴頭噴水溶性的支撐材料，成形完後水洗便可去除支撐得到零件。也有採用單噴頭的熔融沉積製造，它是靠一個噴頭噴模型材料來製作零件和支撐的。兩者的加工方式例如路徑掃描、擠料速度控制

等方面存在不同，成形完後必須手動去除支撐纔可得到零件，而支撐的加工又關係到零件的加工成敗、加工時間和表面品質等。

在自由狀態下，從噴嘴中擠出的絲材形狀應該與噴嘴的形狀一樣呈圓柱形。但在熔融沉積製造工藝成形過程中，擠出的絲要受到噴嘴下端面和已堆積層的約束，同時在填充方向上還受到已堆積絲的拉伸作用，如圖 4-20 所示。因此，擠出的絲應該是具有一定寬度的扁平形狀。

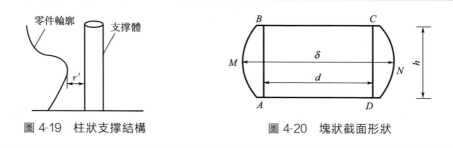

圖 4-19　柱狀支撐結構　　　圖 4-20　塊狀截面形狀

③ 網格支撐　網格支撐主要用於光固化成形，如圖 4-21 所示。光固化成形過程對支撐結構的要求如下：首先是要能將製件的懸臂部位支撐起來；其次是支撐與製件共同構成的結構要易於液態樹脂的流出；再者就是支撐要盡可能少，支撐結構在製件製作完成之後要易於去除，並且去除後對製件表面品質的影響要小。網格支撐生成很多大的垂直平面，它們是由網格狀的 X、Y 向的線段向實體上生長而形成的三維狀的垂直平面，這些 X、Y 向線段按一定間距交錯生成。網格支撐的邊界是由分離出來的輪廓邊界進行輪廓收縮，即光斑補償得來的。

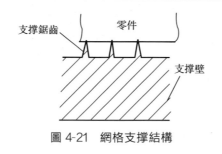

圖 4-21　網格支撐結構

網格支撐生成算法簡單，對增材製造設備的硬件要求不高，特別是對於低成本設備，如不採用雷射器而是以紫外光作為光敏樹脂的誘發光源的光固化成形設備，其以面光源照射到樹脂表面，因此在支撐設計時特別適合使用網格支撐來實現支撐功能。

在網格支撐中，支撐與實體的接觸以鋸齒狀接觸，如圖 4-22 所示，那麼鋸

齒的頂點距鋸齒的凹陷邊之間的高度即為鋸齒高度。增加鋸齒高度有助於固化樹脂的流動，並能減少邊緣固化的影響。

與實體接觸的鋸齒上的三角部分的底邊長度即為支撐鋸齒寬度。減少鋸齒寬度會使鋸齒的三角部分變得細長，易於去除支撐，但是如果寬度太小，則塊狀部分與鋸齒部分過渡急促，容易被刮板刮走鋸齒部分。

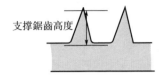
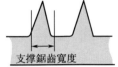

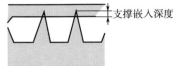

圖 4-22　網格支撐鋸齒狀結構　　　　圖 4-23　網格支撐嵌入結構

網格支撐的鋸齒在與實體的接觸部分都是以點接觸的，那麼由於刮板的運動，在加工實體第一層時會因與支撐連接的不是很緊密而被刮走使加工失敗。所以設計一個嵌入的深度，使網格支撐鋸齒的三角部分頂點嵌入實體一個設定值，使鋸齒與實體線接觸從而有利於加工，如圖 4-23 所示。

在對零件生成網格支撐時會分離出一系列的獨立的待支撐區域，對每個待支撐區域外邊界以區域邊界為基礎向上生長形成外部支撐，而內部的形成方式是透過網格化將其劃分每個獨立的區域，再以這些等間距的邊界為基礎向上生長而形成內部支撐。所以需要設定網格的橫向、縱向間隔。如果間隔過大，實體中間的部分容易塌陷；如果間隔過小，則分布稠密，不利於樹脂流動，也不容易去除支撐，一般與鋸齒間隔值相同，如圖 4-24 所示。

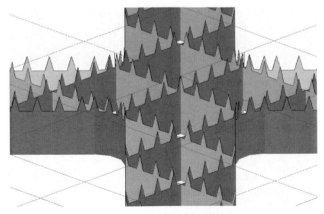

圖 4-24　網格支撐立體結構

4.3 STL 模型切片及路徑生成

4.3.1 STL 模型切片 [9, 10]

　　分層切片是增材製造中對 STL 模型最主要的處理步驟之一。STL 模型分層切片一般是判斷某一高度方向上切平面與 STL 模型三角形面片間的位置關係，若相交則求出交線段，將所有交線段有序地連接起來即獲得該分層的切片輪廓數據。由於大部分面片可能不與切平面相交，如果遍歷所有的三角形面片將造成大量無用的計算時間和空間。為了提高分層效率，一般需要對 STL 模型文件進行預處理，然後再進行分層切片。主要算法有：基於幾何拓撲資訊的分層切片算法、基於三角形面片位置資訊的分層切片算法以及基於 STL 網格模型幾何連續性的分層切片算法。

　　（1）基於幾何拓撲資訊的分層切片算法

　　由於 STL 文件不包含模型的幾何拓撲資訊，因此基於幾何拓撲資訊的分層切片算法首先要根據三角網格的點表、邊表和面表來建立 STL 模型的整體拓撲資訊，然後在此基礎上進行切片。基於幾何拓撲資訊的分層切片算法的基本過程可以分為如下步驟：首先，根據分層切片截面的高度，確定一個與之相交的三角形面片，計算出交點座標；然後，根據建立的 STL 模型拓撲資訊，查找下一個相交的三角形面片，求出交點；依次查找，直至回到初始點；依次連接交線段，得到該切片輪廓環，如圖 4-25 所示。

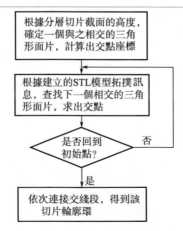

圖 4-25　基於幾何拓撲資訊的分層切片算法流程

基於幾何拓撲資訊的分層切片算法獲得的交點集合是有序的，無須重新排序即可獲得首尾相接的輪廓環；但建立 STL 文件數據的拓撲資訊也相當費時，佔用內存大，尤其是模型包括的三角形面片較多時尤為明顯。基於拓撲資訊的分層實例如圖 4-26 所示。

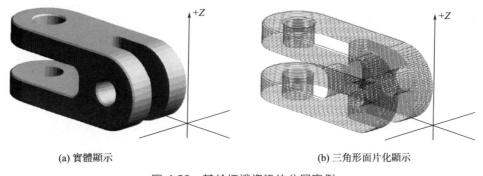

(a) 實體顯示　　　　　　　　　　　(b) 三角形面片化顯示

圖 4-26　基於拓撲資訊的分層實例

（2）基於三角形面片位置資訊的分層切片算法

三角形面片在分層方向上跨距越大，則與之相交的切平面越多；按高度方向（Z 軸）分層，三角形面片沿高度方向的座標值距起始位置越遠，求得切片輪廓環的時機越靠後。利用這兩個特徵，可以減少切片過程中對三角形面片與切平面位置關係的判斷次數，達到加快分層切片的目的。其基本過程可以分為如下步驟：首先，沿 Z 軸方向將三角形面片按照 Z 座標值的大小排序；然後，依據當前切片高度找到排序後三角形面片列表中對應的位置，由於三角形面片已經排序，因此查找效率會大大提高；最後，計算當前切片高度截面與所有相交三角形面片的交點，按序連接生成該層的切片輪廓環。該算法最大的優點是速度的提升，但是求得的交點沒有記錄其相互位置關係，必須經過專門的連接關係處理以形成有向的閉合輪廓環線，如圖 4-27 所示。

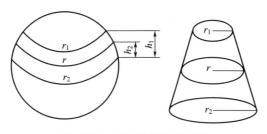

圖 4-27　球體分層切片示意

(3) 基於 STL 網格模型幾何連續性的分層切片算法

基於 STL 網格模型幾何連續性的分層切片算法主要考慮 STL 模型在分層方向上具有的三個連續性：①與切平面相交的三角形面片的連續性；②與切平面相交的三角形面片集合的連續性；③所獲得截面輪廓環的連續性。

其基本過程可以分為如下步驟：首先，將三角形面片建立集合（模型表面上的三角形面片方向向量與 Z 軸夾角小於臨界值 δ 時會拾取出此三角形面片）；然後，在分層過程中動態生成與當前分層平面相交的三角形面片表，求出交點形成當前層的輪廓環；接著，當切平面移動到下一層時，先分析動態面片表，刪除不與該層切平面相交的三角形面片，添加相交的新面片，進行求交獲得輪廓環，直到分層結束。該算法建立不同切平面的動態面片表，降低了內存使用量和計算時間，從而提高分層的處理效率，但在動態面片表中增減三角形面片也會增加計算的複雜度，如圖 4-28 所示。

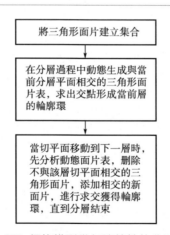

圖 4-28　基於 STL 網格模型幾何連續性的分層切片算法流程

4.3.2　STL 模型切片輪廓偏置

STL 模型偏置一般包括面偏置法和點偏置法兩種。兩種偏置方法各有優缺點。面偏置法將每個三角形面片沿其法向量方向偏置指定距離。點偏置法透過頂點及與其相鄰的三角形面片法向量計算出的對應偏置點，然後由偏置點構造偏置模型。面偏置法精密度高，但容易出現三角形面片不連續（凸面）或相交（凹面）的現象。點偏置法則可以避免上述問題，算法也比較簡單，但生成的偏置模型精密度較低。

4.3.3　掃描路徑生成算法[11-16]

快速成型是一種分層製造技術，在零件製造過程中，最基本的步驟之一便是選擇合適的掃描路徑，掃描固化零件的每一個截面。掃描路徑的產生就是對截面輪廓進行填充。由 STL 模型分層得到的截面輪廓是一系列封閉的多邊形，這些多邊形是由順序連接的頂點鏈構成。多邊形可能是凸的或凹的，包圍的區域可能是單連通區域或多連通區域。現有的掃描路徑生成算法可分為兩大類。

（1）基於平行線掃描的路徑生成算法

主要包括光柵式掃描、分區域掃描、填表法生成掃描路徑，這種平行線掃描方式的路徑生成算法簡單，掃描系統在進行掃描時只需驅動一個反射鏡，掃描定位精密度較高。

① 光柵式掃描　圖 4-29 所示是單層光柵式掃描路徑，圖中內外框間區域為實體（即掃描填充區域），實箭頭為掃描向量及其方向，虛箭頭為空跳向量及其方向。從圖中可以知道，這種掃描路徑的一「筆」掃描向量即為一個掃描向量，每個相鄰掃描向量間有一個空跳向量，當掃描線經過跳空區域時必須有一個空跳。

② 分區域掃描　這種掃描路徑是在光柵式掃描路徑基礎上發展起來的。其掃描路徑如圖 4-30 所示，在工作時對層面分區域依次進行掃描，掃描線避開了孔洞區域，空跳向量總長度明顯減少。但是此掃描路徑的一「筆」掃描向量仍然為一個掃描向量，每個相鄰掃描向量間也有一個空跳向量。

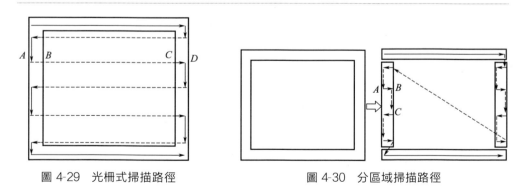

圖 4-29　光柵式掃描路徑　　　　圖 4-30　分區域掃描路徑

③ 填表法　填表法掃描路徑生成算法即先求取所有多邊形與所有掃描線的交點，並把它們保存在二維交點表格中，然後從表格中提取掃描路徑向量。在填表的過程中，每一行中元素的位置只反映填表的先後順序，而與它們的大小無關，多邊形的所有線段都處理完後，則所有的交點均已求出。然後，再對每一行

中的元素按從小到大排序，則交點在表格中的位置不但可以表明它所在的掃描線，而且也反映了該掃描線與多邊形相交的順序，這樣生成掃描路徑就變得比較簡單了。因為各條掃描線與多邊形的交點數是不定的，有的掃描線可能與多邊形有多個交點，有的可能連一個交點也沒有。另外，多邊形不同，交點分布也會隨之變化，所以，這裏的關鍵問題是給交點表格構造合理的數據結構，不合理的數據結構會導致儲存容量不夠或者表格規模不夠。如圖 4-31 所示，展示了填表法生成掃描路徑的填充掃描過程，A、B、C、D、E 為依次填充的區域。

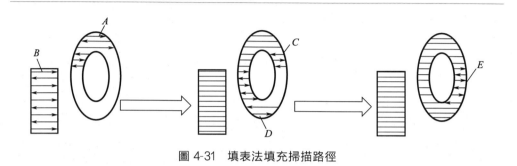

圖 4-31　填表法填充掃描路徑

（2）折線掃描的路徑生成算法

主要包括輪廓螺旋線掃描、複合掃描以及基於 Voronoi 圖的掃描路徑生成算法等。然而這些路徑生成算法都比較複雜，計算量非常大，算法執行效率低，並且折線掃描時需要掃描器的兩個反射鏡聯動來控制光束的運動方向，相比一個反射鏡控制方向精密度要低得多。

① 輪廓螺旋線掃描　採用遵循成形時熱傳遞變化規律的輪廓螺旋掃描填充方式可以克服 SLS 成形件內部微觀組織形態各向異性的不足，以及在掃描線的啓停點造成材料的「結瘤」現象。如圖 4-32 所示，以這種掃描方式成形的零件，大大削弱了在溫度降低過程中產生的內部殘餘應力，進而顯著提高了成形件的力學性能。

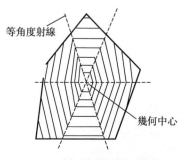

圖 4-32　輪廓螺旋線掃描路徑

② 基於 Voronoi 圖的掃描路徑生成算法　Voronoi 圖最早由俄羅斯數學家 Voronoi 於 1908 年提出。平面多邊形的 Voronoi 圖是對平面的一種劃分，每個分區屬於多邊形的一條邊，分區內的點到該邊比到其他邊距離更近。當一個需要掃描填充的平面多連通區域的 Voronoi 圖已知並劃分為單調區後，就可以開始生成掃描填充路徑。

具體方法是，掃描路徑將從與一個單調區內點相連的 Voronoi 邊開始，按給定的路徑偏置值 t，查找另一條 Voronoi 邊，條件是它們有一個公共的定義元素且參數區間包含連接兩條 Voronoi 邊上參數值為 t 的點，就得到了路徑的一段。每一段路徑的起點和終點都在 Voronoi 邊上。由當前路徑段的終點開始查找下一條 Voronoi 邊，生成下一段路徑，當回到起始的 Voronoi 邊時，則減小偏置量，開始生成下一條掃描路徑；當偏置值大於單調區的瓶頸半線寬時，路徑封閉在同一單調區內；當路徑的偏置值小於單調區某一個瓶頸半線寬時，路徑離開當前單調區，穿過該瓶頸線進入相鄰的單調區中，首先移動到所在單調區的內點，然後用跟前一個單調區內同樣的方法由裏向外掃描，直到偏置值再次小於單調區某一個瓶頸半線寬，掃描路徑或進入另一個相鄰的單調區，或是回到前一個單調區。若是回到前一個單調區，則第 2 個單調區對第 1 個單調區來說是相通的，2 個單調區將合併成為一個。當偏置值小於掃描區域中最小的瓶頸半線寬時，所有的單調區合併成為一個。

該算法能夠處理單連通域的掃描區域（不帶島）。對於平面多連通域問題（帶島的掃描區域）可以轉化為單連通域問題來處理，如果把區域內部的島嶼輪廓與外邊界用「橋」連接起來，就可以變成一個單連通域，在這個單連通域裏執行同樣算法就可得到掃描路徑。

基於 Voronoi 圖的掃描路徑生成算法具有突出優點，能夠減少掃描空行程、掃描頭的跳轉次數及「拉絲」現象，優化掃描機構的運行狀態，緩解噪聲和振動現象，最大的特點是該算法掃描路徑生成速度快，可以即時在線生成，不會產生瓶頸，運行穩定安全可靠。圖 4-33 所示為應用該算法的計算實例，分別給出了輪廓多邊形、計算的 Voronoi 圖和等距線。

金屬 SLM 列印中，雷射掃描線是零件成形的最小構成元素，為了減少應力集中，把長掃描線分割後以搭接形式形成各種形狀區域，再分別以不同的先後順序掃描這些區域，即形成不同的掃描策略。目前市場上已有的掃描策略種類繁多，但是各式設計都與傳統焊接工藝有著千絲萬縷的聯繫，其中金屬 SLM 列印掃描策略的奧秘在於控制搭接和減少應力集中。金屬零件成形過程中搭接過多將直接導致區域內熱應力集中，或造成零件變形量過大，或導致零件產生裂紋。與此同時，局部熱輸入過大，零件內部缺陷增多，造成零件力學性能的下降。為避免出現上述問題，金屬 SLM 列印的掃描策略出現了很多變化，從最初簡單的條

狀掃描策略，逐漸進化出線掃描狀、圓弧線、棋盤、島嶼等掃描策略。

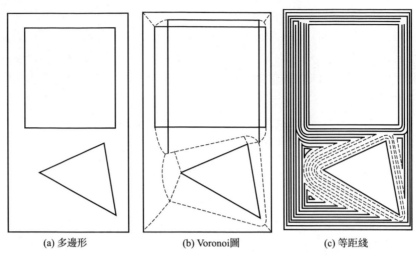

(a) 多邊形　　　　　(b) Voronoi圖　　　　　(c) 等距綫

圖 4-33　基於 Voronoi 圖的掃描路徑生成算法實例圖

　　不同的掃描策略的確給零件成形的良品率帶來了質的改變，其中棋盤掃描的效果尤為明顯。如圖 4-34 所示，該掃描策略是基於棋盤格局，把一個整體分為若干個棋盤格，成形過程中以優化的順序跳動掃描這些棋盤格，從而達到降低零件局部熱應力的目的。眾多研究者的實踐證明該方法行之有效，尤其適用於成形具有大橫截面的零件。當然該掃描策略也有缺點，跳轉次數的增加在一定程度上增加了雷射掃描時間，使成形效率略有下降，但相比於大幅降低零件熱應力這樣的決定性優勢，犧牲一點成形效率是必然選擇。

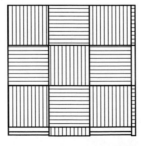

圖 4-34　棋盤式掃描策略

　　目前，也有學者基於棋盤掃描進行了更進一步的研究、論證與測試，發明瞭一種效果優於棋盤式的掃描策略，即蜂窩掃描策略，如圖 4-35 所示。後者與前

者的區別就是把正方形變換為正六邊形，由於在成形過程中，熱應力會向掃描區域的尖角集中，此時的應力如果超過材料性能範圍時會導致掃描區域的開裂、變形、翹曲。正方形有 4 個尖角，主要應力將不等值分布於 4 個角落，蜂窩掃描策略增加了兩個角落來分擔應力，減少應力集中現象的發生。透過仿真模擬計算，蜂窩掃描策略的應力集中現象顯著低於棋盤式掃描策略，在實際成形大截面零件時良品率將更高。目前大型金屬零件的 SLM 列印成形不僅受限於設備硬件，應力控制也是一個關鍵因素，蜂窩掃描策略的啓用將推動大尺寸金屬零件的 SLM 列印成形走上快速發展之路。

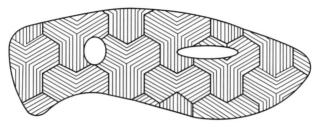

圖 4-35　蜂窩掃描策略

參考文獻

［1］　婁平，尚雯，張帆. 面向 3D 列印切片處理的模型快速載入方法研究[J]. 武漢理工大學學報，2016，38（6）：97-101.

［2］　林娜，林明山. RP 系統中 CAD 模型 STL 數據優化技術研究[J]. 閩南師範大學學報：自然版，2017，30（2）：29-33.

［3］　餘世浩，周勝. 3D 列印成型方向和分層厚度的優化[J]. 塑性工程學報，2015，22（6）：7-10.

［4］　蔡冬根，周天瑞. 基於 STL 模型的快速成形分層技術研究[J]. 精密成形工程，2012（6）：1-4.

［5］　朱虎，扶建輝. 複合快速成形中基於 STL

模型的分層研究[J]. 工具技術，2010，44（8）：20-23.

［6］　趙方. 3D 列印中基於 STL 文件的分層算法比較[D]. 大連：大連理工大學，2016.

［7］　黃麗. 基於 STL 模型的分層算法研究與軟體實現[D]. 泰安：山東農業大學，2016.

［8］　婁平，尚雯，張帆. 面向 3D 列印切片處理的模型快速載入方法研究[J]. 武漢理工大學學報，2016，38（6）：97-101.

［9］　王益康. 熔融沉積 3D 列印數據處理算法與工藝參數優化研究[D]. 合肥：合肥工業大學，2016.

［10］　鐘山，楊永強. RE/RP 集成系統中基於 STL

的精確分層方法[J]. 電腦集成製造系統, 2012, 18（6）: 1145-1150.

[11] 許麗敏, 楊永強, 吳偉輝. 選區雷射熔化快速成型系統雷射掃描路徑生成算法研究[J]. 機電工程技術, 2006, 35（9）: 46-48.

[12] 程艷階, 史玉升, 蔡道生, 黃樹槐. 選擇性雷射燒結複合掃描路徑的規劃與實現[J]. 機械科學與技術, 2004, 23（9）: 1072-1075.

[13] 蔡道生, 史玉升, 黃樹槐. 快速成型技術中輪廓環的分組算法及應用[J]. 華中科技大學學報: 自然科學報, 2004, 32（1）: 7-9.

[14] 陳劍虹, 馬鵬舉, 田傑謨, 劉振凱, 盧秉恒. 基於 Voronoi 圖的快速成型掃描路徑生成算法研究[J]. 機械科學與技術, 2003, 22（5）: 728-731.

[15] 華麟鋆, 吳懋亮, 潘雷. 快速成型掃描路徑生成算法[J]. 上海電力學報, 2009, （25）6: 611-613.

[16] 蔡道生, 史玉升, 陳功舉, 黃樹槐. SLS 快速成形系統掃描路徑優化方法的研究[J]. 鍛壓機械, 2002, 30（2）: 18-20.

第5章

製造過程及品質控制

5.1 工藝流程

　　SLM 工藝流程包括材料準備、工作腔準備、模型準備、加工、零件後處理等步驟。

5.1.1 前處理

（1）材料準備

　　材料準備包括 SLM 所用金屬粉末、基板以及工具箱等準備工作。SLM 所用金屬粉末需要滿足球形度高、平均粒徑為 $20 \sim 50 \mu m$ 等要求（圖 5-1），粉末一般採用氣霧化法進行製作，成形過程所用粉末盡量保持在 5kg 以上；基板應該選用與成形粉末成分相近的材料，同時根據零件的最大截面尺寸選擇尺寸合適的基板（圖 5-2），基板的加工和定位尺寸需要與設備的工作平臺相匹配，安裝之前用酒精清潔乾淨；準備一套工具箱用於基板的緊固和設備的密封。

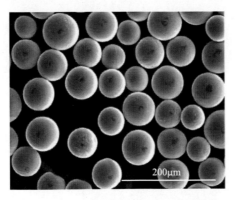

圖 5-1　SLM 成形用 Ti6Al4V 球形粉末

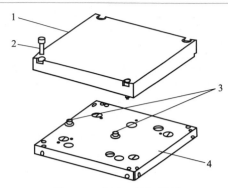

圖 5-2　成形用基板結構

1—工作基板；2—緊固螺栓；3—定位銷；4—放置基板載臺

（2）工作腔準備

在放入粉末前需要將工作腔（成形腔）清理乾淨，包括缸體、腔壁、透鏡、鋪粉輥/刮刀等，如圖 5-3 所示。最後將需要接觸粉末的地方用沾有酒精的脫脂棉擦拭乾淨，以保證粉末盡可能不被污染，盡量避免成形的零件裏面混有雜質。將基板安裝在工作缸上表面，調平並緊固，如圖 5-4 所示。

(a) 清理成形腔

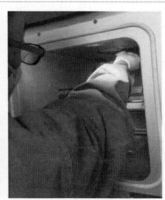

(b) 擦拭透鏡

(c) 擦拭刮刀

圖 5-3　成形前的清理工作

（3）模型準備

將 CAD 模型轉換成 STL 文件，傳輸至 SLM 設備 PC 端，在設備配置的工作軟體中導入 STL 文件進行切片處理，生成每一層的二維資訊，數據傳輸過程如圖 5-5 所示。圖 5-6 所示為華中科技大學自主開發的 HUST 3DP 軟體在導入 STL 文件後的界面，最左側顯示當前層的二維截面資訊。

(a) 安裝基板

(b) 調平基板

圖 5-4　基板的安裝與調平

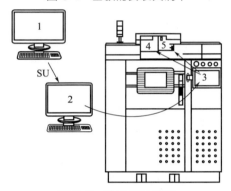

圖 5-5　數據傳輸過程

1—準備 CAD 數據；2—生成工作任務；3—傳輸到機器控制端；4—雷射偏轉頭；5—雷射

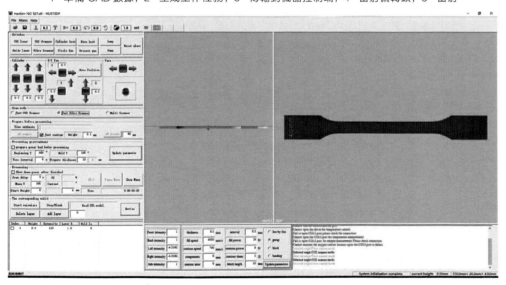

圖 5-6　華中科技大學自主開發的 HUST 3DP 軟體界面

5.1.2 製造過程

數據導入完畢後,將設備腔門密封。由於在雷射掃描過程中,雷射照射下的金屬粉末很容易在高溫條件下與空氣中的氧氣發生氧化反應,因此需要在密閉的成形室中通入高純度的氮氣或者氬氣等惰性氣體對雷射掃描過程進行惰性氣體保護,防止金屬粉末高溫氧化。較早的排氧技術有,直接向成形室內部通入高純度的惰性氣體,使艙室內部的氧含量不斷降低直至排除乾淨。但這種方式的缺點是:氣流速度較大時會發生渦流;從艙室內排出的氣體夾雜大量的惰性氣體,造成惰性氣體浪費,排氧效率較低。為避免惰性氣體浪費,現多數設備在填充高純度氮氣或氬氣前首先生成真空環境。這種方法不僅確保了高濃度惰性氣體環境,還能最大限度降低成形過程中的惰性氣體使用量,適用於包括鈦和鋁在內的所有符合要求的金屬。

通入惰性保護氣體後,對需要預熱的金屬粉末設置基板預熱溫度。將工藝參數輸入控制面板,包括雷射功率、掃描速度、鋪粉層厚、掃描間距、掃描路徑等。在加工過程中所涉及工藝參數描述如下。

① 熔覆道　雷射熔化粉末凝固後形成的連續熔池如圖 5-7 所示。

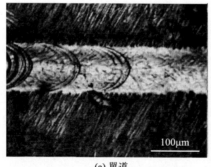

(a) 單道　　　　　　　　　　　　(b) 多道搭接

圖 5-7　熔覆道形貌

② 雷射功率　雷射器的實際輸出功率,其輸入值不超過雷射器的額定功率,單位為瓦特（W）。

③ 掃描速度　指雷射光斑沿掃描軌跡運動的速度,單位一般為 mm/s。

④ 鋪粉層厚　指每一次鋪粉前工作缸下降的高度,單位為 mm。

⑤ 掃描間距　指雷射掃描相鄰兩條熔覆道時光斑移動的距離,如圖 5-8 所示,單位為 mm。

圖 5-8　掃描間距

⑥ 掃描路徑　指雷射光斑的移動方式。常見的掃描路徑有逐行掃描［每一層沿 X 或 Y 方向交替掃描，如圖 5-9(a) 所示］、分塊掃描（根據設置的方塊尺寸將截面資訊分成若干個小方塊進行掃描）、帶狀掃描（根據設置的帶狀尺寸將截面資訊分成若干個小長方體進行掃描）、分區掃描（將截面資訊分成若干個大小不等的區域進行掃描）、螺旋掃描［雷射掃描軌跡呈螺旋線，如圖 5-9(b) 所示］等。

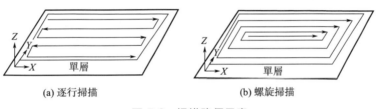

(a) 逐行掃描　　　　　　　　(b) 螺旋掃描

圖 5-9　掃描路徑示意

⑦ 掃描邊框　由於粉末熔化、熱量傳遞與累積會導致熔覆道邊緣變高，提前對零件邊界進行掃描熔化可以減小零件成形過程中邊緣高度增加的影響，如圖 5-10 所示。

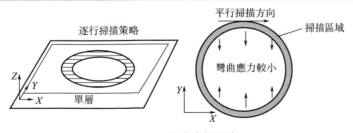

圖 5-10　掃描邊框示意

⑧ 搭接率　相鄰兩條熔覆道重合的區域寬度占單條熔覆道寬度的比例，它直接影響在垂直於製造方向的 X-Y 面上的單層粉末成形效果，如圖 5-11 所示。

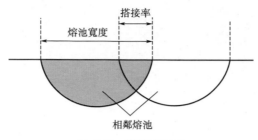

圖 5-11　搭接率示意

⑨ 重複掃描　對每層已熔化的區域重新掃描一次，可以增強零件層與層之間的冶金結合，增加表面光潔度。

⑩ 能量密度　分為線能量密度和體能量密度，用來表徵工藝特點的指標。前者指雷射功率與掃描速度之比，單位為 J/mm；後者指雷射功率與掃描速度、掃描間距和鋪粉層厚之比，單位為 J/mm^3。

⑪ 支撐結構　施加在零件懸臂結構、大平面、一定角度下的斜面等位置，可以防止零件局部翹曲與變形，保持加工的穩定性，如圖 5-12 所示。支撐結構的設計要在加工完成後便於去除。

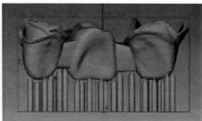

圖 5-12　支撐結構

5.1.3　後處理

零件加工完畢後，需要採用線切割將零件從基板上切割下來，如圖 5-13 所示。之後進行噴砂或高壓氣處理，以去除表面或內部殘留的粉末，如圖 5-14 為噴砂前後零件的對比。有支撐結構的零件需要進行機加工去除支撐，最後用乙醇清洗乾淨。

(a) 清理粉末

(b) 線切割

圖 5-13　零件的清理和切除

(a) 噴砂前

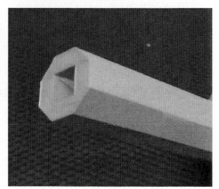
(b) 噴砂後

圖 5-14　零件噴砂前後對比

5.2　環境控制

5.2.1　氧含量控制

　　成形腔內氧氣的存在會對成形件的性能產生不利的影響，甚至可能會由於球化等原因導致零件成形失敗。因此，設備在燒結開始前，需要採取一系列措

施如向成形腔內通氮氣或氬氣等保護氣體，將工作腔內的氧氣濃度降到安全值以下（不同的材料安全值不同），但是在成形過程中必須保證氧氣濃度低於 0.1%[1]。

5.2.2　氣氛煙塵淨化

雷射選區熔化成形過程中，煙塵來源於金屬粉末中的 C 元素、低熔點合金元素以及雜質元素的燃燒、氣化，且由於氣流、雷射衝擊以及鋪粉裝置的擾動，成形腔會產生大量煙塵。

如果不及時將煙塵清理乾淨，一方面大量煙塵附著在透鏡上，導致雷射透過鏡片時的功率衰減嚴重，入射到粉床表面的功率不足，粉末熔化不充分，對 SLM 成形效率和成形件品質等影響很大。另一方面，煙塵產生後除小部分被保護氣吹到粉床以外，大部分仍然飄落到沒有使用的粉床表面，與粉末混合在一起，加重了粉末的污染程度。最後，由於部分煙塵黏附在成形腔內壁，嚴重影響人員對試驗進程的觀察，且煙塵長時間附著在成形腔內壁將大大降低成形腔的使用壽命和密封性。如果煙塵散逸出來，則會給環境和人員健康帶來巨大危害。

因此，需要在成形過程中對成形腔內煙塵進行檢測以及淨化。透過煙塵檢測裝置即時檢測成形腔內部的煙塵濃度，當其上升到預測值後，煙塵淨化器開始除塵工作，氣體中的粉塵經過濾芯進行淨化，除完煙塵後的氣體經過氣體循環出口返回成形腔內部，完成氣體循環煙塵濃度檢測與淨化過程。圖 5-15 為煙塵淨化系統示意。

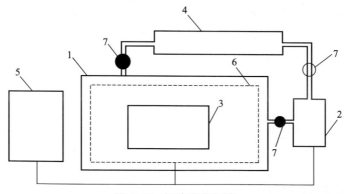

圖 5-15　煙塵淨化示意

1—成形腔；2—煙塵過濾裝置；3—導流裝置；4—多孔濾芯過濾器；5—控制器；6—粉末鋪粉床；7—球閥

5.3　應力調控技術

5.3.1　模擬預測

　　SLM 成形過程中會出現如裂紋、翹曲、脫層等問題，致使其成形過程失敗或成形件力學性能下降。這主要是因為 SLM 成形過程中溫度梯度、熱應力和熱應變較大。可透過 SLM 成形過程溫度場模擬，計算溫度應力，從而根據溫度梯度對 SLM 成形過程的應力、應變變化規律來調控工藝，從而抑制缺陷的產生。

　　由於 SLM 成形過程中熱膨脹只產生線應變（初應變），剪切應變為零。因此，熱應力有限單位法求解溫度（熱）應力的基本思路為：首先計算溫度梯度引起的初應變，然後求解相應初應變引起的等效節點載荷（溫度載荷），接著求解在溫度載荷下引起的節點位移，最後透過節點位移求得熱應力。

　　(1) 應力與應變關係的基本方程

　　① 熱彈塑性體應力與應變　應用牛頓-拉普森（Newton-Raphson）和增量載荷法時用到材料的增量型本構方程 $d\sigma = D_T(\varepsilon)d\varepsilon^{[2]}$。

　　在高溫條件下，材料屈服極限 σ_y 有所降低，強化特性也有所減小，隨著溫度升高逐漸接近理想的塑性。線彈性常數也隨著溫度變化。因此，在外力、溫度作用下的材料應變率 $\dot{\varepsilon}$ 應由四部分組成：彈性應變率 $\dot{\varepsilon}^e$、塑性應變率 $\dot{\varepsilon}^p$、蠕變應變率 $\dot{\varepsilon}^c$ 和溫度變化引起的應變率 $\dot{\varepsilon}^T$，$\dot{\varepsilon} = \dot{\varepsilon}^e + \dot{\varepsilon}^p + \dot{\varepsilon}^c + \dot{\varepsilon}^T$。

　　因彈性常數隨溫度而變化，所以有

$$\dot{\varepsilon}^e = \frac{d(D_e^{-1}\sigma)}{dt} = D_e^{-1}\dot{\sigma} + \frac{d}{dt}(D_e^{-1})\sigma \tag{5-1}$$

式中　D_e——彈性矩陣。

　　根據流動理論和蠕變理論，有

$$\dot{\varepsilon}^p = \dot{\lambda}\frac{\partial F^{\dot{\varepsilon}^p = \dot{\lambda}\frac{\partial F}{\partial\sigma}}}{\partial\sigma} \tag{5-2}$$

式中　F——屈服函數。

$$\dot{\varepsilon}^c = \frac{3\hat{\dot{\varepsilon}}^c\sigma'}{2\bar{\sigma}} \tag{5-3}$$

　　其中

$$\dot{\bar\varepsilon}^{c}=\frac{\mathrm{d}\bar\varepsilon^{c}}{\mathrm{d}t}=\frac{\sqrt{2}}{3}\left[(\dot\varepsilon^{c}_{11}-\dot\varepsilon^{c}_{22})^{2}+(\dot\varepsilon^{c}_{22}-\dot\varepsilon^{c}_{23})^{2}+(\dot\varepsilon^{c}_{33}-\dot\varepsilon^{c}_{11})^{2}+\right.$$

$$\left.6(\dot\varepsilon^{c\,2}_{12}+\dot\varepsilon^{c\,2}_{23}+\dot\varepsilon^{c\,2}_{31})^{2}\right]^{1/2} \tag{5-4}$$

溫度應變率為

$$\dot\varepsilon^{T}=\dot{T}A \tag{5-5}$$

式中，$A=a\{1,1,1,0,0,0\}^{T}$，a 為線脹係數，$\dot{T}$ 為溫度隨時間的變化率。因此有

$$\dot\varepsilon=D_{c}^{-1}\dot\sigma+\left(\frac{\mathrm{d}}{\mathrm{d}t}D_{c}^{-1}\right)\sigma+\dot\lambda\,\frac{\partial F}{\partial\sigma}+\dot\varepsilon^{c}+\dot\varepsilon^{T} \tag{5-6}$$

兩邊乘以彈性係數矩陣得

$$\dot\sigma=D_{c}\dot\varepsilon-\dot\lambda D_{c}\frac{\partial F}{\partial\sigma}-D_{c}^{-1}(\dot\varepsilon^{c}+\dot\varepsilon^{T})+\left(\frac{\mathrm{d}}{\mathrm{d}t}D_{c}\right)\varepsilon^{c} \tag{5-7}$$

令屈服條件為:

$$F(\sigma_{ij},\varepsilon^{p}_{ij},T)=0 \tag{5-8}$$

可求出

$$\dot\lambda=\frac{q^{T}D_{c}\dot\varepsilon-q^{T}D_{c}(\dot\varepsilon^{c}+\dot\varepsilon^{T})+q^{T}\left(\frac{\mathrm{d}}{\mathrm{d}t}D_{c}\right)\varepsilon^{c}+\frac{\partial F}{\partial T}\dot{T}}{p^{T}q+q^{T}D_{c}q} \tag{5-9}$$

於是可得增量類型的熱彈塑性的應力應變關係

$$\dot\sigma=[D_{c}-D_{c}q(D_{c}q)^{T}/W](\dot\varepsilon-\dot\varepsilon^{c}-\dot\varepsilon^{T})+[\dot{D}_{c}-D_{c}q(\dot{D}_{c}q)^{T}/W]\dot\varepsilon^{c}-D_{c}\frac{\partial F}{\partial T}\dot{T}/W \tag{5-10}$$

$$W=p^{T}q+q^{T}D_{c}q$$

$$D_{c}=\frac{\mathrm{d}}{\mathrm{d}t}D_{c}q$$

② 熱彈塑性有限元求解法　用有限元法解決熱彈塑性問題，本質上是將非線性的應力應變關係按加載過程逐漸轉化為線性問題處理。因 SLM 成形過程中並無外力作用，所以載荷項實際上是由溫度變化 ΔT 而引起的，將溫度變化 ΔT 分成若干增量載荷，逐漸加到結構上求解。

在構成整個物體的某個單位，在時間為 t 時的溫度為 T，節點外力為 F，節點位移為 δ，應變為 ε，應力為 σ_{0}；在時間為 $t+\mathrm{d}t$ 時，各參數分別變為 $T+\mathrm{d}T$、$\{F+\mathrm{d}F\}^{e}$、$\delta+\mathrm{d}\delta$、$\varepsilon+\mathrm{d}\varepsilon$、$\sigma_{0}+\mathrm{d}\sigma_{0}$。應用虛位移原理，可得[3]

$$\{\mathrm{d}\delta\}^{T}\{F+\mathrm{d}F\}^{e}=\iint_{\Delta V}\{\mathrm{d}\delta\}^{T}[B]^{T}(\{\sigma\}+[D]\{\mathrm{d}\varepsilon\}-\{C\}\mathrm{d}T)\mathrm{d}V$$

$$=\{\mathrm{d}\delta\}^{T}\iint_{\Delta V}[B]^{T}(\{\sigma\}+[D]\{\mathrm{d}\varepsilon\}-\{C\}\mathrm{d}T)\mathrm{d}V \tag{5-11}$$

式中，$[B]$ 為幾何矩陣，與單位幾何形狀有關。

由於在 t 時刻物體處於平衡狀態，所以

$$\{\mathrm{d}F\}^e = \iint\limits_{\Delta V} [B]^{\mathrm{T}} \{\sigma\} \mathrm{d}V \tag{5-12}$$

$$\{\mathrm{d}F\}^e = \iint\limits_{\Delta V} [B]^{\mathrm{T}} ([D]\{\mathrm{d}\epsilon\} - \{C\}\mathrm{d}T)\mathrm{d}V \tag{5-13}$$

$$\{\mathrm{d}F\}^e + \{\mathrm{d}R\}^e = [K]^e\{\mathrm{d}\delta\} \tag{5-14}$$

這裏初應變的等效節點力為

$$\{\mathrm{d}R\}^e = \iint\limits_{\Delta V} [B]^{\mathrm{T}} \{C\}\mathrm{d}T\mathrm{d}V \tag{5-15}$$

單位剛度矩陣為

$$[K]^e = \iint\limits_{\Delta V} [B]^{\mathrm{T}} [D][B]\mathrm{d}V \tag{5-16}$$

按單位處於彈性狀態或塑性狀態，分別用式(5-15) 或式(5-16) 形成的單位等效節點載荷及剛度矩陣，代入總剛度矩陣及總載荷列向量，求得節點位移的代數方程組為

$$[K]\{\mathrm{d}\delta\} = \{\mathrm{d}F\} \tag{5-17}$$

其中

$$[K] = \sum [K]^e \tag{5-18}$$

$$\{\mathrm{d}F\} = \sum (\{\mathrm{d}F\}^e + \{\mathrm{d}R\}^e) \tag{5-19}$$

對於熱彈塑性問題，採用增量切線剛度法求解。增量切線剛度法是在每次加載過程中，按單位所處的應力狀態調整剛度矩陣求得的近似解。為了達到線性化的目的，採用逐漸增加載荷的方法——在一定的應力和應變水平上增加一次載荷。所以有

$$[K]\{\Delta\delta\}_i = \{\Delta F\}_i \tag{5-20}$$

$$\{\Delta F\}_i = \frac{1}{n}\{F\}$$

式中，$\{\Delta\delta\}_i$ 為第 i 次加載所得的位移增量；$\{\Delta F\}_i$ 為第 i 次加載的載荷；n 為正整數。

由於將應力與應變的微分用增量來代替，式(5-20) 中 $[K]$ 僅與加載前的應力水平有關，所以載荷和位移增量為線性關係。這樣就不難求出位移、應變和應力的增量，然後再與第 $i-1$ 次加載後的總位移、總應變和總應力迭加，得到第 1 次加載後的位移、應變和應力總量，並用這個應力進行下次加載計算。

　　以上增量法是在每一個增量求解完後，在進行下一個載荷增量之前調整剛度矩陣與反應結構剛度的非線性變化。但是，純粹的增量不可避免地要隨著每個載荷增量積累誤差，導致結果最終失去平衡。為此，使用牛頓-拉普森（Newton-Raphson）迭代法。在每次求解前，用牛頓-拉普森方法估算出殘差向量（單位應力的載荷與所加載荷的差），然後使用非平衡載荷進行線性求解，並校核收斂性。如果不滿足收斂準則，重新估算非平衡載荷，修改剛度矩陣，求新解。持續這種迭代過程直到問題收斂。

（2）熱應力和應變場分析

　　為了研究成形過程的層間熱應力，模擬 X 方向的單道多層掃描過程，便於觀察由粉末經熔化至凝固的相變過程產生的層間應力分布。所建模型尺寸為 20mm×8mm，層厚為 0.1mm，單位選擇 Solid70 八節點實體單位，完成網格劃分後的有限元模型如圖 5-16 所示。

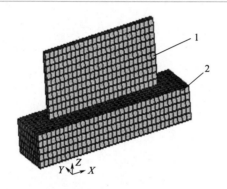

圖 5-16　熱應力應變模型
1—粉末；2—基板

　　在 SLM 成形過程中雷射輻照粉末數毫秒時間內經歷固液、液固的相變。因液態金屬周圍的粉末熱導率低，所以液態金屬與粉末、基板之間的溫度梯度大。溫度變化會引起材料的線應變 $\alpha\Delta T$，在正溫度變化時溫度線應變受到周圍材料約束，材料將受到壓應力作用；在負溫度變化（冷卻過程）時，材料將受到拉應力作用。

　　單道掃描成形軌跡的殘餘應力分布如圖 5-17 所示[4]，表明 SLM 成形層中的殘餘應力分布變化較大。成形層接近熱影響區處的殘餘應力為壓應力，兩側為拉應力。而基底緊鄰熱影響區處受拉伸殘餘應力作用。因此，隨著成形層的累積，熱影響區的壓應力會轉變為拉應力狀態。透過雷射重熔產生的熱處理作用，有利於殘餘應力的釋放。熱應力有限元分析結果如圖 5-18 所示，表明成形層的殘餘

應力為拉應力。因此，SLM 成形過程熱應力有限元分析結果可以證明多層成形過程中熱影響區的初始壓應力狀態逐漸轉變為拉應力狀態。

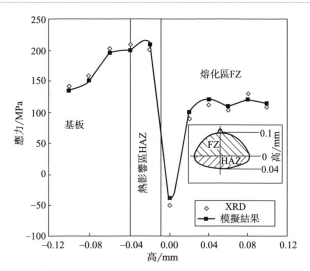

圖 5-17　單道掃描成形軌跡的殘餘應力分布

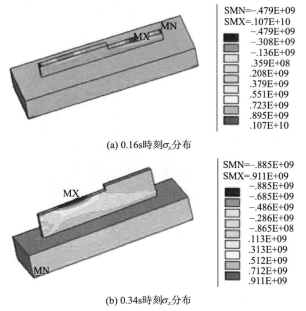

(a) 0.16s時刻σ_x分布

(b) 0.34s時刻σ_x分布

圖 5-18　SLM 成形件應力 σ_x 分布

圖 5-18(a) 中最大拉應力（0.107×10^{10} MPa）與最大壓應力（$0.479 \times$

10^9MPa）存在一個數量級的差別，因此 SLM 成形過程中主要殘餘應力為拉應力。圖 5-18(b) 中最大拉應力值也大於最大壓應力。熔池周圍區域在較大溫度梯度作用下產生較大熱應變，冷卻後同樣產生較大熱應變，因此表現出較大殘餘拉應力。圖 5-19 顯示了因殘餘應力累積致使成形過程中出現與掃描方向垂直的裂紋。模擬結果（圖 5-18）中圖例顯示成形件與基板接觸處殘餘拉應力較大，即存在應力集中現象。圖 5-20 表明 45 鋼和 316L 粉末的 SLM 成形件因與基板接觸處的應力集中作用容易產生開裂或翹曲變形問題。

在 SLM 成形過程中，因層厚增加及熱量的積累效應，成形件的溫度上升，成形過程中溫度梯度會有所減輕，從而有利於降低熱應變及熱應力。

(a) ×50倍

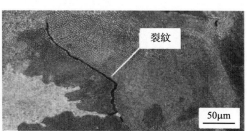

(b) ×200倍

圖 5-19　250目水霧 304L 粉末的 SLM 成形件在應力作用下產生的裂紋

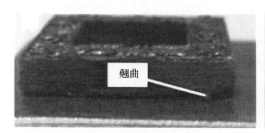

(a) 800目氣霧45鋼粉末成形件

(b) 500目水霧316L粉末成形件

圖 5-20　SLM 成形件在應力集中作用產生開裂或翹曲變形

熱應變場分布情況如圖 5-21 所示。熔池的高溫與周圍形成較大溫度梯度，所以熔池附近的熱變形較大。遠離熔池部分的溫度梯度小，產生的熱應變較小[5]。

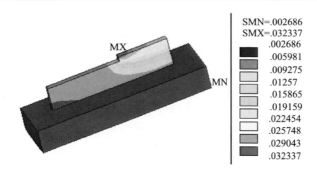

圖 5-21　0.34s 時刻 SLM 成形件熱應變分布

5.3.2　預熱技術

　　一般而言，常見的減少殘餘應力及應變的方法有後處理、使用合適的掃描策略、預熱等。較為常見的減小殘餘應力的方法是對零件進行退火處理，在 SLM 成形結束後，將零件從基板上透過線切割取下，然後放至熱處理爐中在合適的溫度下進行退火處理，可有效地釋放殘餘應力。有資料表明 SLM 成形件在 600℃ 保溫 1h 可有效地釋放殘餘應力。但退火消除殘餘應力的方法有較大的局限性，這種方法僅適用於雷射選區熔化成形過程中零件未開裂的場合，對於已開裂釋放應力的零件而言無法使用。而即時後處理的方法有效地解決了這個問題，它是透過雙雷射器並軌進行預熱及退火處理，兩個雷射器分別為光纖雷射器及二氧化碳雷射器。在雷射選區熔化成形過程中，光纖雷射器用於零件的成形，二氧化碳雷射器進行即時預熱及退火，從而減小溫度梯度，即時釋放殘餘應力。

　　使用不同的掃描策略也會導致不同的成形效果，優化掃描策略也可減少零件開裂傾向。主要是在不同掃描策略下，相鄰掃描線成形時間不同，掃描區域範圍也不同，當掃描區域較大時，相鄰掃描線掃描時間間隔較長，先掃描的線條有較長時間冷卻，造成相鄰掃描線條溫度梯度大，易產生裂紋，而且掃描區域過大，流失的熱量也較多，熔池溫度就越低，潤濕性越差，不利於零件的成形。

　　透過不同溫度下對不同基板及粉末的預熱，可以提高粉末與基板的潤濕性，使溫度梯度趨於一致，減小雷射能量密度的輸入，緩解能量集中現象，使熱量均勻分布於零件及成形粉末，同時成形過程中持續加熱也可即時對加工的零件進行退火，釋放部分殘餘應力，對開裂現象的抑制作用比較明顯，因此透過預熱來提高成形件側壁表面品質，減少基體內的小球顆粒及硬脆化合物，減小甚至消除殘餘應力，達到抑制裂紋產生的作用顯著。透過 SLM 成形前對基板進行預熱，降低熱量的輸入，減少熱量積累，可得到最優雷射能量密度，提高試樣側壁表面品

質。在 SLM 成形過程中加熱，可有效減小溫度梯度，在 SLM 成形結束後保溫及緩冷可釋放試樣中的殘餘應力。

比利時魯汶大學研究了雷射選區熔化成形 M2 高速鋼 HSS 時的裂紋問題，研究表明雷射選區熔化過程中的裂紋及剝落現象由殘餘應力引起，且這種缺陷出現在許多金屬 SLM 成形過程中，嚴重制約著金屬在 SLM 中的應用。透過對基板進行預熱可以形成穩定的溫度場，降低溫度梯度，從而降低甚至消除殘餘應力。試驗表明當預熱溫度在 200℃時，可以獲得無裂紋的 M2 HSS 的 SLM 成形件，且相對緻密度達 99.8%[6]。

為此有研究學者設計了一臺加熱裝置為 SLM 成形過程提供預熱，其產熱部分為陶瓷加熱片，最高加熱溫度達 600℃，並有溫度控制器即時控制溫度，然後在不同的預熱溫度下對近 α 鈦合金進行試驗，分別選定了三組不同預熱溫度進行對比，預熱溫度分別為 150℃、250℃和 350℃，在 SLM 成形過程中加熱裝置會根據溫度反饋進行間斷性的加熱，待 SLM 成形結束後對零件保溫 1h，然後緩慢冷卻，直至室溫。將 SLM 成形的試樣進行鑲樣、拋光，其試樣側壁形貌如圖 5-22 所示，圖 5-22(a)～(c) 分別是預熱溫度為 150℃、250℃和 350℃下成形試樣的側壁形貌。由圖 5-22(a) 可見，在試樣側壁裂紋較多，布滿了整個區間，但由圖 5-22 可明顯地看出隨著預熱溫度的提高，裂紋數量逐漸減少，當預熱溫度升高到 250℃時，如圖 5-22(b) 所示，宏觀裂紋已減少至一條，當預熱溫度升高到 350℃時，如圖 5-22(c) 所示，側壁上裂紋繼續減少，側壁內未發現明顯裂紋。由此可見預熱對裂紋的抑制作用較為明顯[7]。

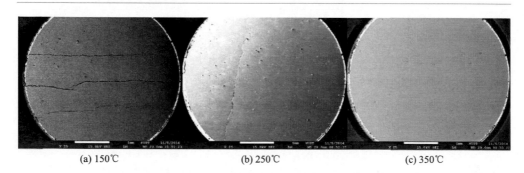

(a) 150℃　　　　　　(b) 250℃　　　　　　(c) 350℃

圖 5-22　不同預熱溫度下的成形試樣

5.3.3　雷射掃描策略 [8, 9]

在雷射選區熔化工藝中，金屬粉末被快速加熱，達到材料熔點，顆粒開始熔化，形成液相熔池，顆粒受表面張力的作用產生移動，密度加大，當雷射束移動

到其他位置後，熔池急劇冷卻，液相溫度下降到凝固點溫度並開始凝固，然後再冷卻到室溫。整個過程中熔化部分與已加工部分以及基板之間存在巨大的溫度梯度，熔池在冷卻過程中的收縮受到已加工部分和基板的約束，不同程度自由收縮，導致掃描層面中的應力形成，而這種應力主要以拉應力為主，同時已加工部分和基板被形成拉應力，這種拉應力稱為殘餘應力。當層面內的殘餘應力超過材料的抗拉強度後，就會把已凝固的或正在凝固的路徑拉斷，產生裂紋。同時殘餘應力和裂紋的產生必然降低層面的強度，當多個層面的同一個方向上的殘餘應力集中到一定程度超過層面間的屈服強度後，就會引起多個層面向上的翹曲，即零件的翹曲變形。

單道掃描時，路徑兩側由於熱傳導開始冷卻，相對於掃描向量方向，兩側所受到的約束較小，收縮能夠自由進行，而沿掃描向量方向，由於熔化持續進行，溫度下降較慢，收縮過程也相對較慢，因此其冷卻受到已冷卻部分的約束，由於掃描向量方向上的尺寸越大，所受到的約束越大，使得沿掃描向量方向殘餘變形最大，從而導致向量方向的殘餘應力最大。不同的掃描方式，掃描路徑的長度不同，長線段由於冷卻後收縮大，殘餘應力大，這種殘餘應力會引起翹曲變形，當殘餘應力超過材料屈服強度後會導致裂紋的產生，而裂紋的產生必然引起強度下降。相反，向量長度短時，殘餘應力小，引起收縮小，不易產生翹曲和裂紋[8,9]。因此掃描方式可影響雷射熔化層面的殘餘應力分布、大小以及變形和裂紋的產生，從而影響到零件的力學性能。雷射選區熔化成形過程中常用的掃描方式有：逐行變向掃描方式、變掃描矢長分塊變向掃描方式、螺旋線掃描方式和環形掃描方式。

（1）逐行變向掃描方式

圖 5-23 所示的逐行掃描方式被廣泛應用於快速成形中，其應用於金屬熔化成形時有如下優勢：該掃描方式易於控制和實現；沿短邊方向掃描時，相鄰兩次掃描的間隔時間短，溫度衰減慢，前一次被掃描熔化的粉末還沒有冷卻凝固，相鄰的掃描又開始，因而相鄰掃描路徑之間溫差較小，同時前一次掃描相當於對後一次掃描的粉末進行預熱，由於掃描間隔時間短，預熱效果明顯，降低了金屬熔化時形成的溫度梯度，減少了內應力，可減少翹曲變形。

但是根據金屬熔化成形的特點分析，該掃描方式應用到金屬熔化成形有以下不足。

① 掃描方向單一　由於採用直線掃描，因此掃描路徑的長度由零件模型決定。零件為矩形或者細長形零件時，沿單一方向上的長度最長。從前面的分析可知，沿掃描路徑在向量方向存在最大拉應力，該掃描方式是沿單一方向長線掃描，因此單一方向上的每條掃描路徑收縮方向相同，容易集中收縮應力，從而產生某一方向的翹曲變形，當殘餘應力大於材料的屈服強度時，將在掃描的垂直方

向上產生裂紋。

② 尺寸精密度不一致　由於金屬熔化冷卻產生膨脹和收縮，單一方向的掃描使該方向的材料在冷卻固化時產生的收縮量最大，而在垂直方向由於沒有掃描路徑，而是路徑的本身寬度，且路徑是互相平行的，因此收縮時產生的收縮量最小，因此在兩方向上的收縮量不同，必然導致加工後零件的尺寸精密度不一致。

③ 組織均勻性差　掃描方向上的掃描路徑長度遠大於垂直方向上的掃描路徑長度，因此從宏觀上看，兩個方向的組織結構有不同，使得零件的組織均勻性差，從而導致零件在兩個方向上的力學性能有很大的差異，以至於影響加工後零件的整體力學性能。

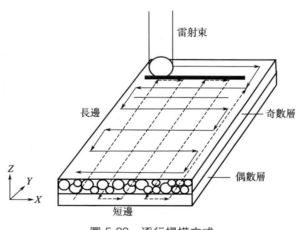

圖 5-23　逐行掃描方式

（2）變掃描矢長分塊變向掃描方式

圖 5-24 為變掃描矢長分塊變向掃描方式，該種掃描方式把掃描區域預先劃分為若干個小方塊，每個小方塊的尺寸大小相同，在掃描時，採用每個小方塊單獨熔化成形後，再轉移到其他小方塊掃描，直到劃分的所有小方塊掃描完成。在每個小方塊單獨掃描時，一般採用逐行掃描方式。但相鄰的小方塊逐行掃描方向互相垂直，以保證相鄰掃描方向斷開。所有小方塊的掃描順序一般非有序選擇，即先任選一個小方塊掃描，待該方塊掃描完成後，再從剩下的所有方塊中任選一個掃描，這樣依次選擇完所有小方塊為止。

該種掃描方式避免了逐行掃描方式中掃描路徑方向單一和尺寸精密度不一致的不利之處，保證每一熔化區域都是短邊掃描。但是若以每一小方塊為基本單位來看，當切片形狀細長時，容易出現方向和方向的基本單位數目不一致，且所有基本單位無法透過掃描熔化形成一個掃描層整體，單位之間沒有任何應力和約

束，每個單位內部的收縮容易造成單位的接縫處出現裂紋現象，引起整體組織均勻性差的後果。

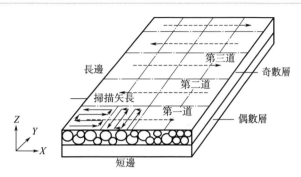

圖 5-24　變掃描矢長分塊變向掃描方式

（3）螺旋線掃描方式

圖 5-25 為螺旋線掃描方式，螺旋線掃描方式是對分區掃描方式的進一步優化：各向同性，大量降低翹曲變形，提高零件的成形精密度，成形效率高。

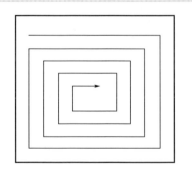

圖 5-25　螺旋線掃描方式

　　當分析加工過程中加工層面的內應力時，必須以某一方向上的內應力來計算。當掃描向量方向與應力向量方向一致時，金屬熔化冷卻所引起的內應力最大；當掃描向量方向與應力向量方向垂直時，內應力最小。如對於逐行掃描方式，沿平行 X 軸方向的路徑最長，該方向的內應力最大，但是沿 Y 方向統計內應力時，若掃描路徑之間沒有重疊，則該方向掃描路徑長度最小，該方向內應力最小。

　　如採用逐行或螺旋掃描方式計算矩形形狀層面時，其路徑均以光柵形式分布，產生的殘餘應力稱為拉應力，如圖 5-26 所示。

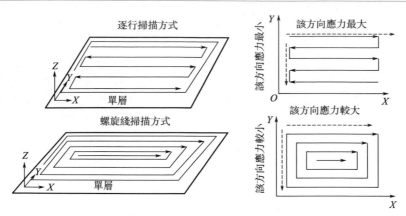

圖 5-26　平行於掃描路徑方向會產生沿掃描方向的殘餘應力

　　當沿著一定的圓弧進行掃描熔化時，由於掃描路徑有一定的熔化寬度，不僅沿掃描路徑的平行方向上產生殘餘應力，在垂直於掃描路徑方向也會產生殘餘應力，因此掃描區域是一個環形區域且掃描路徑方向也為環形時，則此垂直掃描路徑方向的殘餘應力指向圓心，這個殘餘應力稱為彎曲應力。如採用螺旋掃描方式計算圓形層面的掃描路徑時，其路徑就為環形形狀，容易產生彎曲應力。而利用逐行掃描計算路徑時，其路徑仍為光柵形狀沒有彎曲應力產生，如圖 5-27 所示。

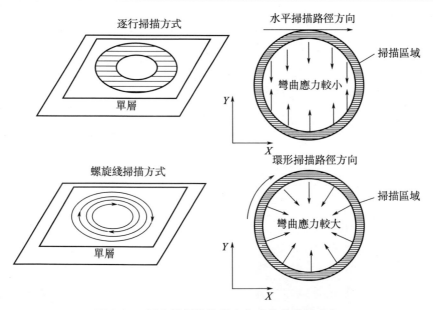

圖 5-27　垂直於掃描路徑方向產生的殘餘應力

（4）環形掃描方式

　　環形掃描方式在切片的輪廓區域範圍內不斷以給定的半徑沿圓弧路徑掃描，每掃描一圈，半徑的長度增加一個掃描間距，在掃描過程中路徑以固定角速度作圓周運動，同時其線速度大小不變，但方向不斷改變，這個方向即圓周的切向量方向。因此在任意一個線（切）向量方向上，由於金屬熔池引起的收縮內應力分散在圓弧路徑方向上，減少了沿雷射束運動方向（線向量方向上）翹曲變形的可能性。同逐行掃描方式相比，環形掃描方式的掃描長度在某一固定向量方向上距離最短，理論上距離為 0，因此在相同收縮率情況下，收縮量小，可以提高熔化後成形件輪廓的精密度。

　　環形掃描方式減少了加工層面掃描方向上的應力收縮，對於簡單形狀如塊形、四面體以及切面逐層減少的零件，沿掃描方向的翹曲變形明顯減少，但環形掃描方式在減少直線掃描方向的翹曲變形同時卻增加了向心方向的收縮應力，當向心收縮應力增加到一定程度時易引起四周向中間凸起的翹曲變形，我們稱這種變形為環形翹曲，如圖 5-28 所示[10]。

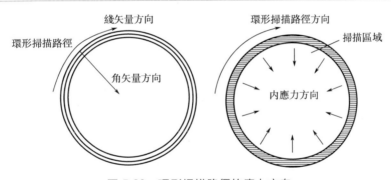

圖 5-28　環形掃描路徑的應力方向

　　除了上述幾種掃描方式，條狀掃描也經常被應用到零件生產當中，如圖 5-29 所示。雷射按照不同長度的矩形在成形截面內熔化金屬粉末，有效提高了成形效率。

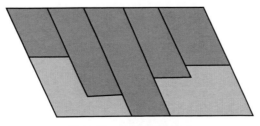

圖 5-29　條狀掃描方式

參考文獻

［1］ 趙曉. 雷射選區熔化成形模具鋼材料的組織與性能演變基礎研究[D]. 華中科技大學，2016.

［2］ 呂和祥，蔣和洋. 非線性有限元. [M]. 北京：化學工業出版社，1992.

［3］ 吳長春. 冶金熱力學. [M]. 北京：機械工業出版社，1991.

［4］ Labudovic M., Hu D., Kovacevic R. A three dimensional model for direct laser metal powder deposition and rapid prototyping［J］. Journal of Materials Science，2003，38（1）：35-49.

［5］ 章文獻. 選擇性雷射熔化快速成形關鍵技術研究[D]. 武漢：華中科技大學，2008.

［6］ Kempen K, Thijs L, Vrancken B, et al. Producing crack-free, high density M2 HSS parts by Selective Laser Melting: Pre-heating the baseplate［J］. Utwired. engr. utexas. edu，2013.

［7］ 張潔，李帥，魏青松，等. 雷射選區熔化Inconel 625 合金開裂行為及抑制研究[J]. 稀有金屬，2015，39（11）：961-966.

［8］ Zhang W, Shi Y, Liu B, et al. Consecutive sub-sector scan mode with adjustable scan lengths for selective laser melting technology[J]. International Journal of Advanced Manufacturing Technology，2009，41（7-8）：706.

［9］ 劉徵宇，賓鴻贊，張小波，等. 生長型製造中掃描路徑對薄層殘餘應力場的影響[J]. 中國機械工程，1999，10（8）：848-850.

［10］ 錢波. 快速成形製造關鍵工藝的研究 [D]. 武漢：華中科技大學，2009.

第6章

製件的組織及性能

6.1 製件的微觀組織特徵

6.1.1 鐵基合金組織

鐵基合金（Iron base alloys）是一種使用量大且應用範圍廣泛的硬麵材料，其最大的特點是綜合性能良好，使用性能範圍較寬，而且材料價格低廉。目前使用金屬粉床雷射增材製造技術成形的鐵基合金材料主要包括 304L 不鏽鋼[1]、316L 不鏽鋼[2]、AISI 420 不鏽鋼和 FECR24NI7SI2 奧氏體耐熱鋼等[3]。

（1）304L 不鏽鋼

圖 6-1(a) 和圖 6-2 （a）為 SLM 成形 304L 不鏽鋼製件的掃描電子微觀組織（SEM）。圖 6-1(b) 和圖 6-2(b) 為被測點的能量色散光譜圖，結果表明：SLM 成形 304L 不鏽鋼製件的顯微組織為柱狀和纖維狀的奧氏體[1]。

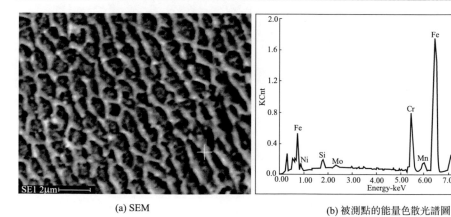

(a) SEM

(b) 被測點的能量色散光譜圖

圖 6-1　SLM 成形 304L 不鏽鋼製件 SEM 圖及晶界能譜圖[1]

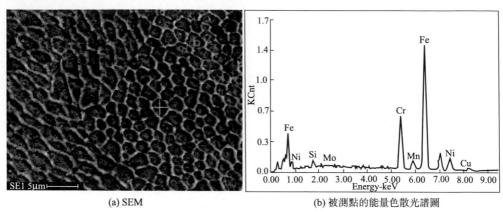

(a) SEM　　　　　　　　(b) 被測點的能量色散光譜圖

圖 6-2　SLM 成形 304L 不鏽鋼製件 SEM 圖及晶粒能譜圖[1]

（2）316L 不鏽鋼

　　圖 6-3 為 SLM 成形 316L 不鏽鋼低倍顯微組織形貌。製件的緻密度較高，試樣內部沒有觀察到明顯的氣孔、裂紋等宏觀缺陷；此外，可以清晰地看到雷射熔覆道之間相互搭接的軌跡所形成的魚鱗狀邊界。可見，在合適的成形工藝條件下，利用 SLM 技術可以成形出近緻密的 316L 不鏽鋼製件[2]。

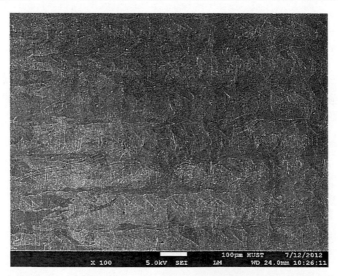

圖 6-3　SLM 成形 316L 不鏽鋼低倍微觀組織形貌（SEM）[2]

　　由於 SLM 製件是由線到面、由面到體逐步成形的，製件內部的顯微組織往

往具有明顯的取向性。圖 6-4 所示為 SLM 成形的 316L 不鏽鋼在不同觀察面內的典型微觀形貌。從圖中可以看出，試樣經輕微腐蝕後，具有明顯的「道-道」搭接晶界。圖 6-4(a) 所示為 X-Y 平面內的微觀形貌，可看到同一層內相鄰熔覆道之間的搭接邊界。此外，在熔覆道內主要為垂直熔覆道生長的柱狀晶，在熔覆道的搭接區域存在明顯的轉向枝晶。圖 6-4(b) 所示為 Y-Z 平面內的微觀形貌，從圖中可看到同一層內相鄰熔覆道之間的搭接邊界，以及層間相鄰熔覆道間的搭接邊界，晶粒主要呈現外延生長的特性。同時，也可以明顯觀察到上下熔覆道疊加所形成的魚鱗狀紋路，一個魚鱗紋即一條熔覆道，無數熔覆道反復循環，最終形成了緻密的 SLM 製件。可見，SLM 成形的 316L 不鏽鋼製件內部具有顯著的規律性熔覆道邊界[2]。

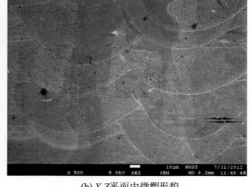

(a) X-Y平面內微觀形貌   (b) Y-Z平面內微觀形貌

圖 6-4   SLM 成形的 316L 不鏽鋼的典型形貌（SEM）[2]

圖 6-5 所示為 Y-Z 平面內熔覆道中的微觀組織，熔覆道內的細小柱狀晶呈現出顯著的外延生長特性。從圖 6-5(a) 可以看到熔覆道疊加所形成的魚鱗狀紋路，圖 6-5(b) 顯示其內部具有外延生長的枝晶。一個魚鱗紋即一條熔覆道，即在 SLM 過程中，前一個光斑形成的熔池凝固所產生的枝晶在後一個光斑加熱冷卻過程中繼續生長，如此反復循環，使枝晶不斷生長。這是由於，在 SLM 成形過程中，熱量的傳輸依賴於相鄰凝固的熔池並向後傳遞（與雷射移動方向相反）。因而，無論是熔覆道內還是熔覆道之間，晶體生長方向都是沿著最大的散熱方向（與熔覆道邊界垂直），並且晶體生長方式是以該熔化邊界為基底的非均勻形核。在熔覆道中，熔池中的熱量主要透過已凝固的熔覆道和基體底部向下擴散，在平行於掃描方向即垂直於熔池平面方向，有較大的過冷度。而熔池中液態金屬凝固時，晶粒沿著溫度梯度較大的方向擇優生長，因此形成瞭如圖 6-5 所示的具有明

顯取向的晶粒[2]。

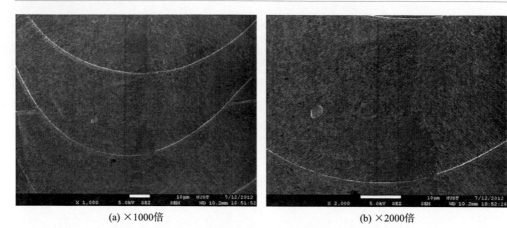

(a) ×1000倍　　　　　　　　　　　　(b) ×2000倍

圖 6-5　Y-Z 平面內熔覆道剖面的微觀組織形貌（SEM）[2]

　　圖 6-6 所示為熔覆道中心不同觀察面上的微觀組織形貌，可以看出，不同平面上的顯微組織表現出完全不同的形貌。圖 6-6(a) 所示為平行於熔覆道方向的微觀組織形貌，其主要為粒徑約為 $0.3\mu m$ 的胞晶組織。圖 6-6(b) 所示為垂直於熔覆道方向的微觀組織形貌，其主要為粒徑約為 $0.3\mu m$ 的柱狀晶，且具有明顯的方向性。顯然圖 6-6(a) 中的胞狀晶是圖 6-6(b) 中柱狀晶的截面，可見熔池內部的晶粒取向呈現出顯著的方向性[2]。

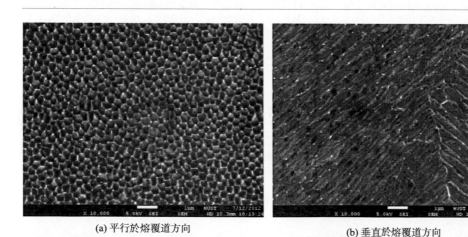

(a) 平行於熔覆道方向　　　　　　　　　(b) 垂直於熔覆道方向

圖 6-6　熔覆道中心不同觀察面上的微觀組織形貌（SEM）[2]

（3） AISI 420 不鏽鋼

420 不鏽鋼是一種馬氏體型不鏽鋼，具有一定耐磨性、抗腐蝕性及較高的硬度。

圖 6-7 為採用不同 SLM 工藝成形的 420 不鏽鋼製件 X-Y 平面（掃描平面）的微觀組織形貌，其中箭頭所指方向表示雷射掃描方向。從圖中可以看出 4 種工藝參數成形的試樣微觀組織相似，試樣接近全緻密。但如圖 6-7(a) 中圓圈所示，使用 120W 雷射功率成形的試樣存在一些微孔和微裂紋。孔隙形狀不規則（＜5μm），可能與局部潤濕不足有關，而微裂紋是由於 SLM 過程中的熱應力造成的。從圖中可以看到多層加工後熔化道搭接情況比單層掃描更加紊亂。由於此次採用的雷射能量密度比較接近，成形件緻密度都超過 99％，可見雷射功率對微觀組織的影響並不明顯。圖 6-8 為採用 120W 雷射功率成形試樣的 X-Z 平面（堆積方向）的微觀組織形貌，圖中呈現出 SLM 製件典型的魚鱗狀形貌，半圓形的熔池邊界（Molten Pool Boundary，MPB），說明成形過程中，層與層之間良好的重熔和搭接。同時，X-Z 平面的微觀組織也觀察到了微裂紋和孔隙，其中，微裂紋更容易出現在熔池邊界處 ［圖 6-8(b)］[3]。

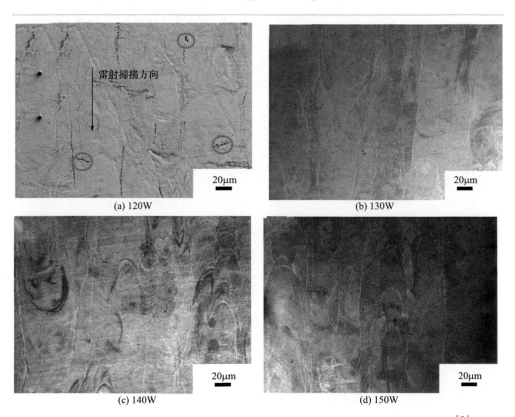

圖 6-7　不同雷射功率下 SLM 成形 420 不鏽鋼製件 X-Y 平面的微觀組織形貌 [3]

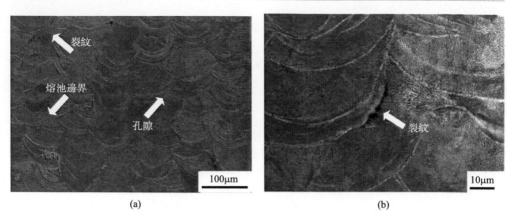

(a)

(b)

圖 6-8　使用 120W 雷射功率 SLM 製件 X-Z 平面的微觀組織[3]

圖 6-9(a)　為放大 400 倍時的微觀組織形貌，由於在 SLM 成形過程中，金屬

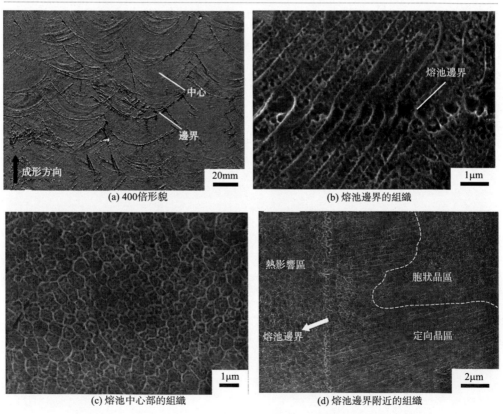

(a) 400倍形貌

(b) 熔池邊界的組織

(c) 熔池中心部的組織

(d) 熔池邊界附近的組織

圖 6-9　使用 140W 雷射功率下 SLM 製件 X-Z 平面的微觀組織[3]

的冷卻凝固方式為逐道逐層，可清晰地看到微熔池的搭接邊界，呈現出魚鱗紋外觀，其形狀特徵剛好符合雷射束能量高斯分布的特點。雷射在當前掃描層重熔上層，沿高度方向形成了圖 6-9(a) 中的熔池邊界。圖 6-9(b) 為圖 6-9(a) 中熔池邊界處的微觀組織，圖 6-9(c) 為圖 6-9(a) 中熔池中心部位的微觀組織，圖 6-9(d) 為熔池邊界附近的微觀組織。從圖中可以看出，熔池內部、邊界組織形貌存在很大的差異。與傳統製造的 420 不鏽鋼相比，SLM 成形件的晶粒十分細小，晶粒尺寸小於 $1\mu m$。熔池內部晶粒為細小的胞狀晶，熔池邊界晶粒比熔池內部晶粒更小，並呈現出定向結晶。圖 6-9(b) 中的虛線箭頭為晶粒的生長方向。從圖 6-9(d) 可以清晰地看到在熔池邊界處存在不同的區域，包括熱影響區（Heat Affected Zone，HAZ）、胞狀晶區和定向晶區。在熱影響區內，由於 SLM 過程中週期性的熱作用造成晶粒長大，定向晶區從熔池邊界處開始沿熱量散失的方向生長，而在熔池內部由於快速冷卻形成胞狀晶區[3]。

（4）FECR24NI7SI2 奧氏體耐熱鋼

圖 6-10(a) 為試樣垂直雷射掃描方向橫截面（X-Y 面）的微觀組織形貌圖，圖中可以看到幾道相鄰熔池搭接的情況，熔池呈現出週期魚鱗狀波動，主要受移動雷射束能量高斯分布及液固界面潤濕特性的影響。在熔池邊界處和內部均存在微裂紋，微裂紋成蛇形擴展開裂，同時還有很多微裂紋的晶界。圖 6-10(b) 為試樣平行於生長方向縱截面的微觀組織電鏡圖片，其中黑色箭頭標明瞭熔池邊界，熔池由下向上堆積，縱向相鄰兩條熔池有部分區域重熔，呈現規則的鱗片狀結構，且鱗片狀結構排布均勻，水平與豎直方向排布整齊無明顯偏移，相鄰兩條熔池的高度差為 $20\sim40\mu m$。對比不同截面的微觀形貌，發現橫截面的微裂紋數量遠多於縱截面微裂紋數量，說明裂紋傾向於沿著水平方向擴展[3]。

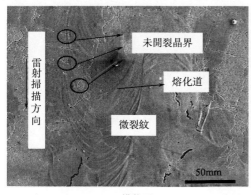

(a) 橫截面　　　　　　　　　　　　　　(b) 縱截面

圖 6-10　成形試樣微觀組織形貌[3]

　　圖 6-11 為成形試樣微觀組織的高倍 SEM 圖片。如圖 6-11(a) 所示，在成形件橫截面內可觀察到 SLM 成形件晶粒十分細小，晶粒尺寸小於 $1\mu m$，圖中的箭頭為大角度晶界，圖中左下部和右上部的組織為柱狀晶，且有明顯的生長取向差異。圖 6-11(b) 為圖 6-11(a) 中右上部組織的放大圖，可以看出在晶粒中析出了白色第二相，該析出物為奈米級顆粒狀，且部分區域析出相連接成線狀。圖 6-11(c) 為試樣縱截面靠近熔池邊界位置的微觀組織形貌，白色曲線標記為熔池邊界，在熔池邊界兩側晶粒生長取向基本一致。箭頭表示不同位置晶粒生長方向，可以看出晶粒生長方向大致為熔池邊界法向方向，微熔池重熔後結晶表現出「外延生長」的特徵，晶粒沿熱量散失最快的方向生長。從圖 6-11(d) 中觀察到圖 6-11(b) 所示的第二相析出物，析出物主要呈顆粒狀分布[3]。

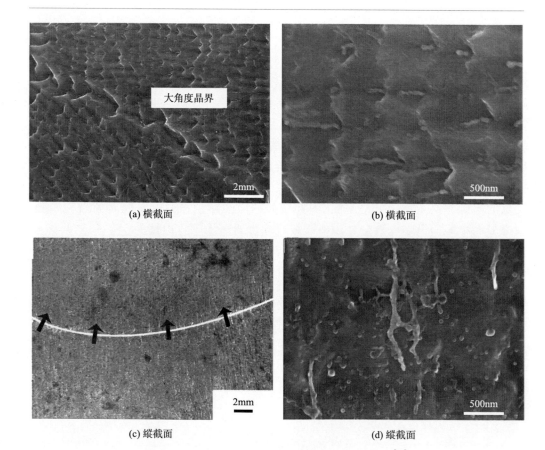

(a) 橫截面 　　　　　　　　　　　 (b) 橫截面

(c) 縱截面 　　　　　　　　　　　 (d) 縱截面

圖 6-11　1 號成形試樣微觀組織高倍 SEM 圖片[3]

6.1.2　鈦基合金組織

按照亞穩狀態下的相組織和 β 相穩定元素的含量進行分類，可將鈦合金分為 α 型、α＋β 型和 β 型鈦合金三大類，進一步可細分為近 α 型和亞穩定 β 型鈦合金。鈦合金的基本組織是密排六方的低溫 α 相和體心立方的高溫 β 相。除了少數穩定的 β 型鈦合金之外，體心立方的高溫 β 相一般都無法保留到室溫，冷卻過程中會發生 β 相向 α 相的多晶轉變，以片狀形態從原始 β 晶界析出。因此，鈦合金中片狀組織由片狀 α 與片狀 α 之間的殘餘 β 相構成，即 β 轉變組織。

（1）α 型鈦合金

α 型鈦合金主要含有 α 穩定元素和中性元素，在退火狀態下一般具有單相 α 組織，β 相轉變溫度較高，具有良好的組織穩定性和耐熱性。

TA2（工業純鈦）具有良好的耐蝕性能、力學性能和焊接性能，在船艦、化工等諸多領域有重要的應用。使用雷射增材製造技術製造 TA2/TA15 梯度結構材料時，由於 TA2 高溫停留時間長，TA2 鈦合金顯示出魏氏 α 板條結構的近等軸晶粒。冷卻時，α 相首先從 β 晶界析出，α 板條結構從原奧氏體晶界轉移到晶粒中，相同取向的初始 α 相逐漸生長直到整個 β 晶粒轉變為 α 相。當不同取向的 α 相相遇時，就形成了不規則的鋸齒形邊界。因為在界面處沒有殘留的 β 相，所以很難區分單個 α 板條結構[4]。

（2）近 α 型鈦合金

近 α 型鈦合金中含有少量 β 穩定元素，退火後組織中形成少量 β 相或金屬間化合物。

作為金屬近淨成形製造技術，雷射沉積具有很大的應用潛力，在鈦合金航空航太領域受到高度關注。TC2（Ti4Al1.5Mn）作為一種中等強度的近 α 型鈦合金，其體積分數和 α、β 相形態等微觀結構特徵可以透過在 α＋β 相區域中進行熱處理改變。雷射沉積的 TC2 合金包含 α 板條結構和不超過 10％β 的片層魏氏組織。在合金的微觀組織中，可以發現較大的原始 β 晶粒和較小的 α 相。粗大的原始 β 晶粒晶界清晰完整，且在晶粒內部存在細長平直、互相平行的片狀 α 相[5]。

（3）α＋β 型鈦合金

α＋β 型鈦合金又稱為馬氏體 α＋β 型鈦合金，合金中同時加入 α 穩定元素和 β 穩定元素，α 相和 β 相都得到強化，具有優良的綜合強度，適用於航空結構件等。退火組織為 α＋β 相。

TC4（Ti6Al4V）是應用最廣泛的 α＋β 型中強鈦合金，具有優異的綜合力學性能，使用溫度範圍較寬，合金組織和性能穩定，作為醫用人工關節材料，具

有生物相容性好、綜合力學性能優異、耐腐蝕能力強等優點,因此被廣泛應用於醫療領域。圖 6-12 所示為多孔植入物表面 SEM 和 SLM 成形鈦合金的微觀形貌圖,圖 6-12(a) 為多孔植入物表面 SEM 圖,圖 6-12(b) 為 SLM 成形鈦合金的微觀形貌。觀察 SLM 成形的鈦合金植入物〔圖 6-12(a)〕,可以發現多孔結構中的顆粒由部分熔融的原始粉末顆粒引起,顯著增加了樣品的表面粗糙度,可促進骨整合,多孔植入物的粗糙表面形貌將提高其作為骨向內生長結構的性能。由於 SLM 工藝的快速冷卻(大於 10^3K/s),β 相中固溶的 V 原子無法擴散出單位晶胞,因此轉變為 α 相。在室溫下,採用增材製造技術製作的 TC4 合金保留了大量的高溫針狀 β 相,馬氏體相成為主要微觀組織。然而,馬氏體轉變是一種無擴散轉變,原子無法隨機或按序列穿過界面,新相(馬氏體)將繼承其初始相的化學組成、原子順序以及晶體缺陷。

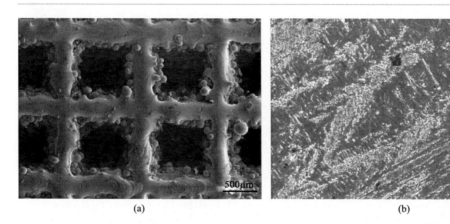

(a)　　　　　　　　　　　　　　(b)

圖 6-12　多孔植入物表面 SEM 和 SLM 成形鈦合金的微觀形貌[2]

高強 α+β 型鈦合金的典型代表還有 TC17(Ti5Al2Sn2Zr4Mo4Cr),適合於製造航空發動機整體葉盤、轉子和大截面鍛件。雷射沉積成形 TC17 合金的典型微觀組織由外延生長的柱狀 β 晶粒組成,冷卻過程中,隨著 α+β 相場溫度降低,α 相體積分數增加,在 β 基體中析出的 α 相顯示出複雜的特徵,在合金的不同部位可以觀察到具有不同形態的初生 α（$α_p$）、次生 α（$α_s$）和馬氏體 α′ 組織。

(4) 亞穩定 β 型鈦合金

TB6(Ti10V2Fe3Al)這類亞穩定 β 型合金在退火或固溶狀態具有非常好的工藝塑性和冷成形性,焊接性能良好。雷射直接沉積成形 TB6 合金的顯微組織主要由細長條狀的 α 相和原始 β 相組成,晶粒晶界明顯,等軸晶晶粒大小不等,晶粒內部則是鑲嵌在原始 β 相上的細小的 α 相。在沉積過程中,初始幾層基體溫度低,熔池冷卻速度高,易於形成細小的等軸晶粒;隨著沉積層數的增加,基體

溫度逐漸升高，熔池冷卻速率降低，晶粒容易長大，且在沉積下一層時，已沉積層中會出現熱影響區，也會促使相的長大及晶粒的長大。

（5）β 型鈦合金

這類合金在退火後全為穩定的單相 β 組織。目前穩定 β 型鈦合金很少，只有耐蝕材料 TB7（Ti32Mo）、阻燃鈦合金 Alloy C（T35V15Cr）和 Ti40（Ti25V15Cr0.2Si）。

6.1.3 鎳基合金組織

（1）鎳基合金簡介

高溫合金是指通常用於 540℃溫度以上的合金，廣泛用於航空工業零件、海洋/燃氣渦輪機、核反應器、石油化工廠、醫學牙齒構件等。高溫合金長時間暴露在 650℃以上還可以保持自身大部分性能不發生變化，同時擁有良好的低溫韌性和抗氧化性能。

高溫合金按照基體元素分為鎳基、鐵基及鈷基高溫合金。鎳基高溫合金強化主要有兩種方式，兩種方式主要由元素種類及含量決定，圖 6-13 所示為鎳基高溫合金按元素分類體系圖。第一種鎳基高溫合金主要依靠金屬間化合物沉澱在面心立方結構矩陣中對合金進行加強，稱之為沉澱強化，代表合金如 Inconel 718。另一種鎳基高溫合金代表是 Hastelloy X 和 Inconel 625 等，它們本質上是一種固溶體合金，元素固溶後會對基體起到強化作用，同時也可能透過一些後續處理引發碳化物沉澱而產生強化作用[6]。

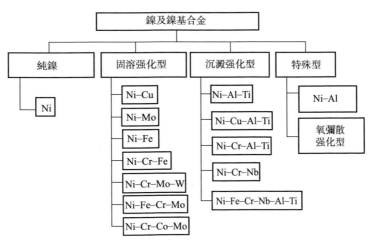

圖 6-13　鎳基高溫合金分類[7]

　　鎳基高溫合金含有大量的 Nb、Mo、Ti 等強化元素，因此冶煉加工、機加工等工序由於這些合金化元素較多變得非常複雜，並且加工難度很大。目前存在的主要問題如下：①常規鑄造偏析嚴重，有害相會造成組織性能的缺陷。由於高溫合金的合金元素種類很多，有些可能多達 20～30 種，合金的飽和度很高。②機加工難度大，容易產生加工硬化。成形件機加工特別困難，需要特殊的刀具，並且刀具的磨損速度很快。另外隨著航空發動機對推重比的要求越來越高，燃燒室的溫度也越來越高，渦輪葉片內部需要設計大量的冷卻流道，外形也越來越複雜，傳統技術手段已很難滿足要求。因此，利用新型技術製造此類合金有一定的實際應用需求。在一系列新技術當中，增材製造技術被認為是最有發展前景的技術之一。由於該技術特殊的工藝特點，成形過程中冷卻速度快，有效避免了元素的偏析；層層疊加型的製造方式可以使得製造零件突破幾何形狀的限制；可以少/無加工餘量。關於增材製造技術成形鎳基高溫合金，海內外已經進行了大量的研究，積累了大量的實驗數據，為該技術的實際應用提供了很好的指導作用[7]。

（2）SLM 成形鎳基合金

　　目前研究較多的 SLM 鎳基合金主要有 Inconel 625、GH4169、Inconel 718 及 Waspaloy 合金等，研究內容包括：SLM 成形過程中工藝參數對製件品質的影響、熔凝組織的形成規律與控制、熱處理工藝對組織的影響以及成形材料力學性能等基礎研究。

　　① Inconel 625　圖 6-14 為光鏡下 SLM 成形 Inconel 625 製件水平截面（XY 面）和豎直截面（XZ 面）的微觀形貌。從圖中可以清晰地看到被雷射熔化時的熔池邊界，橫截面反映了道與道搭接成形的一層熔池形貌，縱截面顯示了層與層之間沉積而形成的 U 形熔池邊界[7]。

 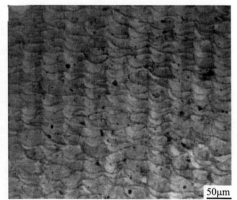

80μm

(a) 水平截面(XY面)

50μm

(b) 豎直截面(XZ面)

圖 6-14　光鏡下熔池形貌[7]

　　SLM 成形 Inconel625 高溫合金的組織為細長柱狀晶。進一步對兩個不同截面進行觀察，圖 6-15(a) 為豎直截面上低倍微觀組織，可以明顯看出層層疊加製造的熔池痕跡；圖 6-15(b) 是高倍圖，圖中柱狀枝晶尺寸在 $0.5\mu m$ 左右，組織細小，未發現二次枝晶，並且有穿越層層邊界的現象。SLM 成形過程中的熔池有它獨特的傳熱特徵，整個過程是層層疊加型的製造方式，材料也是一層接著一層凝固的，最底層材料最先凝固。每一層熔池凝固順序也是由最底部向上部進行，熔池中金屬從固相基底外延生長，表現出了典型的柱狀生長的特點。這種組織產生的原因是冷卻速度及溫度梯度都比較大，結晶主幹彼此平行沿著熱量散失的反方向生長，側向生長完全被抑制，故沒有二次枝晶的出現。下一層掃描後新

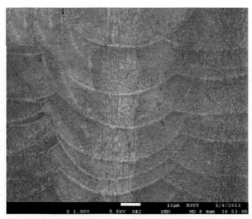

(a) 低倍下縱截面微觀組織

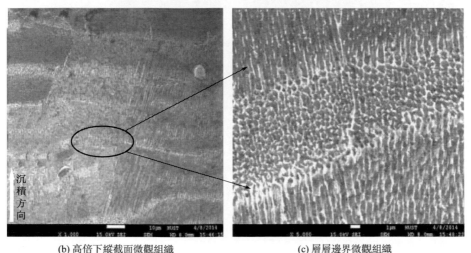

(b) 高倍下縱截面微觀組織　　　　　　　(c) 層層邊界微觀組織

圖 6-15　縱截面微觀組織[7]

的柱狀組織在原有的組織基體上繼續生長，因此形成了穿越晶界的組織形貌。圖 6-15(c) 是層與層結合處的微觀組織放大圖，此處晶體形態不再是柱狀晶形態而是胞狀晶形態，雷射熔化每一層粉末過程中，熔池底部溫度梯度 G 大，凝固速度 v_S 小，G/v_S 大，因此容易出現平面晶生長，隨著凝固的進行，G/v_S 的比值下降，結晶體從平面晶生長轉變為胞狀晶生長[7]。

　　圖 6-16(a) 為低倍下橫截面微觀組織形貌。橫截面不同位置的冷卻速率和溫度梯度不同，微觀組織也有所不同。選取兩塊區域進行分析。1 號區域為道與道之間搭接區域，雷射光斑直徑約為 $90\mu m$，掃描間距為 $70\mu m$，也就是搭接的區域大小為 $10 \sim 20\mu m$，如圖 6-16(b) 所示。2 號區域為大部分未搭接的區域，微觀組織如圖 6-16(c) 所示。整個水平截面組織各個區域有著不同的形貌，未搭接處組織呈現為胞狀組織，組織細小，胞狀晶直徑約為 $0.5\mu m$[7]。

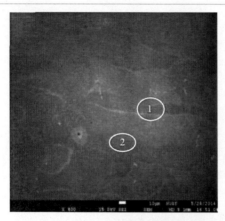

(a) 低倍下橫截面微觀組織

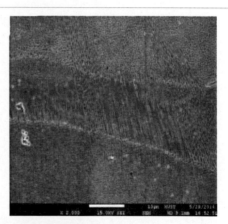

(b) 搭接處組織

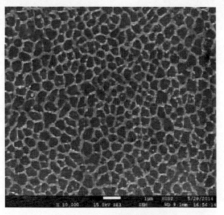

(c) 高倍下橫截面微觀組織

圖 6-16　電鏡下橫截面微觀組織[7]

搭接區域會出現部分樹枝晶形貌，晶體生長形態主要跟成分過冷、溫度梯度和生長速度相關。搭接區域被雷射束熔化作用了兩次，與受雷射作用一次的其他區域相比熱量積累會很大，搭接區域附近的凝固速度 R_S 變小。由於 R_S 的相對減小，原先晶體生長形態由胞狀晶結構轉變為胞狀樹枝晶或者柱狀樹枝晶。搭接區域也有胞狀晶產生，這是因為 SLM 過程中晶體凝固速度基本達到快速凝固速度的範疇，速度較快，可以超過 $10^6 K/s$，此區域溫度梯度的影響力不是主導作用，所以搭接處組織並不全是樹枝晶形態[7]。

從上面兩個截面微觀組織可以看到 SLM 製件合金組織跟常規合金組織相比，晶粒的細化程度更高，這是因為 SLM 成形過程中具有週期性快速加熱和快速冷卻的特點，凝固速度已經達到了快速凝固的速度範疇，熱傳遞、熱傳質及凝固時候液固界面的局域平衡也不再適用，組織結構顯著細化，凝固過程偏離平衡，使得組織固溶極限能力變強，從而改善了普通凝固速度下容易形成偏析的弊端[7]。

② GH4169　鎳的制法有：a. 電解法，將富集鎳的硫化物礦焙燒成氧化物，用碳還原成粗鎳，再經電解得純金屬鎳；b. 羰基化法，將鎳的硫化物礦與一氧化碳作用生成四羰基鎳，加熱後分解，得到純度很高的金屬鎳。相應的粉末形態如圖 6-17 所示[8]。

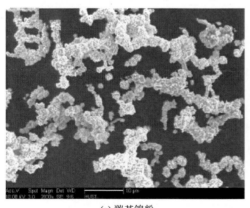

(a) 羰基鎳粉

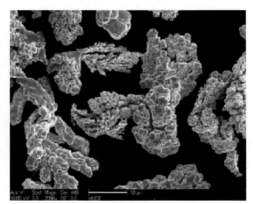
(b) 電解鎳粉

圖 6-17　原料粉末形貌[8]

羰基鎳和電解鎳在相同的工藝參數下的成形效果有很大的不同，如圖 6-18 所示。羰基鎳相對於電解鎳成形軌跡更連續，潤濕角更小 [圖 6-18(a)]，這是由於羰基鎳熱解法獲得的鎳粉比電解法得到的鎳粉具有純度高、粒度小、比表面大及活性高等優點。其次，由於基板為鐵基，鐵的原子半徑與鎳相似，屬同一週期，兩者固溶度比較高，兩者的固液潤濕角也相對比較小，因此純鎳更容易鋪展

開，形成連續的掃描軌跡線。而對於純度稍差的電解鎳，由於少量雜質的存在，粉末在熔化及凝固的過程中，雜質元素 Fe、Zn、Cu 等在高溫情況下易與 O_2 發生反應，而且凝固時會因為其密度的不同在熔池的上表面或下表面析出，使金屬液滴表面張力變大，球化傾向增大，與基板的潤濕性變差［圖 6-18(b)］[8]。

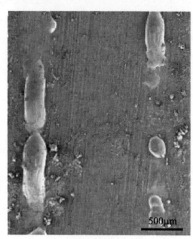

(a) 羰基鎳粉　　　　　　　　　　　　(b) 電解鎳粉

圖 6-18　羰基鎳與電解鎳在相同工藝參數下的掃描軌跡[8]

可見，金屬粉末的物化性質決定了最終 SLM 製件的性能，在選擇 SLM 成形用粉末時需考慮以下方面：a. 粉末中的氧含量，氧含量越低，SLM 成形效果越好；b. 粉末形狀，趨近球形的粉末成形效果好；c. 粉末流動性，粉末流動性好，鋪粉效果好，成形效果好[8]。

鎳基高溫合金與羰基鎳粉在相同的雷射參數下成形結果分別如圖 6-19 所示。圖 6-19(a) 和圖 6-19(b) 的加工參數相同，從左至右掃描速度為 100mm/s，雷射功率為 150W；掃描速度為 100mm/s，雷射功率為 180W[8]。

從圖 6-19 可以看到，在相同的加工參數下，不同粉末其成形性差別很大，其中羰基鎳粉末成形鋪展情況比較好，球化現象及微孔不明顯，這是因為相對於鎳基高溫合金，羰基鎳的抗氧化能力更強。但是比較圖 6-19(a) 和圖 6-19(b) 可以發現羰基鎳粉熔化的粉末比鎳基高溫合金熔化的粉末要少，這是因為羰基鎳粉末［圖 6-17(a)］粒度（2～8μm）遠遠小於鎳基高溫合金（44～150μm），其比表面積更大，表面張力更大，因此粉末之間產生的範德華力更大，使得粉末團聚現象嚴重，將直接導致鋪粉時粉末被鋪粉輥帶走；其次羰基鎳粉與基板之間的範德華力也更大，導致進入熔池的粉末相對較少，因而羰基鎳粉熔化的粉末少[8]。

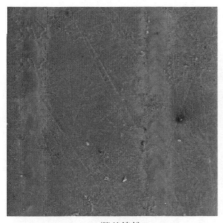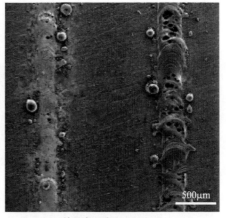

(a) 羰基鎳粉   (b) 鎳基高溫合金GH4169

圖 6-19　不同材料 SLM 掃描線形貌 [8]

　　鎳基高溫合金 GH4169 在成形時對溫度非常敏感，從圖 6-20 可以看到，在掃描速度 100mm/s，雷射功率 180W 下的掃描軌跡線出現孔洞，必然會導致體成形時製件相對緻密度的下降，製件各項性能也會下降，因此透過優化加工參數解決單道掃描線出現孔洞的問題，是進行面成形、體成形的前提[8]。

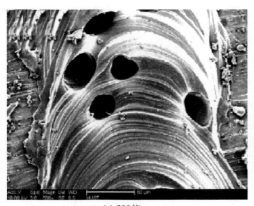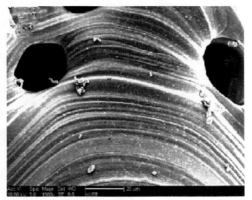

(a) 500倍   (b) 1000倍

圖 6-20　鎳基高溫合金單道掃描照片 [8]

　　雷射功率越高，金屬熔液溫度越高，其液固界面張力越小，其潤濕性越好，因此能與基板結合形成一條連續的熔道，如圖 6-21 和圖 6-22 所示。同時金屬熔液溫度越高，粉末熔化越充分，掃描線寬也越大。雷射功率低時，只有部分粉末

的溫度可以達到熔點，熔化成孤立的小球，同時因為溫度太低，與基板間不能進行原子間擴散，最後無法與基板粘合在一起，如圖 6-21（a）和圖 6-22（a）所示[8]。

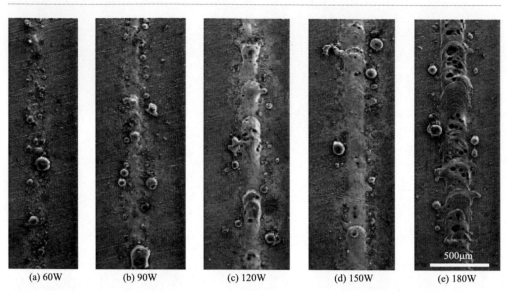

(a) 60W　　(b) 90W　　(c) 120W　　(d) 150W　　(e) 180W

圖 6-21　掃描速度為 100mm/s，功率變化對鎳基高溫合金掃描線的影響[8]

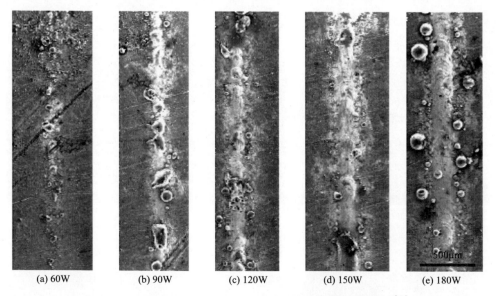

(a) 60W　　(b) 90W　　(c) 120W　　(d) 150W　　(e) 180W

圖 6-22　掃描速度為 150mm/s，功率變化對掃描線的影響[8]

　　但是，鎳基高溫合金，如 GH4169 合金，對溫度很敏感，過大的雷射能量輸入會對其產生很大的影響。由於上表層粉末先熔化，下表層粉末後熔化，在熔液中的氣泡可能無法及時溢出，此時雷射光斑移走，熔液溫度迅速下降而凝固，形成如圖 6-21(e) 所示的孔洞，因此當掃描速度為 100mm/s 時，150W 雷射功率為合適的工藝參數。若此時降低掃描速度，金屬熔液凝固速度降低，粉末中的氣體會有足夠的時間溢出，將會成形出連續無氣孔的熔道，如圖 6-24（a）所示[8]。

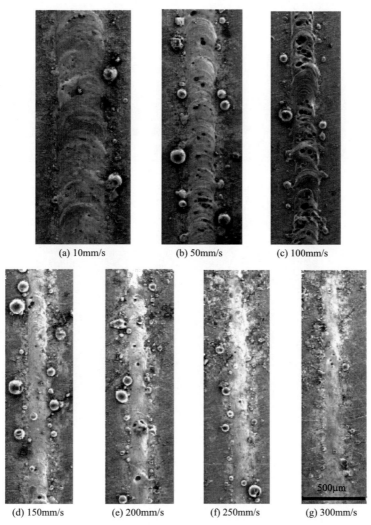

(a) 10mm/s　　　　　(b) 50mm/s　　　　　(c) 100mm/s

(d) 150mm/s　　　(e) 200mm/s　　　(f) 250mm/s　　　(g) 300mm/s

圖 6-23　180W 雷射功率，不同掃描速度下的掃描軌跡[8]

雷射功率一定的情況下，鎳基高溫合金 GH4169 的掃描線寬隨掃描速度的提高而降低。在 180W 和 150W 雷射功率作用下，採用不同的掃描速度成形 GH4169 粉末的掃描軌跡如圖 6-23 和圖 6-24 所示[8]。

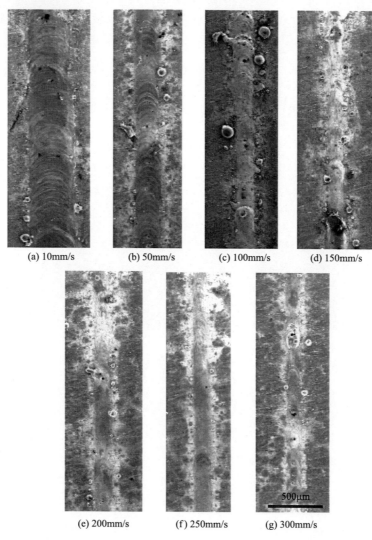

(a) 10mm/s   (b) 50mm/s   (c) 100mm/s   (d) 150mm/s

(e) 200mm/s   (f) 250mm/s   (g) 300mm/s

圖 6-24   150W 雷射功率，不同掃描速度下的掃描軌跡[8]

如圖 6-23 與圖 6-24 所示，隨著掃描速度的降低，掃描軌跡線周圍出現更多的球化現象，這對於體成形第二層鋪粉影響很大，根據材料在不同速度下的熔化情況和掃描線寬可以確定合適的掃描間距保證面成形的進行，可以根據潤濕情況和球化程度來優化工藝參數，使成形過程更穩定[8]。

透過 SEM 分別觀察 GH4169 合金在掃描速度為 40mm/s 和 80mm/s，層厚依次增加時掃描道的形貌（圖 6-25、圖 6-26）。可以看出，隨著掃描層厚的增加，掃描線寬逐漸增加，掃描線連續性越來越差，同時球化現象越來越明顯，熔體與基板的粘合越來越差。層厚過厚時掃描線不能直接粘合到基板上[8]。

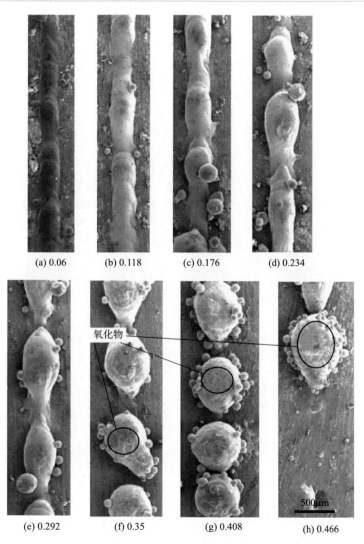

(a) 0.06　　(b) 0.118　　(c) 0.176　　(d) 0.234

氧化物

500μm

(e) 0.292　　(f) 0.35　　(g) 0.408　　(h) 0.466

圖 6-25　掃描速度為 40mm/s，層厚（mm）依次增加[8]

由圖 6-25 和圖 6-26 可以看出，0.06mm 的層厚比較合適，粉層變厚後，由於熱量在粉末之間的傳遞，厚度方向上更多的粉末熔化，從而使得熔體體積變大，表現為掃描線寬增大。但是由於粉層底部的粉末吸收的熱量相對較少，溫度

越高，金屬熔液表面張力越小，因此粉層底部熔液表面張力比較大，球化傾向增大。當粉層厚度繼續增大時，由於雷射的熔化深度有限，熔化的熔池不能與基板接觸（圖 6-27），熱量無法散失，在表面張力作用下團成大球，而且液態下時間過長，氧化可能性增加。因此要控制球化現象的產生，保證掃描熔道與基板的良好結合，應該盡量降低鋪粉層厚，以有利於後續的面成形和體成形。另外，降低層厚也是降低掃描線寬，提高零件成形精密度的一個方法[8]。

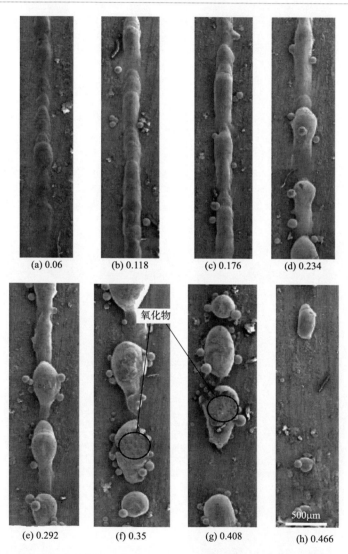

(a) 0.06　　(b) 0.118　　(c) 0.176　　(d) 0.234

氧化物

(e) 0.292　　(f) 0.35　　(g) 0.408　　(h) 0.466

500μm

圖 6-26　掃描速度為 80mm/s，層厚（mm）依次增加[8]

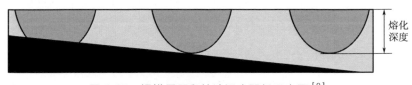

圖 6-27　掃描層厚與熔池深度關係示意圖[8]

　　從圖 6-26 和圖 6-27 還可以看出，當粉末層厚較厚時，形成的球上表面有一層粗糙的殼。透過 EDS 能譜分析，發現此殼氧含量較高，這是因為粉末層厚較大時，粉末熔體球化後與基板或者已成形部分接觸面積小，而且粉末的熱導率遠小於基板和已成形部分的熱導率，熔體熱量散發比較慢，在液態下停留的時間比較長，發生氧化反應的可能性增大。由於鎳基高溫合金中金屬原子量不同，在液態下會出現上浮或者下沉現象，又因為 SLM 熔道中存在 Marangoni 流現象，加速了熔體中的傳質，形成的氧化物漂浮在熔體表面最終形成氧化物殼。由於金屬與其氧化物之間潤濕性很差，熔道表面氧化嚴重將直接影響掃描道之間的搭接以及下一層成形時熔體與已成形部分的潤濕和黏結[8]。

　　因此，降低層厚可有效地避免球化效應，減少氧化物生成，提高成形的穩定性，提高最終零件的性能。

　　觀察雷射功率為 150W，掃描速度分別為 10mm/s 和 50mm/s 時的掃描線在 1000 倍下的形態，發現 SLM 單線掃描軌跡與焊接熔池形貌類似，呈現出魚鱗紋，而且 SLM 參數不同，形成的魚鱗紋形態也不一樣，如圖 6-28 所示。

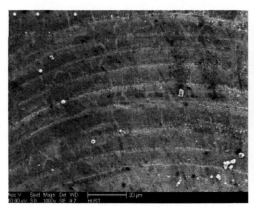 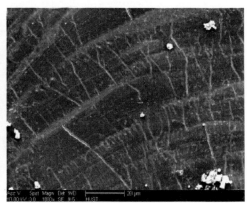

(a) 激光功率150W，掃描速度10mm/s　　　　(b) 激光功率150W，掃描速度50mm/s

圖 6-28　掃描熔道魚鱗紋形態[8]

　　魚鱗紋的形成機制可以採用傳熱傳質凝固理論解釋。當雷射照射在粉床上

時，粉末吸收熱量迅速熔化，熔融金屬液下部接觸傳熱速度非常快的基板或者已成形部分，由於基板和已成形部分溫度相對較低且與設備成形腔體相連，熔體的熱量被迅速導走。隨著雷射光斑的移動，熱源消失，熔體開始凝固，並與基體或者已成形的部分結合，但是熔體凝固又會釋放出結晶潛熱，在一定程度上提高了金屬熔液的溫度，抑制了晶粒的生長。這兩個過程交替出現，且由於輸入能量的點熱源是勻速移動的，在掃描方向上便出現了週期性的熱變化，因而表現為晶粒生長的週期變化，其宏觀表現即為魚鱗紋狀的熔痕，同時也反映了成分和組織的不均勻[8]。

對比掃描速度分別為 10mm/s 和 50mm/s 的掃描熔道魚鱗紋圖片［圖 6-28（a）和（b）］發現，在其他參數相同的情況下，掃描速度不同，晶粒生長週期也不同。掃描速度越慢，熱源消失得越慢，結晶潛熱累積到影響結晶速度的時間也越短，而且熔體凝固速度也越慢，表現在相鄰魚鱗紋的距離越小；掃描速度越快，熱源消失得越快，結晶潛熱累積到影響結晶速度的時間也越長，熔體凝固速度也越快，因此，晶粒生長變化的週期也越大，表現在相鄰魚鱗紋的距離越大，弧度越大[8]。

對掃描線魚鱗紋進行 EDS 線掃描分析（圖 6-29）發現 O、C、Si 等非金屬元素偏聚於魚鱗紋的邊界處，説明金屬熔道內存在氧化物。而 Fe、Cr、Nb 分布比較均勻，説明 Fe、Cr 均勻固溶在 Ni 中，而 Nb 與 Ni 形成穩定的 Nb_3Ni 相。Ni、Mn 有明顯的大於魚鱗紋的分布週期，且 Ni 含量較多時 Mn 含量較少，而 Mn 含量較多時 Ni 含量較少，説明 Ni、Mn 的分布與金屬析出順序和液固溶解度有較大關係，Ni 與 Mn 不容易形成相組織，且固溶度不高[8]。

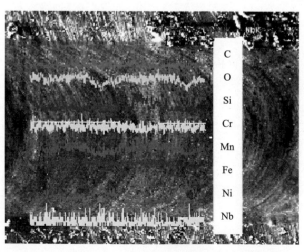

圖 6-29　魚鱗紋線掃描元素分析[8]

SLM 成形掃描道魚鱗紋的存在，説明 SLM 加工不僅在層疊加方向上性能與成形平面不同，即便是在成形層內，由於材料組織與成分的不均勻，性能也不盡相同[8]。

透過優化工藝參數，可以採用鎳基高溫合金成形出具有一定複雜度的高性能零件，如圖 6-30 所示[8]。

圖 6-30　SLM 成形鎳基高溫合金的發動機燃油噴嘴[8]

6.1.4　鋁基合金組織

鋁及鋁合金材料密度低、比強度高、耐腐蝕性強、成形性好，具有良好的物理特性和力學性能，在航空、航太、汽車、機械製造等領域具有極為重要的地位，是工業中應用最廣泛的一類有色金屬結構材料。

（1）鋁合金的分類及用途

鋁合金主要分為鑄造鋁合金和鍛造鋁合金。塑性變形的能力對於鍛造鋁合金是極其重要的，而鑄造鋁合金必須具有容易澆鑄和良好的充模性能。這導致了兩種合金成分含量的不同。一般鑄造鋁合金的合金含量是 $10\% \sim 12\%$，鍛造鋁合金的合金含量一般為 $1\% \sim 2\%$（個別情況下達到 $6\% \sim 8\%$）。鑄造鋁合金通常在純鋁中加入的元素有 Si、Mg、Zn、Cu 等，如 Al-Si、Al-Mg、Al-Si-Cu、Al-Si-Mg、Al-Mg-Si、Al-Cu 和 Al-Zn-Mg 等。鍛造合金除上述 4 種合金元素外，還常加入 Fe、Mn 等元素，如 Al-Si、Al-Mg、Al-Mg-Si、Al-Fe-Si、Al-Mg-Mn、Al-Zn-Mg 和 Al-Zn-Mg-Cu 等。多數合金元素在鋁中的溶解度是有限的，加入的合金元素不同，在鋁基固溶體中的極限溶解度不同，合金共晶點位置也各不相同。因此，鋁合金的組織中除了形成鋁基固溶體（α-Al）外，通常還有第二相（單質或金屬間化合物）出現。主要的鑄造鋁合金和鍛造鋁合金分類、性能特點和用途分別見表 6-1 和表 6-2。

表 6-1　鑄造鋁合金分類、性能特點及用途

合金種類	合金系	牌號舉例	性能特點	主要用途
鋁矽合金	Al-Si	ZL102	鑄造性能好,不能熱處理強化,力學性能低	形狀複雜、中等載荷零件
	Al-Si-Mg Al-Si-Cu Al-Si-Mg-Cu	ZL101,ZL107, ZL105,ZL110	鑄造性能好,可熱處理強化,力學性能高	形狀複雜、中等或高載荷零件
鋁銅合金	Al-Cu	ZL203	力學性能高、耐熱性好、流動性差、易熱裂、耐蝕性差	高溫或室溫強度較高的零件
鋁鎂合金	Al-Mg	ZL301	耐蝕性好、力學性能較高	高靜載荷或要求耐蝕的零件
鋁鋅合金	Al-Zn-Si	ZL401	能自動焠火、力學性能高、耐熱性低	形狀複雜、高靜載荷汽車、醫藥機械等零件

表 6-2　鍛造鋁合金分類、性能特點及用途

分類	名稱	合金系	牌號舉例	性能特點	主要用途
不能熱處理強化	防鏽鋁	Al-Mg Al-Mn	5A05 3A21	耐熱性、加工壓力好,但強度較低	焊接在液體中工作的構件
可熱處理強化	硬鋁	Al-Cu-Mg	2A11,2A12	力學性能好	中等強度或高負荷零件
	超硬鋁	Al-Cu-Mg-Zn	7A04,7A09	室溫強度最高	高載荷零件
	鍛鋁	Al-Mg-Si-Cn Al-Cu-Mg-Fe-Ni	2A14,2A05 2A70,2A80	鍛造性能和耐熱性好	形狀複雜,中等強度鍛件和沖壓件

(2) 粉床雷射鋁合金增材製造

目前採用粉床雷射增材製造技術加工鋁合金仍較為困難,主要源於以下 3 方面:①鋁粉流動性較差,給鋪粉過程帶來了困難;②鋁具有較高的反射率和熱導

率，需要較高的雷射功率，不僅增加了成本，還對列印設備提出了更高的要求；③對成形件品質影響最大的是氧化問題，氧化膜的存在降低了加工過程中材料內部各層、各道的冶金結合品質，增大了材料孔隙率，從而大大降低了成形件的力學性能。目前主要採用增加雷射功率的方法蒸發氧化膜，雖然能夠在一定程度上降低氧化膜的形成，但過高的雷射功率又造成了嚴重的球化現象[9]。目前仍沒有相關報導提出一種能夠完全避免氧化發生的方法。

採用粉床雷射增材製造生產的鋁合金，其合金相與傳統方法類似。由於 Al-Si-Mg 係合金可接近 Al-Si 共晶成分，相對於其他高強度鋁合金有著更小的凝固範圍，因此更適合採用雷射製造方法進行加工，目前粉床雷射增材製造對鋁合金的研究也大多採用上述合金。

6.1.5　複合材料及其他組織

金屬基複合材料是以陶瓷為增強材料，金屬為基體材料而製作的。由於其具有高比強度、比模量、耐磨損以及低熱脹係數等優異的物理和力學性能，在航空航太、軍事領域及汽車等行業中顯示出巨大的應用潛力。

（1）Fe/SiC 複合材料

圖 6-31 所示為 Fe/SiC 複合材料從不同面觀察到的典型微觀組織，顯示了 SiC 增強顆粒的分布情況和金相組織。從圖 6-31（a）及能譜圖［圖 6-31（b）］中可以看出，SiC 顆粒在整個基體中都分布非常均勻；另外，在 SLM 製作的複合材料中，SiC 增強相顆粒的結構也發生了變化，由原始的多邊形變成了圓形［圖 6-31（d）］。統計結果顯示 SiC 在 Fe 基體中的體積分數為（1.6±0.1）%，低於初始複合粉末中 SiC 的含量，並且 SiC 顆粒的平均粒徑只有 78nm，這也證實了在 SLM 成形過程中生成了奈米 SiC 顆粒。比較圖 6-31（e）和圖 6-31（g）可以看出，在加入微米級 SiC 顆粒後，Fe 基體的組織結構發生了明顯的變化，還能觀察到組織中存在針狀馬氏體和珠光體。由於初始 Fe 粉中 C 的含量只有 0.03%，馬氏體和珠光體的生成與 SiC 添加相中的 C 有一定的關係，表明瞭部分 SiC 顆粒發生了分解。細晶組織是由分散的 SiC 顆粒誘導的異質形核造成的，特別是奈米 SiC 顆粒，能夠有效阻止凝固過程中晶粒的生長，此外，在純 Fe 試樣中，頂面和前側面的微觀組織（沿成形方向為細長或柱狀晶粒）都很不均勻，加入 SiC 後，兩個面都得到了很均勻的組織。這是因為相變的過程（比如馬氏體和部分珠光體的形成）會產生潛熱，形成一個與熔池相似的溫度梯度，這種均勻的組織結構有助於獲得不同方向上均勻的拉伸性能。因此，在 Fe 基體中加入 SiC，可能是一種能消除 SLM 製件固有的各向異性力學性能的有效途徑[10]。

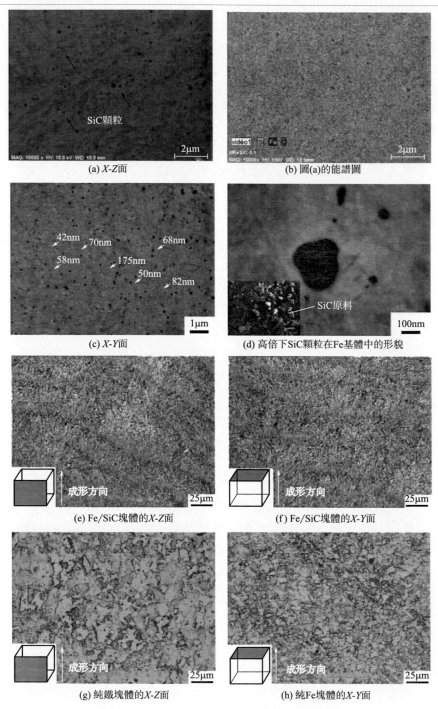

(a) X-Z面

(b) 圖(a)的能譜圖

(c) X-Y面

(d) 高倍下SiC顆粒在Fe基體中的形貌

(e) Fe/SiC塊體的X-Z面

(f) Fe/SiC塊體的X-Y面

(g) 純鐵塊體的X-Z面

(h) 純Fe塊體的X-Y面

圖 6-31 不同方向 SEM 圖譜顯示 SiC 增強顆粒在 Fe 基體中的分布情況[10]

(2) TiN/AISI 420 複合材料

圖 6-32 為不同雷射功率 SLM 成形的品質分數為 1% 的 TiN 複合材料試樣的顯微組織。當雷射功率為 140W 時，可以看到很多殘餘的孔隙較均勻地分布在成形件上，孔隙的長度超過了 200μm，主要是因為雷射能量不足造成的。同時也可以看到從孔隙的邊緣擴展出的一些微裂紋。當使用的雷射功率增加時，大尺寸孔隙缺陷大大減少［圖 6-32(b)~(d)］，孔隙的尺寸也減小到 20μm 左右。造成該現象的主要原因如下：SLM 成形過程中，TiN 顆粒較小的密度（5.43~5.44g/cm³）和良好的高溫穩定性，高溫下保留下來的 TiN 顆粒會在液體金屬浮力和 Marangoni 對流的作用下向微熔池的邊緣遷移。熔池邊界在 TiN 顆粒的影響下變得不再明顯，因此未觀察到「道-道」搭接的熔池[3]。

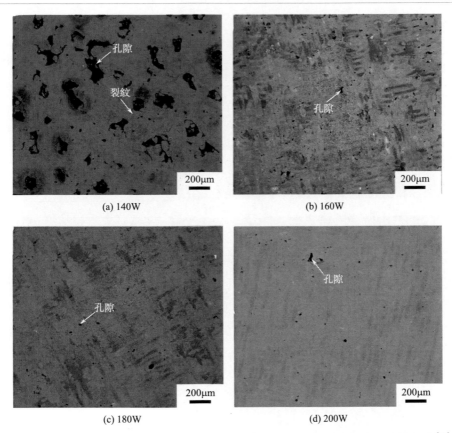

圖 6-32　不同雷射功率 SLM 成形品質分數為 1% 的 TiN 複合材料試樣的顯微組織[3]

圖 6-33 為 SLM 成形的複合材料中無缺陷處 TiN 顆粒及其擴散區域分布情況的電鏡照片。對圖中不同襯度的位置進行 EDS 點能譜測試，其中 Ti 元素的含量如表 6-3

所示，根據 Ti 元素含量可以區分出 TiN 顆粒、不鏽鋼基體和擴散區。如圖 6-33(a) 所示，當雷射功率為 140W 時，可以看到 TiN 仍保持了接近原始顆粒的形貌，TiN 顆粒和不鏽鋼基體之間沒有裂紋、孔隙等缺陷存在。如圖 6-33(b)～(d) 所示，當雷射功率增加時，未觀察到原始的 TiN 顆粒存在。小尺寸的 TiN 顆粒在高溫下可能向不鏽鋼基體發生擴散，形成了 Ti 元素含量為 2％～4％ 的擴散區。當使用的雷射功率增加時，微熔池的溫度升高，Ti 原子的擴散能力得到提升，因此可以看到擴散區內 Ti 元素的含量隨著雷射功率增大而升高[3]。

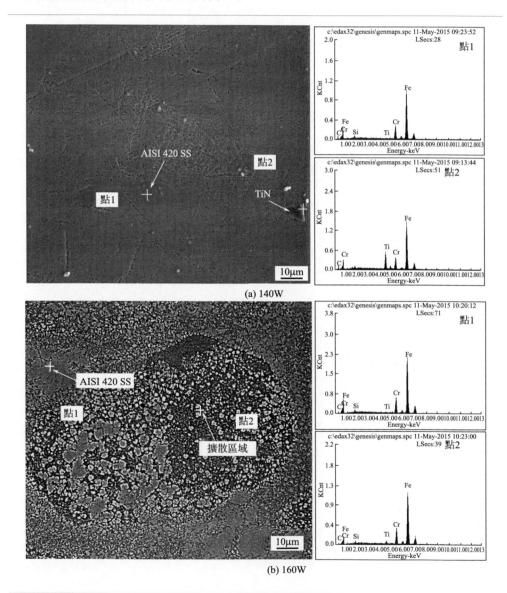

(a) 140W

(b) 160W

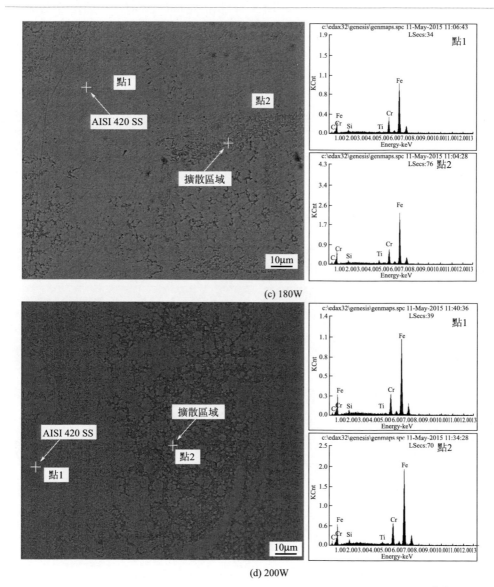

圖 6-33　SLM 成形的複合材料中無缺陷處 TiN 顆粒及其擴散區域的分布 [3]

　　SLM 成形的複合材料中 TiN 顆粒的含量僅為 1%，在無缺陷的組織內很難觀察到完整的 TiN 顆粒，而在不同雷射功率成形試樣的組織缺陷附近都發現了 TiN 顆粒。圖 6-34(a) 為 140W 雷射成形的複合材料試樣孔隙缺陷附近的微觀組織，根據 EDS 能譜區分出 TiN 顆粒、擴散區和不鏽鋼基體。從電鏡圖片也可以看出不同區域的顯微組織有明顯的差異，擴散區的組織呈現為微小的針狀組織，

而 420 不鏽鋼區域為微小的胞狀晶。圖 6-34(b) 為 TiN 和 420 不鏽鋼界面的高倍電鏡圖片，從圖中可以看出 TiN 可以與過渡區之間存在良好的冶金結合。同時 TiN 顆粒的尺寸超過了 $20\mu m$，遠大於原始的 TiN 顆粒，說明 SLM 成形過程中 TiN 顆粒存在聚集長大的現象。如上所述的微觀組織說明瞭 TiN 在成形的複合材料中分布並不均勻[3]。

表 6-3　SLM 成形複合材料中 Ti 元素的分布情況[3]

Ti 含量 （品質分數）/%　　區域 功率/W	420 不鏽鋼	TiN	擴散區
140	0.32	11.18	
160	0.59		2.87
180	0.74		2.41
200	0.43		3.25

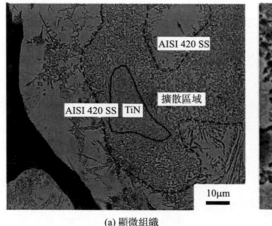

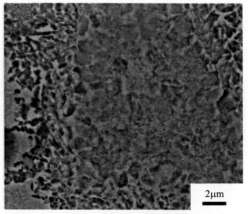

(a) 顯微組織　　　　　　　　　　　　(b) TiN/不銹鋼界面形貌

圖 6-34　140W 雷射功率 SLM 成形 TiN/AISI 420 複合材料製件[3]

（3）CNT/AlSi10Mg 複合材料

圖 6-35 所示為採用 300W 雷射功率，750mm/s 掃描速度，SLM 成形 CNT/AlSi10Mg 複合材料製件的掃描電鏡圖，可以觀察到試樣中生成了許多孔隙和裂紋。圖 6-35(a) 中的孔洞可以分為球形孔隙和不規則孔隙，其中球形孔隙的尺寸小於 $20\mu m$，而不規則孔隙尺寸較大，超過 $50\mu m$。球形孔隙的形成源於成形過程中熔池內和粉末中的氣體，由於 CNTs 具有較高的表面能，在複合粉末中夾帶氣體，在 SLM 成形過程中，這些氣體會保留在成形件中。不規則孔隙的形成是由於在快速凝固過程中缺口填充不完全所致，如圖 6-35(b) 垂直截面所示，

可以觀察到一些長度大於 $200\mu m$ 的裂紋，AlSi10Mg 容易在熔化層頂部與氧氣反應形成一層氧化層，因為氧化物和金屬間的潤濕性很差，所以會形成長裂紋並沿著表面傳播[11]。

圖 6-35(c) 和（d）是高倍下的 SEM 圖，其微觀組織和 SLM 製作的鋁合金件很相似，都為細小的胞狀樹枝晶組織。圖 6-35(c) 中顯示了在組織中有 Al_2O_3 生成，這是 SLM 成形過程中發生氧化的結果。在圖 6-35(d) 中，可以明顯辨別出三個不同的區域，據報導，SLM 成形鋁合金的顯微組織受兩個重疊的熔化道和後續形成的層所產生的熱量的影響，造成局部熱處理和 CCZ 區域中晶粒粗化，Si 相在 HAZ 區域變成了不連續的顆粒。雖然在複合粉末中觀察到了 CNTs，但是根據微觀結構很難找到 CNTs 存在的痕跡，這也就表明 CNTs 發生了分解。同時，雷射功率越高，越有助於初生 α-Al 晶粒的生長[11]。

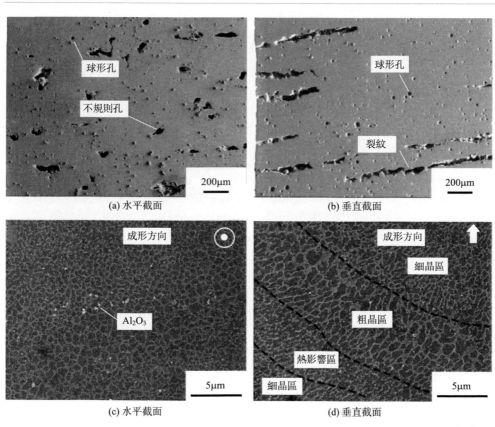

(a) 水平截面　(b) 垂直截面

(c) 水平截面　(d) 垂直截面

圖 6-35　SLM 成形 CNT/AlSi10Mg 複合材料製件（300W，750mm/s）的 SEM 圖 [11]

圖 6-36 所示為微觀組織的 SEM 圖和 EDS 結果。圖 6-36(a)～(c) 分別為不

同功率（240W、300W 和 360W）下成形出的複合材料的微觀組織圖。根據微觀組織和 XRD 結果，在基體中沒有發現 CNTs。如圖 6-36(d) 所示，使用 EDS 掃描測定了 C 元素的分布，可以看出，C 元素分布均勻，而 Si 元素集中分布在初生 Al 晶粒邊界。為了檢測 CNTs 是否存在，用 NaOH 溶液對試樣進行了腐蝕，在 SEM 圖中發現了具有奈米尺度的薄共晶矽片[11]。

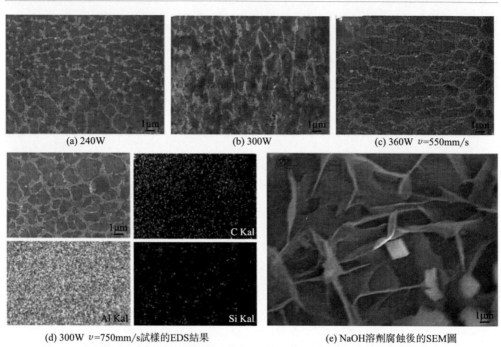

(a) 240W (b) 300W (c) 360W v=550mm/s

(d) 300W v=750mm/s試樣的EDS結果   (e) NaOH溶劑腐蝕後的SEM圖

圖 6-36　不同功率下 SLM 成形 CNT/Si10Mg 複合材料製件的微觀組織形貌[11]

（4）HA/316L 複合材料

圖 6-37 是電鏡下觀察到的未經打磨拋光處理的 SLM 成形 316L-15nHA 複合材料試樣原始表面微觀形貌及能譜分析，觀察面平行於熔池的掃描方向，即垂直於粉層堆積方向的平面。複合材料的表面粗糙，有大量的點狀凸起。高倍 SEM 觀察發現，材料表面為一層白色物質［圖 6-37(b)］。圖 6-37(c)～(e) 的面 EDX 結果表明，Ca、P、Fe 及其他元素分布均勻。這表明經過 SLM 過程後奈米 HA 均勻分布在熔池上部的金屬基體中。由於球磨混粉後，nHA 顆粒均勻包裹在 316L 不鏽鋼顆粒的表面，在 SLM 過程中熔池內部熔體發生對流，在毛細管流的作用下，金屬顆粒表面較輕的 nHA 顆粒被推擠到了熔池上部。雷射的作用下，金屬與 nHA 陶瓷間產生了冶金結合，形成了金屬-陶瓷微接觸面[12]。

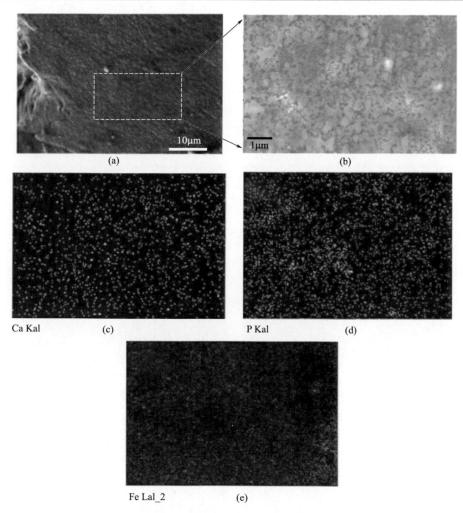

Ca Kal (c)

P Kal (d)

Fe Lal_2 (e)

圖 6-37　316L-15nHA 複合材料試樣原始表面微觀形貌及能譜分析[12]

　　圖 6-38 為掃描速度為 250mm/s 時，不鏽鋼及三種不同奈米 HA 體積含量的 316L-HA 生物複合材料的低倍微觀組織。由圖中可以看出，圖 6-38(a)～(c) 是 250mm/s 時，不同 nHA 含量的試樣顯微組織。不鏽鋼［圖 6-38(a)］中沒有出現顯著微裂紋，316L-5nHA［圖 6-38(b)］試樣出現了連續的擴展微裂紋，裂紋長度為幾百微米。316L-10nHA 及 316L-15nHA［圖 6-38(c) 和(d)］試樣裂紋密度增大，且各裂紋互相連通[12]。

　　裂紋是由於 SLM 成形過程中的熱應力及奈米 HA 的影響而產生的。由於 SLM 成形過程是一個急熔急冷的過程，雷射熱源的熱輸入不均勻，存在較大的

溫度梯度，製件的各部分熱膨脹或收縮趨勢不一致，彼此牽制，導致 SLM 製件內部存在大量應力。同時，HA 與 316L 不鏽鋼的熱脹係數差異較大，導致製件中存在較大的殘餘應力，HA 中還含有大量的 P 元素，熱裂紋對 P 元素尤其敏感，在凝固的過程中易產生裂紋[12]。

比較不同奈米 HA 體積含量的微觀組織可知，隨著奈米 HA 的添加量從 0 增加到 5％及 10％～15％，複合材料中的裂紋密度不斷增大，這最主要的原因是隨著 HA 含量的增加，P 元素增多，導致材料的裂紋敏感度增大[12]。

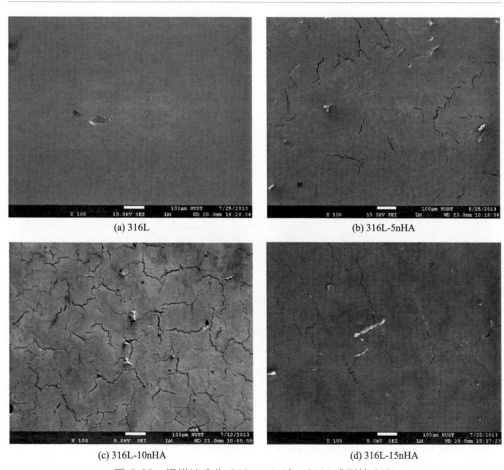

(a) 316L

(b) 316L-5nHA

(c) 316L-10nHA

(d) 316L-15nHA

圖 6-38　掃描速度為 250mm/s 時，SLM 成形純 316L
不鏽鋼及三種複合材料製件的低倍微觀組織[12]

圖 6-39 為掃描速度分別為 350mm/s、400mm/s 時 316L-10nHA 複合材料試樣的微觀形貌，可以看出，隨著掃描速度的增大，316L-10nHA 複合材料試樣中裂紋密度變化不大。當奈米 HA 的體積含量為 5％時，增大掃描速度可以避免裂

紋的產生或降低裂紋密度，但當 nHA 的體積含量達到一定程度時（10%），由
於 P 元素的增多；大大增加了材料對裂紋的敏感性，增大掃描速度對裂紋抑制
作用較小[12]。

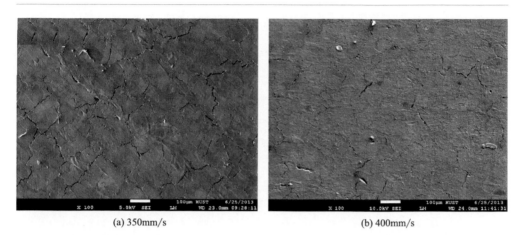

(a) 350mm/s   (b) 400mm/s

圖 6-39　不同掃描速度下 SLM 成形 316L-10nHA 生物複合材料製件的低倍微觀組織[12]

6.2　製件的性能及其調控方法

6.2.1　製件性能及微觀結構表徵

（1）力學性能表徵

　　金屬材料的力學性能是零件或結構件設計的依據，也是選擇、評價材料和制
定工藝規程的重要參量。在金屬材料研究上，它們是合金成分設計、顯微組織結
構控制所要達到的目標之一，也是反映金屬材料內部組織結構變化的重要表徵參
量。金屬材料力學性能隨受載方式、應力狀態、溫度及接觸介質的不同而異。受
載方式可以是靜載荷、衝擊載荷和循環載荷等。應力狀態可以是拉、壓、剪、
彎、扭及它們的複合，以及集中應力和多軸應力等。溫度可以是室溫、低溫與高
溫。接觸介質可以是空氣、其他氣體、水、鹽水或腐蝕介質。在不同使用條件
下，材料具有不同的力學行為和失效模式，因而必須有相應的力學性能指標表
徵。下面便是描述金屬材料在雷射增材製造過程中主要力學性能的表徵參量。

　　① 拉伸性能　材料的常溫拉伸試驗一般採用圓柱形試樣或者板狀試樣，其
結構形式對試樣形狀、尺寸和加工精密度均有一定要求。一般拉伸試樣包括三個

部分：工作部分、過渡部分和夾持部分，如圖 6-40 所示。

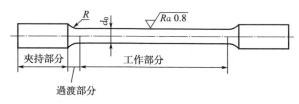

圖 6-40　拉伸試樣[13]

　　一般試驗機都帶有自動記錄裝置，可把作用在試樣上的力和所引起的伸長自動記錄下來，給出力-伸長曲線，這種曲線便是拉伸圖或拉伸曲線。材料在外力作用下，變形過程一般可分為三個階段：彈性變形、彈塑性變形和斷裂。

　　工程應力也稱標稱應力，即用試樣原始截面積 S_0 去除拉伸載荷 F 所得的商

$$R = \frac{S_0}{F} \tag{6-1}$$

工程應變，即以試樣的絕對伸長量 ΔL 除以標距長度 L_0，得到相對伸長

$$\varepsilon = \frac{\Delta L}{L_0} \tag{6-2}$$

　　圖 6-41[12] 為不同掃描速度下 SLM 成形 316-HA 試樣的應力-應變曲線，即工程應力-應變圖。圖中不同的曲線表示不同掃描速度下的應力-應變曲線。其曲線的縱座標表示應力，單位是 MPa，橫座標表示應變。

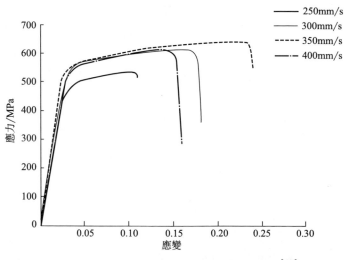

圖 6-41　316-HA 試樣的拉伸應力-應變曲線[12]

　　隨著掃描速度的增大，316L-HA 複合材料的拉伸強度分別為 508MPa、580.4MPa、622.3MPa 和 606.4MPa，316L-HA 複合材料的伸長率分別為 11.1％、18.1％、23.4％和 15.7％，在 350mm/s 時達到最大值。在應力-應變曲線上，可以直接給出材料的力學性能指標，如屈服強度 R_{eL}、R_{eH}、抗拉強度 σ_b、斷後伸長率 A。

　　a. 屈服強度。屈服強度是工程技術上最為重要的力學性能指標之一。因為在生產實際中，絕大部分工程構件和機器零件在其服役過程中都處於彈性變形狀態，不允許有微量塑性變形產生。像高壓容器，如其緊固螺栓發生過量塑性變形，即無法正常工作。這種因塑性變形出現而導致失效的情況，要求人們在材料的選用中提出另一個衡量失效的指標，即屈服強度。

　　有明顯屈服現象的材料的屈服強度定義為上屈服強度和下屈服強度，如圖 6-42 所示。

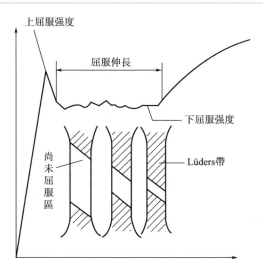

圖 6-42　上、下屈服強度與屈服伸長[13]

　　b. 抗拉強度。抗拉強度是金屬由均勻塑性變形向局部集中塑性變形過渡的臨界值，也是金屬在靜拉伸條件下的最大承載能力。表徵材料最大均勻塑性變形的抗力，拉伸試樣在承受最大均勻變形的抗力，變形是均勻一致的，但超出之後，金屬開始出現頸縮現象，即產生集中變形。其計算公式為

$$\sigma_b = \frac{F_b}{S_0} \tag{6-3}$$

　　c. 斷後伸長率。斷後伸長率為試樣斷裂後標距長度的相對伸長值。它是在試樣拉斷後測定的。將試樣斷裂部分在斷裂處緊密對接在一起，盡量使其軸線位

於一直線上，測出試樣斷裂後標距間的長度 L_u，則斷後伸長率計算式為

$$A = \frac{L_u - L_0}{L_0} \qquad (6\text{-}4)$$

由於斷裂位置對 A 的大小有影響，其中斷在正中間的試樣，其伸長率最大。因此，斷後標距 L_u 的測量方法根據斷裂位置的不同而不同，有如下兩種。

第一種，直接法。如斷裂處到最接近的標距斷點的距離不小於 $L_0/3$ 時，可直接測量標距兩端點的距離。

第二種，移位法。如斷裂處到最接近的標距斷點的距離小於 $L_0/3$ 時，則用移位法將斷裂處移動到試樣中部測量，如圖 6-43 所示。

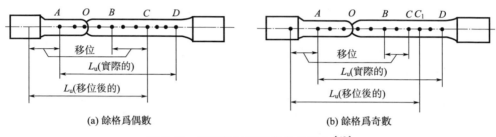

圖 6-43　用移位法測量斷後伸長率[13]

② 壓縮性能　在實際工程中，有很多用粉床雷射增材製造的零件包含承受壓縮載荷的部分。例如機器的機座、零件的支承座等部分。因此對原料進行壓縮試驗的評定是必要的。

按實際構件承受載荷的方式可簡化為單向壓縮、雙向壓縮和三向壓縮。而在雷射增材製造過程中主要研究的是單向壓縮，簡稱壓縮試驗。單向靜壓縮試驗可以看作是反方向的拉伸。因此，金屬拉伸試驗時所定義的各種性能指標和相應的計算公式，壓縮試驗都具有相同的形式。所不同的是，壓縮時試樣的變形不是伸長而是縮短，截面積不是橫向縮小而是橫向增大，此外，塑性材料壓縮時達不到破壞的程度，負荷變形曲線的最後部分一直上升，如圖 6-44 中麯線 1 所示。所以，壓縮試驗主要用於脆性材料和低塑性材料，例如利用雷射粉床增材製造進行非晶複合材料的成形，以顯示在拉伸試驗中所不能顯示的材料在韌性狀態下的工作狀態，如圖 6-44 中麯線 2 所示。

（2）物相性能表徵

① 金相顯微鏡（OM）　金相是指金屬或合金的化學成分以及各種成分在合金內部的物理和化學狀態。在顯微鏡下看到的內部組織結構稱為顯微組織或金相組織。

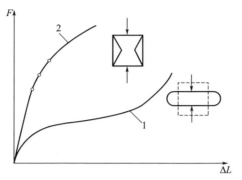

圖 6-44　壓縮負荷-變形曲線[13]
1—塑性材料；2—脆性材料

　　用金相可以觀察材料的微觀形貌。圖 6-45 為不同掃描速度下單熔化道縱向截面 OM。可以看出，隨著掃描速度的不斷增大，熔池尺寸（深度和寬度）不斷減小。圖 6-46 為採用 OM 觀察到的雷射掃描線形貌。可以看出，雷射掃描線為魚鱗狀，類似於傳統焊接線形貌，只是尺寸大小有所差別[14]。

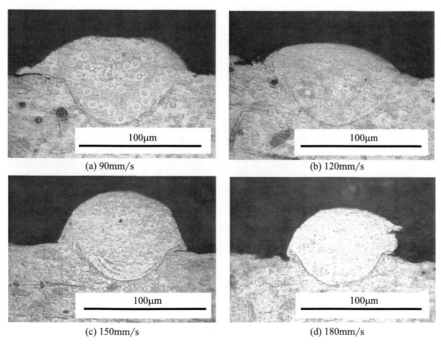

(a) 90mm/s　　　　　　　　　　　(b) 120mm/s

(c) 150mm/s　　　　　　　　　　　(d) 180mm/s

圖 6-45　不同掃描速度下單熔化道縱向截面（OM）[14]

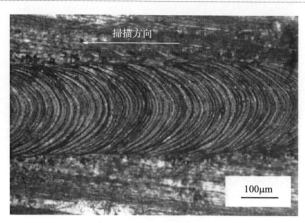

圖 6-46　掃描線形貌（OM）[14]

② 掃描電子顯微鏡（SEM）　掃描電子顯微鏡（Scanning Electron Micro-scope，SEM）是材料科學領域中應用最廣泛的一種顯微分析儀器。現在大部分 SEM 都配備了能譜儀（Energy Dispersive Spectrometer，EDS），此外，波譜儀（Wavelength Dispersive Spectrometer，WDS）也開始和 SEM 組合，組合後的 SEM 除了能進行試樣的形貌觀察，還可以進行微區成分分析。

在雷射增材製造工藝方面的顯微觀察中，一般還要求 SEM 配備電子背散射繞射（Electron Black-Scatter Diffraction）附件，以便進行材料微區結構、晶體取向、顯微缺陷等的研究。這裏主要針對雷射熔化粉末過程中，對形成的熔池形態的觀測。

圖 6-47 為 FeCr24Ni7Si2 奧氏體耐熱鋼在垂直雷射掃描方向橫截面和平行於生長方向縱截面進行加工得到掃描熔化道的 SEM 圖像。圖 6-47(a) 中黑色箭頭為雷射掃描方向，圖中可以看到幾道相鄰熔池搭接的情況，熔池呈現出週期魚鱗狀波動，主要受移動雷射束能量高斯分布及液固界面潤濕特性的影響。在熔池邊界處和內部均發現了微裂紋，微裂紋成蛇形擴展開裂。圖 6-47(b) 中黑色箭頭表示熔池邊界，可以看到熔池由下向上堆積，縱向相鄰兩條熔池有部分區域重熔，呈現規則的鱗片狀結構，且鱗片狀結構排布均勻，水平與豎直方向排布整齊無明顯偏移，相鄰兩條熔池的高度差為 $20\sim40\mu m$。對比不同平面的微觀形貌，發現橫截面的微裂紋數量遠多於縱截面微裂紋數量，說明裂紋傾向於沿著水平方向擴展[3]。

圖 6-48(b)～(d) 為 316L 不鏽鋼 SLM 製件拉伸斷口的 SEM 照片，其中圖 6-48(c) 和 (d) 為圖 6-48(b) 的放大圖。從圖中可以看出這種斷口的斷裂屬於混合斷裂方式，有的區域出現韌性斷裂，有的區域出現脆性斷裂，如圖 6-48(c) 顯示的斷口微觀形貌為沿晶斷裂，屬於脆性斷裂特徵。圖 6-48(d) 中顯示斷

裂過程中出現的韌窩，這種斷裂首先是在塑性變形嚴重的地方形成顯微空洞（微孔）。夾雜物是顯微空洞成核的位置。在拉力作用下，大量的塑性變形使脆性夾雜物斷裂或使夾雜物與基體界面脫開而形成空洞。空洞一經形成，即開始長大、聚集，最終形成裂紋，最後導致斷裂[15]。

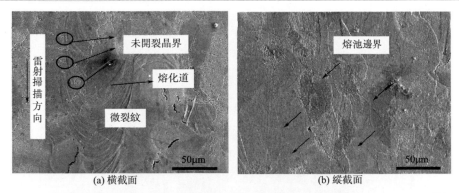

(a) 橫截面　　　　　　　　　　　(b) 縱截面

圖 6-47　FeCr24Ni7Si2 奧氏體耐熱鋼在橫縱截面加工得到掃描熔化道 SEM 圖[3]

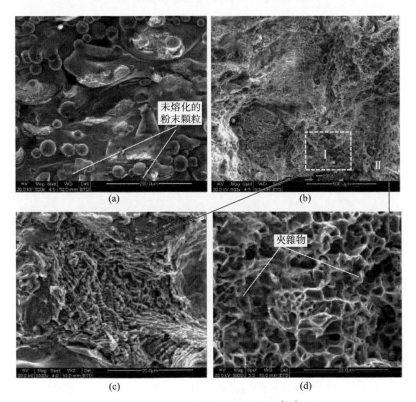

圖 6-48　斷口的掃描電鏡形貌[15]

　　採用 SEM 對粉末材料進行觀察，便於分析原料的形狀及粉末顆粒的粒徑大小。如圖 6-49 所示為醫用金屬粉末材料 F75Co-Cr 合金粉末形貌 SEM，其形貌近似於球形，粉末最大粒徑在 $10\mu m$ 左右。對原料進行 SEM 檢測觀察，可以確認原料對後續實驗的影響，以便於實驗的順利完成。

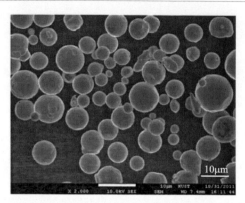

圖 6-49　醫用金屬 F75Co-Cr 合金粉末形貌（SEM）[2]

　　透過 SEM 還能表徵熔化道的形貌及成分。如圖 6-50 所示為 304L 不鏽鋼在相同雷射功率、不同掃描速度下熔化道的形貌。可以發現，其中寬度變化幅度較小值為 $40\mu m$，較大值為 $214\mu m$。整個掃描速度範圍內，成形軌跡寬度變化幅度較大，受成形軌跡的分枝［圖 6-50(c)～(e)］影響。其主要原因：一方面，液態金屬存在較大表面張力，毛細管作用導致液態金屬的流動；另一方面，水霧化法制得的不鏽鋼粉末流動性較差。

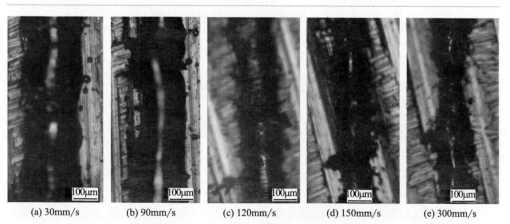

(a) 30mm/s　　(b) 90mm/s　　(c) 120mm/s　　(d) 150mm/s　　(e) 300mm/s

圖 6-50　相同雷射功率 98W，不同掃描速度，SLM 成形 250 目
304L 粉末的單道掃描軌跡特徵[1]

③ 透射電子顯微鏡（TEM） 透射電子顯微鏡具備成像、繞射以及成分分析的多種功能，而其最基本的功能就是能夠顯微成像，可以數萬倍、數十萬倍的放大樣品，直接觀察到尺度極為微小的樣品或樣品上微小區域的結構。每一張電子顯微像都是由亮度變化的像點構成的，這種變化實際上反映了電子波強度的變化，圖像上越亮的地方表示電子到達的數量多，電子波強度大，而暗的地方表示電子到達的數量少，電子波強度低。這種電子波強度的變化就形成了襯度。當用 TEM 觀察物質結構時，所得到的基本資訊就是圖像上的襯度變化。圖像上某點 p 的襯度可以表達為

$$c_{\mathrm{p}} = \frac{|I_{\mathrm{p}} - I_{\mathrm{b}}|}{I_{\mathrm{b}}} \tag{6-5}$$

式中　　c_{p}——p 點的襯度；

　　　　I_{p}——p 點的電子波強度；

　　　　I_{b}——p 點周圍環繞區域的電子波強度。

顯然，襯度反映的是強度的變化率。

在雷射增材製造工藝中，一般會用 TEM 驗證一些新相的存在。圖 6-51 所示為 SLM 製作的 SiC 增強 Fe 基合金複合材料的 TEM 圖像，該 TEM 圖像表明亞微米大小的鐵顆粒、非晶鐵顆粒以及保留的微米和奈米 SiC 顆粒的存在[16]。

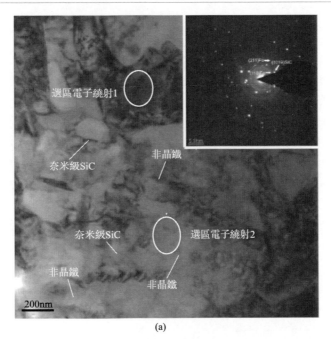

(a)

圖 6-51

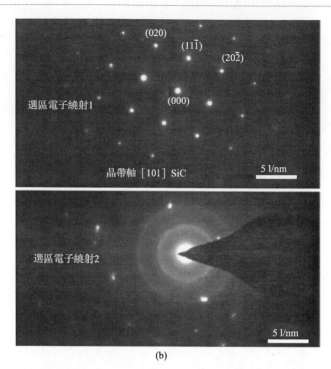

圖 6-51　SLM 製作的 SiC 增強 Fe 基合金複合材料的 TEM 圖像[16]

　　圖 6-52 為 SiC 增強 Fe 基合金複合材料的 TEM 前視圖像和 SAD 模式圖像。可以證實微米級鐵顆粒和亞微米、奈米級 SiC 的存在。亞微米級和奈米級 SiC 顆粒的形成是由於部分熔融的原始單個微米級 SiC 顆粒。細鐵顆粒的形成可以解釋為更傾向在奈米 SiC 顆粒附近成核。

　　④ X 射線繞射（XRD）　材料中各物相的結構確定需要藉助於 X 射線繞射分析。它不僅能確定材料的物相組成，還可測算它們的相對含量，可完成物相的定性和定量分析。一般雷射增材製造的材料為多晶體，故在此只研究多晶體材料的 X 射線分析。

　　多晶體繞射花樣能很方便地應用於物相的定性。這是因為每種物質都有其特定的晶格類型和晶胞尺寸，晶胞中各原子的位置也是一定的，因而對應有確定的繞射花樣。由繞射花樣上各線條的角度位置所計算的晶面間距 d 以及它們的相對強度 I/I_1 是物質的固有特性，即便該物質存在於混合物中也不會改變。故一旦確定物質繞射花樣給出的 d 以及它們的相對強度 I/I_1 與已知的物質的相符，便可確定其相的結構。多晶體繞射圖譜的形成如圖 6-53 所示。

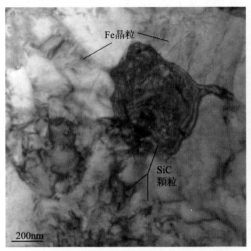

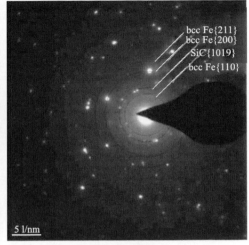

(a) SiC增強Fe基合金複合材料的TEM前視圖像   (b) SAD模式圖像

圖 6-52　SiC 增強 Fe 基合金複合材料的 TEM 前視圖像和 SAD 模式圖像[10]

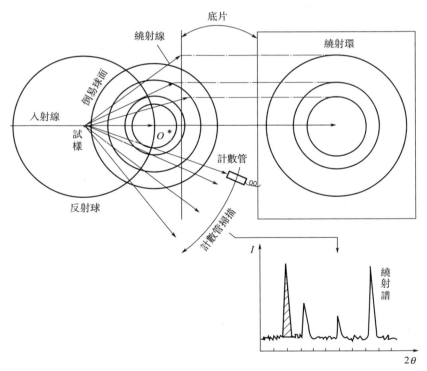

圖 6-53　多晶體繞射圖譜的形成[13]

在雷射增材製造工藝中，利用 XRD 可分析材料的相組成，以及各種相的相對強度。如雷射選區熔化製作近 α 鈦合金製品出現了開裂現象，為了進一步探究鈦合金的開裂原因，利用 X 射線繞射技術確定裂紋側壁及基體的物質組成。對裂紋側壁進行 X 射線繞射分析，其繞射圖譜結果如圖 6-54 所示。從圖中可以看出，所測試的裂紋側壁基體中大部分為 α' 相，其中也出現了較多的化合物，如 Ti_3O、TiO 及 TiC 等。

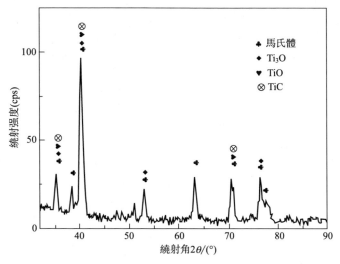

圖 6-54　裂紋側壁 XRD 檢測[17]

在雷射增材製造工藝中，也用 XRD 進行相的檢測和不同工藝條件下相的強度比較。圖 6-55 所示為 Ti6Al4V 原始粉末及 SLM 工藝成形的試樣的 XRD，從圖中可以看出，與原始粉末材料相比，經 SLM 工藝後的 Ti6Al4V 合金中 α 相和 β 相的比例發生了明顯變化，其中 β 相的比例明顯增加，這主要是由於在 SLM 過程中，Ti6Al4V 合金在經快速冷卻的過程中，從 β 相轉變為 α 相的過程來不及進行，β 相將轉變為成分與母相相同、晶體結構不同的過飽和固溶體，即馬氏體組織，其中含有大量的 α 相和初生 β 相[2]。

圖 6-56 所示為對原始不鏽鋼粉末和混合粉末進行 XRD 測試，掃描角度 2θ 為 30°～100°，掃描速度為 5°/min。原始粉末中檢測出 Fe-Cr 相和 CrFe7C0.45 相，而在混分粉末中僅增加了 TiN 相的峰位，未發現其他新物質明顯的峰值，證實在混合粉末製作過程中兩種粉末並未反應生成新的相。隨著初始 TiN 含量的增加，測出的 TiN 峰越明顯。

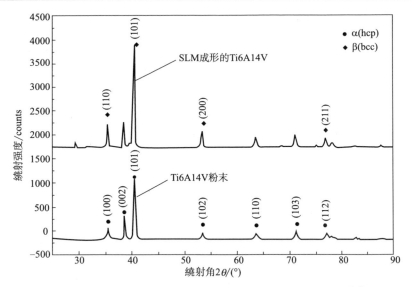

圖 6-55　Ti6Al4V 原始粉末及 SLM 工藝成形的試樣 XRD [2]

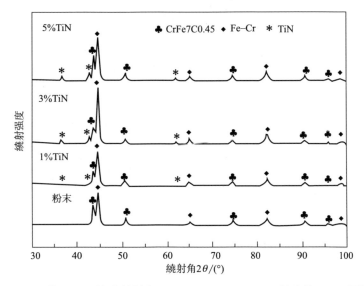

圖 6-56　SLM 工藝 Ti-TiB 複合材料與 Ti-TiB2、CP-Ti、TiB2 粉末的 XRD 圖譜對比 [3]

6.2.2　典型合金性能

目前，海內外已開發出多種 SLM 金屬及其合金成形材料，按材料性質主要

分為以下幾類：鐵基合金材料、鈦基合金材料、鎳基合金材料以及鋁基合金材料等。研究中這些材料的 SLM 製件性能主要有：相對緻密度、強度、硬度以及表面粗糙度。其中，製件的相對緻密度主要用於判定金屬粉末在 SLM 加工過程中是否全部被熔化。強度和硬度是材料的基本屬性，透過對比鑄造製件相應的性能，可以判斷 SLM 製件是否滿足各種工程應用場合的要求。表面粗糙度可以判斷 SLM 製件是否還需要進行磨削、拋光等後處理加工。

（1）鐵基合金

近十年來，海內外針對鐵以及鐵基合金的 SLM 成形製造進行了大量研究。其中，多數學者的研究是基於 316L 開展的。關於鐵基合金及化合物的 SLM 成形研究主要包括：Fe-Ni、Fe-Ni-Cu-P、Fe-Ni-Cr、Fe-Al 以及 Fe-Cr-Al 粉末。最終目的是透過調控 SLM 工藝參數，獲得全緻密的 SLM 合金組件及相應的合成微觀結構。

① 相對緻密度　相對緻密度是金屬粉末 SLM 製件密度與相應基體材料理論密度的比值，用於表徵 SLM 製件的材料品質。通常情況下，金屬 SLM 製件的相對緻密度越高，製件的物理性能越好。表 6-4 為鐵基碳化鉻的 SLM 成形塊體密度值。

表 6-4　鐵基碳化鉻的 SLM 成形塊體密度

初始成分 碳化鉻含量/%	密度/(g/cm³)			平均密度 /(g/cm³)	理論密度 /(g/cm³)	相對緻密度 /%
	塊體 1	塊體 2	塊體 3			
2.5	6.26	6.55	7.11	6.64	7.83	84.8
5	6.62	6.30	5.71	6.21	7.80	79.6
7.5	7.18	6.63	6.87	6.89	7.77	88.7

從表 6-4 中可以看出，在表 6-4 所示的參數下雖然能夠成形塊體，但緻密度卻不高，特別是碳化鉻體積分數為 5% 的混合粉末成形的塊體，平均相對緻密度只有 79.6%。在所有成形塊體中，相對緻密度最高的塊體在碳化鉻體積分數 7.5% 的混合粉末成形的塊體中，其相對緻密度為：$d_{\max} = 7.18/7.77 \times 100\% = 92.4\%$；而最低在碳化鉻體積分數 5% 的混合粉末成形的塊體中為 $d_{\min} = 5.71/7.80 \times 100\% = 73.2\%$，孔隙率很高。

從表中可以看出，初始成分相同的粉末在同一塊基板上成形後相對緻密度差別非常大。這可能是由於初始鐵粉球形度不高，流動性不佳，在加入陶瓷相之後流動性更差。使用 HRPM-Ⅱ型雷射選區熔化成形時，滾輪在鋪粉過程中不同位置鋪的粉末也相差較大。在成形過程中，發現鋪粉係數要調到較高時，才能將粉末鋪上。

將成形塊體用熱鑲嵌料和金相試樣鑲嵌機鑲樣後，分別以 400 目、800 目、

1200 目和 2000 目的砂紙進行打磨，打磨好後用拋光液進行拋光。之後，將樣品放在金相顯微鏡下觀察（圖 6-57）。

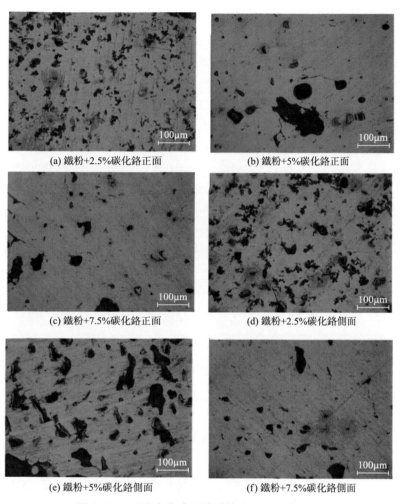

(a) 鐵粉+2.5%碳化鉻正面　　　　　　　(b) 鐵粉+5%碳化鉻正面

(c) 鐵粉+7.5%碳化鉻正面　　　　　　　(d) 鐵粉+2.5%碳化鉻側面

(e) 鐵粉+5%碳化鉻側面　　　　　　　(f) 鐵粉+7.5%碳化鉻側面

圖 6-57　不同成分成形塊體放大 200 倍金相圖

　　從金相圖可以非常直觀地看出，試樣中孔隙很多，因放大倍數只有 200 倍，故黑色部分不可能是碳化鉻。碳化鉻體積分數為 2.5％的混合粉末成形塊體中，孔隙十分多，且都較小；碳化鉻體積分數為 5％的混合粉末成形塊體中，孔隙不僅很多，且還有不少大孔洞；體積分數為 7.5％的混合粉末成形塊體中，孔隙數量相對少一些，但也有較大孔洞。

　　在實驗中，從每種成分的成形塊體中選出一個，在金相顯微鏡下隨機截取 10 張圖片，做孔隙度統計。孔隙率統計如表 6-5 所示。

表 6-5　孔隙率統計

成分	鐵＋2.5％碳化鉻	鐵＋5％碳化鉻	鐵＋7.5％碳化鉻
面 1 平均孔隙率	0.154016	0.064833	0.105271
面 2 平均孔隙率	0.204035	0.201563	0.050514

與表 6-5 對比可以看出，含 2.5％碳化鉻的成形塊體中，面 1 和塊體 2 接近，面 2 與塊體 1 接近；含 5％碳化鉻的成形塊體中，面 2 與塊體 2 接近；含 7.5％碳化鉻的成形塊體中，面 1 與塊體 3 接近，面 2 與塊體 1 接近。所以，無論是阿基米德法還是圖像處理，都能正確反映緻密度的趨勢。

② 材料強度　以鐵基碳化鉻的 SLM 成形為例，先用 SLM 125HL 型雷射選區熔化成形設備做出拉伸件，拉伸件標距為 10mm，厚度為 1.5mm。從上到下前三組的成形參數為；掃描速率 1200mm/s 不變，雷射功率分為 200W、240W 和 280W；第四、第五和第一組的成形參數，都保持雷射功率 200W 不變，掃描速率分別為 600mm/s、900mm/s、1200mm/s。

首先將成形試樣進行線切割，用萬能電子材料試驗機對其拉伸件進行拉伸試驗，使用的加載速率為 0.5mm/min，測試結果如表 6-6 所示。

表 6-6　不同成形參數拉深試樣極限抗拉強度

雷射功率/W	掃描速率 /(mm/s)	抗拉強度 σ_b/MPa			平均抗拉強度 /MPa
		樣品 1	樣品 2	樣品 3	
200	600	1158.3	—	—	1158.3
200	900	736.4	969.4	830.6	845.5
200	1200	532.8	535.4	546.5	538.2
240	1200	580.4	901.7	768.2	750.1

可以看出，在雷射功率保持 200W 不變時，試樣的抗拉強度隨著掃描速率的增大而減小。純鐵的抗拉強度為 540MPa，而在試樣中，最大抗拉強度達到 1158.3MPa，是純鐵的 2.1 倍，性能得到巨大的提升。

SLM 製件必須具備一定的強度值，以滿足各種工程應用場合的需求。因此，強度是鐵基合金 SLM 製件最重要的性能之一。相比於鑄件，SLM 製件通常具有更高的強度性能，但是其塑性較差。在 SLM 成形過程中，粉末的熔化和凝固都是快速完成的，其微觀結構更加均勻。對於合金粉末，合金元素在很小的空間內發生偏析，最終整個 SLM 製件的化學成分分布更加均勻，具有更高的強度性能。

③ 表面粗糙度　表面粗糙度偏大是 SLM 增材製造工藝的主要缺陷之一。採用金屬粉末獲得的 SLM 製件表面粗糙度一般約為 20μm。除了 316L 粉末，其他粉末在 SLM 成形後，大多需要進行噴砂打磨、噴丸加工或手工打磨等後處理工序，以獲取工程應用所需要的表面光潔度。

④ 顯微硬度　表 6-7 為鐵基碳化鉻 SLM 成形塊體的維氏硬度，其中，0.3kg 力的載荷，10s 的保壓時間，對樣品進行維氏硬度測量。

表 6-7　鐵基碳化鉻 SLM 成形塊體維氏硬度表

初始成分	位置	硬度值($HV_{0.3}$)			
		第一點	第二點	第三點	平均值
鐵粉＋2.5%碳化鉻	正面(XY)	229.3	275.1	239.7	248.0
	側面(XZ)	197.1	171.4	184.8	184.4
鐵粉＋5%碳化鉻	正面(XY)	421.0	403.0	427.3	417.1
	側面(XZ)	223.3	281.0	253.1	252.5
鐵粉＋7.5%碳化鉻	正面(XY)	502.2	545.4	520.3	522.6
	側面(XZ)	538.4	540.0	522.9	533.8

從表 6-7 中可以看出，含碳化鉻 2.5%成形塊體硬度為 $248HV_{0.3}$，達到了很多鋼材退火後的硬度值，例如 40Cr 在退火態硬度為 200HB 左右（約 180HV）；含碳化鉻 5%的成形塊體硬度為 $417.1HV_{0.3}$；含碳化鉻 7.5%的成形塊體硬度為 $522.6HV_{0.3}$，硬度達到了很多鋼材焠火後硬度，如 4Cr13 鋼焠火後硬度為 52HRC。

從圖 6-58、圖 6-59 中可以看到，無論是正面還是側面，塊體的維氏硬度隨著初始粉末中碳化鉻的含量增加而增加。

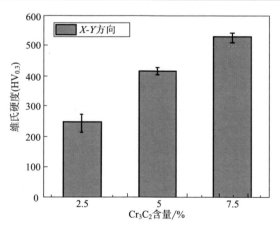

圖 6-58　成形塊體正面（X-Y 方向）硬度圖

在碳化鉻體積分數為 2.5%和 5%的成形塊體的硬度上，側面（X-Z 面）硬度值都要小於正面（X-Y 面）硬度值，這是由於 SLM 成形原理導致。在 SLM 成形過程中，正面（X-Y 面）是雷射掃描的成形平面，而側面（X-Z 面）是堆

積平面，硬度必然會有差距。但在碳化鉻含量 7.5％的塊體中，結論卻與其他的相反。

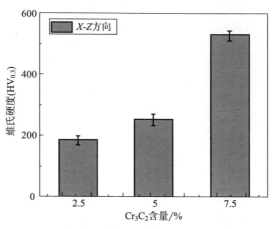

圖 6-59　成形塊體側面（X-Z 方向）硬度圖

（2）鈦基合金

SLM 應用的金屬材料中，鈦基合金粉末應用的廣泛程度是僅次於鐵基合金粉末的。其中，商業用純 Ti 和 Ti6Al4V 粉末是應用最多的兩種。其他鈦基合金如 Ti6Al7Nb、Ti24Nb4Zr8Sn、Ti13ZrNb 和 Ti13Nb13Zr 等也被用於 SLM 成形研究。金屬鈦在液態下對氧、氫、氮等氣體以及碳均十分敏感，因此不易採用鑄造等傳統工藝進行加工。SLM 工藝中，常採用氬氣作為保護氣體，將加工區域的空氣排除，為鈦的熔化成形提供保護。

①　相對緻密度　採用工藝參數如下的成形方法成形 8mm×8mm×5mm 試驗塊體：掃描間距 70μm，鋪粉層厚 0.03mm，掃描速度 300mm/s 與 400mm/s 兩組，雷射功率 140～180W，相鄰工藝參數間隔 10W，總共 10 組不同工藝參數組合，另附加兩組雷射功率為 140W 時，掃描速度分別為 200mm/s 及 500mm/s，共計 12 組工藝參數。首先透過線切割將樣品取下；其次清洗樣品，去掉樣品表面油污，噴砂處理去掉表面附著顆粒；然後使用電子天平獲得試樣品質，使用排水法獲得體積，根據阿基米德原理計算實際密度；最後透過計算獲得相對緻密度。

圖 6-60 所示為較優工藝參數情況下，線能量密度與試樣相對緻密度的關係圖[19]。從圖中可以看出，SLM 試樣的相對緻密度能達 98％。當線能量密度低於 0.36J/mm 時，試樣相對緻密度隨線能量密度增加而逐漸增大，且當雷射功率為 140W，掃描速度為 400mm/s 時獲得最大值 99.34％。增大線能量密度可更

均勻熔化粉末，當粉末吸收更多熱量後金屬液溫度較高，而在一定溫度區間內金屬液黏度與溫度成反比，因此線能量密度增大會提高金屬液的流動性，進而加工出平整度更高、形貌更好的熔池。但隨線能量密度進一步增大，相對緻密度將緩慢減小趨於穩定，如當線能量密度為 0.36～0.55J/mm 時相對緻密度穩定為 98.8％。這是因為當線能量密度達到閾值後，繼續增大使金屬液保留時間延長，凝固時間增加，進而增大缺陷產生的可能性，使相對緻密度降低。當線能量密度超過 0.55J/mm 時，相對緻密度急劇下降，最低相對緻密度僅為 95.44％。

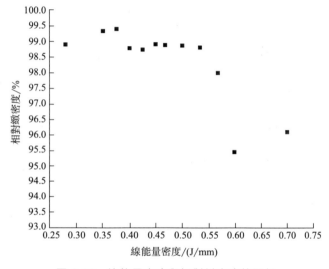

圖 6-60　線能量密度與相對緻密度的關係

② 材料強度　與鐵基合金相似，鈦基合金 SLM 製件的最高抗拉強度值也高於相應的鑄造製件。原因也在於，SLM 成形過程中，鈦基合金在極小的局部空間快速熔化和凝固，製件整體的微觀組織和化學成分更加均勻，強度也更高。

③ 表面粗糙度　關於鈦基合金 SLM 製件表面粗糙度的研究相對較少。例如，採用 Ti64 獲得的 SLM 製件表面粗糙度 Ra 為 $3.96\mu m$；採用 CP-Ti 獲得的 SLM 製件表面粗糙度 Ra 為 $5\mu m$。

④ 顯微硬度　最高的顯微硬度不一定與最高密度相對應。以 Ti6Al4V 為例，相對緻密度分別為 95.2％和 95.8％的製件，其顯微硬度均為 613HV；而具有更高相對緻密度 97.6％的製件，其顯微硬度僅為 515HV。

（3）鎳基合金

① 相對緻密度　SLM 成形製造中使用的鎳基合金主要有：Inconel625、Inconel718、Chromel、Hastelloy X、Nimonic263、IN738LC 以及 MAR-M247。

其中，鉻鎳鐵合金粉末的應用是最多的，其製件主要用於高溫的工程場合。研究中主要關注如何優化 SLM 工藝參數，以形成穩定的雷射熔池，最終獲得全緻密度的 SLM 製件。其中，Inconel718、HastelloyX 和 Nimonic263 的 SLM 製件已經接近 100％的全緻密狀態，而 Inconel625 與 Chomel 還有較大的提升空間。

另外，鎳基合金 SLM 成形製造研究中，最大的焦點是針對鎳鈦合金的「形狀記憶效應」研究。其中 NiTi 的 SLM 製件在溫度為 32～59℃出現馬氏體轉變，在溫度為 59～90℃出現奧氏體轉變。隨後，開展了進一步研究，發現與傳統的 NiTi 合金相比，NiTi 形狀記憶合金具有更好的循環穩定性，但是斷裂強度和斷裂應變更低。

② 材料強度　鎳基合金 SLM 製件的最高極限抗拉強度、屈服強度和伸長率與鈦基合金相似，各種鎳基合金的 SLM 製件，均比相應的鑄件擁有更高的極限抗拉強度。

③ 顯微硬度　關於鎳基合金 SLM 製件顯微硬度的研究相對較少。鎳基合金 SLM 製件的顯微硬度可以透過時效熱處理而提高。

(4) 鋁及其他合金

除了鐵、鈦、鎳基合金外，其他如鋁、銅、鎂、鈷、金、鎢等金屬也被用於 SLM 成形製造。只是針對這些金屬的 SLM 研究與應用相對較少。關於鋁合金，除了研究較為廣泛的 AlSi10Mg 粉末，Al6061、AlSi12、AlMg 等合金粉末也被應用於 SLM 成形製造中。合金製件的性能不僅與 SLM 的製造工藝參數相關，還受粉末形態及粉末含量的影響。通常情況下，粉末顆粒越細、球形度越高、矽含量越大，SLM 製件的相對緻密度越高。

目前，透過 SLM 成形工藝，鋁合金以及鈷鉻合金的相對緻密度可以達到 96％以上，但是其他合金的相對緻密度相對較低，為 82％～95％。因此還有很大的提升空間。AlSi10Mg 經 SLM 成形加工後，其極限抗拉強度、屈服強度和伸長率可分別達到 400MPa、220MPa 和 11％。SLM 製件的強度受相對緻密度的影響很大。孔隙率越大，製件內部的結構組織越容易被破壞，強度也越低。例如，相對緻密度為 92％的 CuNi15 合金，其強度僅為 400MPa。因此，對於其他金屬，首要問題還是研究如何透過 SLM 工藝提高其相對緻密度值，降低孔隙率，以形成全緻密的製件。在表面粗糙度的研究方面，AlSi10Mg 的 SLM 製件 Ra 為 14.35μm，經噴丸加工處理後可以減小至 2.5μm。

在 Al6061 中添加 30％的銅粉後，SLM 製件的表面顯微硬度獲得了顯著的提高，是由於混合後的銅粉與 Al6060 在 SLM 加工過程中形成了 $AlCu_2$ 的原因。

6.2.3　性能的調控方法

SLM 工藝的成形原理和工藝方法與機加工、鑄、鍛等傳統工藝存在明顯差異，其移動微溶池、急速凝固、方向性傳熱及極大溫度梯度等特殊冶金條件導致特殊的微觀組織及宏觀性能，同時成形零件殘餘熱應力大，易造成微裂紋等缺陷[18]。因此，性能的調控顯得尤為重要。目前，主要是對 SLM 成形材料、工藝參數、掃描策略、預熱、重熔、後處理和結構設計等方面進行研究，以期建立起 SLM 成形件宏觀性能的調控方法[3]。

（1）材料

SLM 成形工藝的最大優點是能夠逐層熔化各種金屬粉末形成複雜形狀的金屬零件。然而，SLM 技術在熔化金屬粉末時，在其相應的熱力學與動力學規律作用下，有些粉末的成形易伴隨球化、孔隙及裂紋等缺陷。大量文獻指出，並非所有的金屬粉末都適合於 SLM 成形，因此有必要研究適用於 SLM 成形的金屬粉末材料，並分析相應的冶金機理[19-21]。

同一種粉末的不同粒徑對其成形性也有很大影響，表 6-8 為不同粒徑及其鬆裝密度的粉末。平均粒徑為 $50.81\mu m$ 的 1 號粉末鬆裝密度僅為 54.98%，在 4 種粉末中鬆裝密度最低。由於這種粉末粒徑分布範圍最窄，類似於單一粒徑球體堆積。由球體堆積密度理論[19]，單一粒徑球體堆積密度最小，其平均值為 53.3%。當粉末粒徑減小時，平均粒徑從 $50.81\mu m$ 到 $13.36\mu m$ 變化時，粉體鬆裝密度逐漸變大。2 號和 3 號粉末粒徑分布範圍更廣，不同粒徑的球混合在一起，減小了粉體的孔隙率；在球體堆積理論中，在只有兩種粒徑的球體堆積中，當小大球粒徑比為 0.31 時達到最大。4 號粉末是利用 1 號和 3 號粉末混合而成，假設 1 號和 3 號粉末這兩種粉末都是由粒徑為 $50.81\mu m$ 和 $13.36\mu m$ 的球體組成，那麼在混合粉末中小大球的粒徑比為 0.26，這種配比接近了理想的比例 0.31，最後實測鬆裝密度達到最高的 59.83%[15]。

表 6-8　不同平均粒徑的粉末及其鬆裝密度

粉末編號	1	2	3	4
平均粒徑/μm	50.81	26.36	13.36	47.15
鬆裝密度/%	54.98	55.79	56.13	59.83

選擇 4 種粒徑粉末用雷射功率為 140W，掃描速度為 650mm/s，層厚為 0.02mm 的成形工藝參數進行立方塊體成形，圖 6-61 顯示的是四種粉末粒徑的粉末鬆裝密度與成形後零件的相對緻密度曲線。1、2、3 號粉末成形零件的相對緻密度依次提高，3 號粉末相對緻密度最高，4 號粉末相對緻密度稍高於 1 號粉末而低於 2 號粉末。由 1、2、3 號粉末的相對緻密度結果可以看出，隨著粉末的

鬆裝密度的提高，成形零件的相對緻密度也隨之提高，4 號粉末鬆裝密度最高，但其相對緻密度相對 3 號粉末有所下降，這是因為 4 號粉末中兩種粒徑粉末尺寸相差較大，在熔化過程中，小顆粒的粉末優先熔化，大顆粒的粉末有的則未被熔化，形成球化現象，導致下一層鋪粉不均勻，最終出現孔隙。因此，平均粒徑 $26.36\mu m$ 的相對緻密度最高。

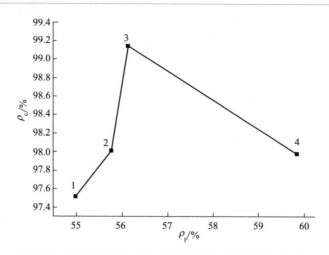

圖 6-61　粉體鬆裝密度與成形後零件相對緻密度的關係

（2）成形工藝參數

SLM 技術的一個重要缺陷是成形過程容易產生孔隙，從而降低金屬件的力學性能，嚴重影響 SLM 成形零件的實用性。SLM 的最終目標是製造出高緻密的金屬零件，因此，研究孔隙的形成以及孔隙率的影響因素對提高成形件性能，提升 SLM 技術的實用性具有非常重要的作用。

由於 SLM 技術是基於線、面、體的成形思路，其緻密化及零件性能受到多種加工參數，如掃描速度 v、雷射功率 P、切片層厚 d、掃描間距 h 的影響。這些參數可以綜合歸納為一個「體能量密度」$\psi = P/(vhd)$ 來表示。隨著體能量密度的提高，成形件的相對緻密度隨之增加，但隨著體能量密度更進一步提高，成形件相對緻密度上升趨勢緩慢並趨近於某一固定值；最後，成形件的相對緻密度與能量密度滿足指數關係，並推導出了緻密化方程[22]。

材料的力學性能是衡量其實用性必不可少的因素。採用不同的掃描速度製作幾組拉伸試樣，以研究其力學性能與緻密性的關係。不同掃描速度下 316L 試樣件的拉伸強度如圖 6-62 所示。可以看出隨著掃描速度的不斷增大，拉伸強度逐漸降低。這是由於較高的掃描速度下成形件的相對緻密度較低，導致其力學性能

下降。圖 6-63 為不同相對密度下的應力-應變曲線,可見,在 96％相對緻密度
下,其拉伸強度可達到 654MPa;隨著相對緻密度的降低至 89％,其拉伸強度也
隨之降至 430MPa;當相對緻密度進一步降低至 78％時,拉伸強度僅為
135MPa。對於低相對緻密度的試樣件,在拉伸力作用下,裂紋優先從孔隙處產
生並擴展,造成了低相對緻密度下較低的力學性能[14]。

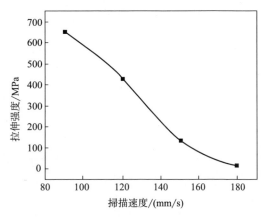

圖 6-62 SLM 成形 316L 不同掃描速度下的抗拉強度 [13]

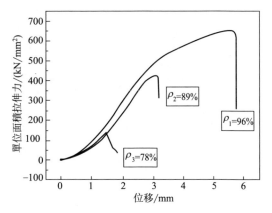

圖 6-63 SLM 成形 316L 不同相對緻密度拉伸件的應力應變曲線

　　圖 6-64 為不同相對緻密度下拉伸件的斷口形貌。較低的相對緻密度下
(78％),斷口顯示出未熔化的球形粉末顆粒〔圖 6-64(a)〕和韌窩特徵〔圖 6-64
(b)〕,說明裂紋從該處擴展,也揭示了其拉伸強度較低的原因;在較高的相對
緻密度下(89％和 96％),斷口顯示出大量細小的韌窩,表現出韌性斷裂與沿晶
斷裂特徵〔圖 6-64(c)～(f)〕[14]。

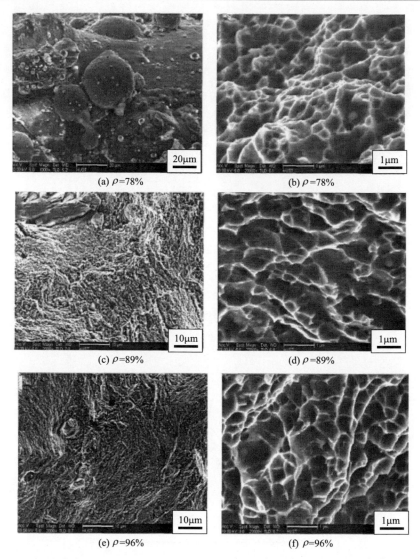

圖 6-64　SLM 成形 316L 不同相對緻密度下成形件的斷口形貌[14]

（3）掃描策略

　　由於 SLM 成形過程中快速冷卻的特性，製件殘餘應力往往是影響其成形的重要因素，透過改變掃描策略可以有效減小其殘餘應力。

　　掃描方式可分為分組變向、分塊變向、跳轉變向和內外螺旋，如圖 6-65 所示。採用 SLM 製造較大金屬零件時，用分組變向單道掃描線長度過長，不利於液態金屬的均勻過渡和連接，為此，把較大金屬零件每層輪廓分為多個小區域進

行掃描，這樣就把大件的製造轉化為多個小件的製作，這樣各個小塊之間都達到良好的成形效果。內外螺旋的掃描方式對截面輪廓為圓形的零件有獨到的優勢，其可以使掃描線均勻過渡，對其他形狀的零件加工也有優於其他掃描方式的特點，由於掃描線不呈直線相加，可以減少零件內部的熱變形累積。此外，該方式還適合內層中空的截面掃描；或者可以和其他掃描方式複合，先加工好內部一定直徑範疇內的輪廓，再用內外螺旋得到良好的整體成形品質[23]。

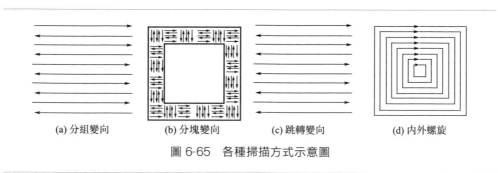

(a) 分組變向　　　　(b) 分塊變向　　　　(c) 跳轉變向　　　　(d) 內外螺旋

圖 6-65　各種掃描方式示意圖

(4) 後處理

後處理改善 SLM 成形件性能的方法通常有固溶強化、退火和熱等靜壓（High Temperature Insostatic Pressing，HIP）等。

① 固溶強化　固溶強化處理是 316L 不鏽鋼零件常用的熱處理方法，目的是使鋼中的碳化物在高溫下固溶於奧氏體中，透過急冷使固溶了碳的奧氏體保持到常溫，減少鋼中鐵素體含量。透過固溶參數的調整，可以對鋼的晶粒度進行控制，使鋼的組織得到軟化，對改善材料性能有著相當重要的意義[24]。

由表 6-9 和圖 6-66 可以看出，經過固溶處理後，SLM 成形 316L 不鏽鋼零件的抗拉強度相對於沒有固溶處理的有一個先降後升的過程，伸長率大幅增加。其中未經處理的試樣屈服強度和抗拉強度分別為 502MPa 和 551MPa。固溶處理保溫 10min 的屈服強度和抗拉強度分別為 371MPa 和 486MPa。固溶處理 20min 的屈服強度和抗拉強度分別為 365MPa 和 505MPa。固溶處理 30min 的屈服強度和抗拉強度分別為 353MPa 和 585MPa。

固溶處理 10min 和 20min 的屈服強度和抗拉強度均低於未經處理的試樣，固溶處理 30min 的試樣屈服強度低於未經處理的試樣，但是抗拉強度高於未經處理的試樣。經過固溶處理的試樣伸長率均高於未經處理的試樣，其中固溶處理 30min 的伸長率達 36.6%，遠遠大於未經處理的 SLM 試樣，SLM 經過固溶處理後，SLM 成形部分的缺陷消除了，其伸長率和抗拉強度增加了。

表 6-9　固溶處理工藝參數與性能[15]

編號	固溶溫度 /℃	固溶保溫時間 /min	屈服強度(0.2%) /MPa	抗拉強度 /MPa	伸長率 /%
1	無	無	502.90	551.20	11.3
2		10	371.23	486.50	19.4
3	1050	20	365.64	505.44	24.2
4		30	353.75	585.14	36.6

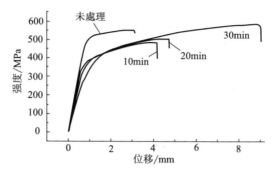

圖 6-66　不同固溶處理保溫時間 SLM 成形 316L 不鏽鋼製件拉伸曲線對比[15]

　　如圖 6-67 所示，未經過固溶處理的 SLM 試樣的硬度在 86HRB，進行固溶處理後，硬度明顯降低。在固溶處理 10min 時，硬度降低到 64HRB，這是因為在固溶處理時，不鏽鋼中的碳化物和 σ 相固溶到奧氏體中，降低了其硬度。另一方面隨著固溶時間的增加，增加了碳化物在基體中的溶解度，提高了奧氏體的穩定性。焠火後，殘餘奧氏體增加，降低了鋼的硬度，但是殘餘奧氏體的存在提高了其抗拉強度。研究表明，在固溶溫度為 1050℃ 時，隨著保溫時間的增加，其強度和硬度都會降低[24]。但在本實驗中，隨著固溶保溫時間的增加，其強度和硬度均有所提高。分析其原因可能是由於本次固溶處理採用的溫控設備不太精確，對溫度控制不準，有 50℃ 的誤差，當溫度接近設定溫度時，變自動加熱，溫度降低後，又重新升溫。故此次固溶處理溫度實際在 1000℃ 左右。在此溫度下，奧氏體的轉變並未停止，隨著保溫時間的增加，奧氏體數量增加，冷卻後形成大量的殘餘奧氏體，增加了其硬度和強度。金屬材料的硬度和強度具有一定的對應關係，本次結果顯示其硬度與圖 6-67 中的抗拉強度顯示出了一致性。

　　溫度對固溶處理的處理效果也有很大影響，採用 850℃、950℃ 及 1050℃ 的固溶溫度對成形零件進行處理，均保溫 30min，完成後放入冷水中進行冷卻。圖 6-68 為不同固溶處理溫度下的試樣拉伸曲線。從 850℃ 開始，隨著溫度的升高，材料的抗拉強度逐漸下降，伸長率隨著上升。在加熱過程中，晶粒的再結晶和長大使材料的強度下降，韌性增強。溫度的升高使得奧氏體的數量增加，導致

更多的碳化物溶入奧氏體中，得到的組織韌性變好，但溫度的增加使得晶粒長大，降低了強度。

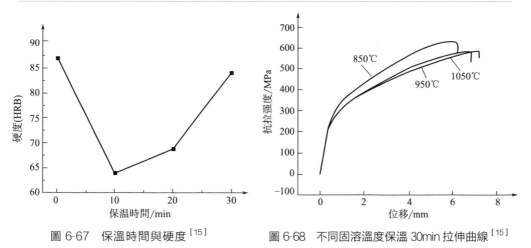

圖 6-67　保溫時間與硬度[15]　　　　圖 6-68　不同固溶溫度保溫 30min 拉伸曲線[15]

316L 不鏽鋼具有良好的力學性能、耐腐蝕性能、耐熱性和焊接性。316L 不鏽鋼的腐蝕主要是晶間腐蝕。其成因是在 400～900℃ 範圍內，在晶界容易析出含鉻的碳化物，其從奧氏體中析出首先是發生在不規則的高能截面，然後在非共晶孿晶界析出，最後在晶體內部形成。高鉻碳化物的形成造成了晶界周圍鉻的缺乏，鉻的擴散較為緩慢，來不及補充因形成碳化物而流失的鉻，造成貧鉻現象。這種碳化物的形成對材料的耐腐蝕性產生很大影響，並且會降低鋼的塑性和韌性。固溶後的試樣進行時效處理會改善材料的性能[24-26]。透過對 SLM 成形試樣進行時效處理，可以研究不同時效處理條件下不鏽鋼的性能及微觀組織，為避免晶間腐蝕和材料抗腐蝕性能提供依據。採用 1050℃固溶 30min 後，再對試樣分組進行時效處理。時效處理時間為 24h，時效處理溫度為 650℃、750℃和 850℃。

不同時效溫度對固溶後的 SLM 成形的拉伸性能的影響如圖 6-69 所示，從圖中可以看出，750℃時效處理 24h 後，拉伸強度較固溶後有所提高，850℃和 650℃時效處理 24h 後的強度同固溶後比較沒有太大差別。其中 850℃時效處理後零件的拉伸強度最差，750℃時效處理後的拉伸強度最好。

華中科技大學史玉升教授組發現固溶熱處理溫度會顯著影響 SLM 成形 316L 不鏽鋼的晶粒大小，隨著溫度的升高，晶粒逐漸長大，同時熔池邊界也逐漸消失，熔池邊界缺陷減少；固溶溫度對抗拉強度的影響較小，但對製件的塑性即伸長率有顯著的影響；適合的熱處理工藝以在適當降低抗拉強度的同時顯著提高製件的塑性，當熱固溶處理溫度為 1050℃ 時，其抗拉強度下降 5%，伸長率提高 62%[2]。

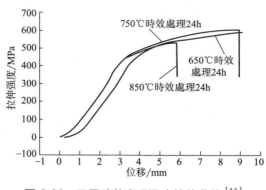

圖 6-69　不同時效處理溫度拉伸曲線[14]

② 退火　透過退火處理可以大大改善成形件拉伸性能的各向異性，不同的熱處理工藝顯著影響試樣的拉伸性能，其中 SLM 成形 420 模具鋼焠火＋回火的熱處理工藝後組織為微細的馬氏體和均勻分布的碳化物，抗拉強度提高到 1837MPa，伸長率提高到 13.8％。耐磨性結果與成形件的硬度一致，成形件硬度越大，耐磨性越好。耐磨性最好的熱處理工藝如下：熱處理溫度 1050℃，保溫 30min 後進行水冷，摩擦磨損量由 SLM 成形件的 34.6mg 降低為 23mg，耐磨性提高了 33.5％[3]。

③ HIP　HIP 主要用於金屬材料的粉末成形固結。近 30 年來，熱等靜壓技術在鑄件處理中得到了迅速的發展，英美許多飛機製造廠已經明文規定，將熱等靜壓處理作為葉片等關鍵零件鑄造生產線上必不可少的工序[27]。熱等靜壓處理鑄件消除了鑄件中的微小氣孔等缺陷，經熱等靜壓處理的鑄件性能接近或優於鍛件水平[28]。HIP 對鑄件的後處理效果為 SLM 製件 HIP 後處理提供了可行性理論依據。

SLM 製件 HIP 後處理思路為：用普通的 SLM 成形方法成形出一定性能的製件；根據 SLM 製件的性能參數等制定 HIP 後處理的工藝曲線；將 SLM 製件放到熱等靜壓爐裏按照設定的工藝曲線進行 HIP 後處理[8]。

透過 SLM 成形參數加工出的樣品表面形貌如圖 6-70 所示，樣品 1 表面平整無孔洞，表面相對起伏小；樣品 2 表面有些起伏，有少許細小孔洞，大部分為光潔表面，但是熔道潤濕角偏大，表面起伏較大；樣品 3 中熔化的金屬雖然相互連接在一起，但是熔化金屬之間存在大量孔洞，而且孔洞連通到下一層。

透過將樣品 1 和樣品 2 在 Z 方向上截面拋光後發現，樣品 1 中還是存在少許微裂紋 [圖 6-71(a)]，該微裂紋形成原因主要是掃描層間黏結不牢，其次，SLM 掃描過程是溫度場迅速變化的過程，加工過後零件內存在由熱應力引起的

殘餘應力而造成的裂紋，此種裂紋內部一般是真空狀態。這些微裂紋的存在直接造成了零件整體性能的下降，因為缺陷與微裂紋會在零件工作狀態下受力而擴展，零件的斷裂強度和疲勞強度都會下降很多，這也是 SLM 加工不可避免的一個缺陷。樣品 2 中不僅存在明顯的裂紋，還有較多的不規則封閉孔［圖 6-71 (b)］，孔的形成原因是鋪粉層厚過大，層與層之間存在熔化的金屬不能填充的地方，而金屬冷凝速度非常快，內部氣體沒有及時溢出。

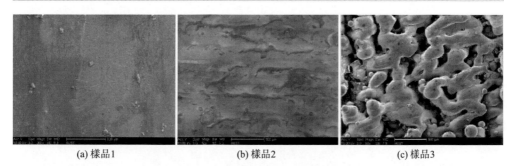

(a) 樣品1　　　　　　　　(b) 樣品2　　　　　　　　(c) 樣品3

圖 6-70　SLM 加工的樣品表面形貌[8]

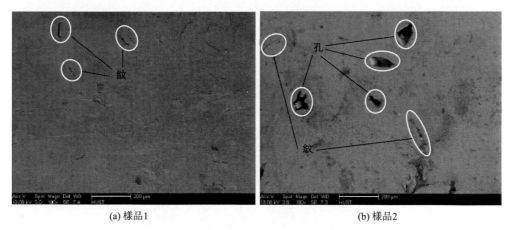

(a) 樣品1　　　　　　　　　　　　　(b) 樣品2

圖 6-71　SLM 樣品 1 與樣品 2 截面圖[8]

　　對三個試樣塊進行 HIP 後處理。HIP 後處理過程中，三個樣品在高溫下保持時間較長（2h），AISI316L 熱導率比較高，因此樣品各處的溫度均能達到1050℃，溫度接近 AISI316L 熔點的 80％。樣品在高壓作用下，剛開始發生的是彈性形變，金屬的屈服強度隨著溫度的上升會下降[29]，隨著壓強和溫度的升高，作用在樣品上的力逐漸超過了屈服強度，而且由於金屬在高溫高壓下有蠕變性，樣品中的晶粒在高溫高壓下，會透過滑移再結晶等實現變形，來調整各處壓力平

衡,最終在保溫保壓階段,整個樣品內部壓強將穩定在 100MPa。

經過 HIP 後處理後,三個試樣塊微觀組織(圖 6-72)發生了較大的變化,在 HIP 作用下都發生了內部閉合孔縮小癒合的現象。由於樣品 1 中的微裂紋大部為真空裂紋,因此 HIP 後微觀裂紋全部消失,幾乎處於全緻密狀態,只有少許微小的球形孔 [圖 6-72(a)]。由於孔隙內氣壓較小,而零件受到熱等靜壓的力很大,因而孔壁會沿所受合力的方向移動,真空裂紋在 HIP 處理下會全部癒合,而內部有殘餘氣體的閉合孔或者裂紋隨著孔壁和裂紋壁的閉合和遷移,孔隙空間越來越小,孔內氣體逐漸被壓縮,壓強越來越大。當孔隙中氣體壓強等於 100MPa 時,孔隙內氣體體積不再發生變化。但是,此時由於不規則孔隙表面能比較高,在 HIP 作用下孔壁金屬材料仍然未處於壓力平衡狀態,因此孔隙逐漸球化以降低表面能,達到最終的平衡狀態 [圖 6-72(b)][27]。而樣品 3 中孔洞仍然很大很明顯 [圖 6-72(c)],這是由於樣品 3 中孔洞大部分為通孔,高壓氣體可以進入其中,HIP 不能將孔隙癒合。

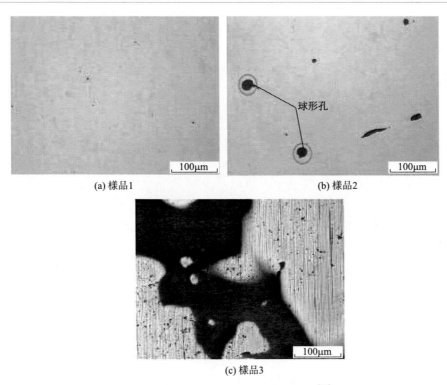

(a) 樣品1   (b) 樣品2

(c) 樣品3

圖 6-72　HIP 後處理後樣品截面形貌 [8]

用王水在室溫下對三個樣品進行腐蝕,其中樣品 1 和樣品 2 腐蝕 20s,樣

品 3 腐蝕 10s，在光學纖維鏡下觀察其微觀的相組織如圖 6-73 所示，其中，Z 方向為 SLM 加工層疊加方向。從圖 6-73 可以看出，用 SLM 成形的樣品 1、樣品 2 和樣品 3 在相同的 HIP 工藝下，其微觀組織也有明顯的不同。樣品 1 與樣品 2 腐蝕時間適中，晶界清楚。樣品 3 雖然腐蝕時間較短，但是由於其孔隙率比較高，根據腐蝕動力學原理，樣品 3 處腐蝕過度，而且晶界腐蝕效果還不明顯。

(a) 樣品1

500μm

(b) 樣品2

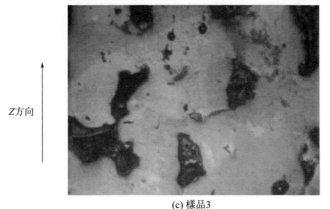

Z方向

(c) 樣品3

圖 6-73　HIP 後處理後樣品金相組織 [8]

　　對比樣品 1 和樣品 2 的微觀組織，發現相同 HIP 工藝參數下，樣品 2 晶粒比樣品 1 更細小。這是因為 HIP 處理之前，樣品 1 相對於樣品 2 裂紋與微孔少，相對緻密度高，層間結合好，因此在 HIP 的過程中，樣品 1 內部晶格變形和蠕變少，晶粒有更多的時間長大，而且不會被變形和蠕變打碎，最終的結果就是晶粒相對粗大。

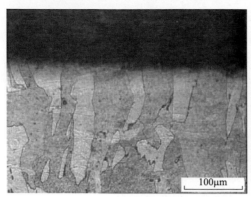

(a) 晶粒生長方向

(b) 微裂紋處晶粒狀態

(c) 晶粒粗大

圖 6-74　樣品 1 金相組織[8]

　　觀察 HIP 後樣品 1 的晶粒，晶粒生長方向主要是沿著 SLM 加工 Z 方向 [圖 6-74(a)]。在生長過程中，因為有少許微裂紋和層間結合不好，還會產生如圖 6-74(b) 所示的晶粒沿裂紋生長的細化現象。但是大部分晶粒較大 [圖 6-74 (c)]，晶粒生長受 SLM 加工層影響較小，因為 SLM 加工時，樣品 1 鋪粉層厚較小，雷射能量除熔化粉末外，剩餘能量將熔化部分已成形層，所有的熔液最後凝固成為新成形層的一部分，因此層間結合緊密，宏觀上沒有層間裂紋，成分差異小。

　　HIP 後樣品 2 晶粒生長大部分則是在層間生長，穿層生長不如樣品 1 中多，如圖 6-75(b) 所示，晶粒的生長主要是從層與層之間的結合部分開始，

這主要是因為 SLM 加工是分層加工，樣品 2 鋪粉層厚較厚，是樣品 1 的 2 倍，由於每層熔液金屬比重不同，存在表面氧化現象，造成了製件在 Z 方向上成分不同，而晶粒的生長正是以氧化物或缺陷為襯底，因而主要從層與層結合處開始。

由於雷射的能量不足以將已成形層部分熔掉，會造成層與層之間結合併不緊密，因而在 HIP 作用下，孔隙開始閉合，且孔隙處變形較大，晶粒會被壓碎而變得相對細小，如圖 6-75(a) 所示。層間結合不存在孔隙時，因為結合處存在成分上的不同，晶粒的生長大部分也以此為襯底，如圖 6-75(b) 所示。

對於圖 6-71(b) 中存在的非真空孔，熱等靜壓後一般變為球形孔或者類球孔，如圖 6-72(b) 所示，此類孔由於邊界能低，一般不會成為晶粒生長的襯底，可以發現其周圍晶粒較粗大，孔基本包含在一個晶粒內 [圖 6-75(c)]，可以預想到此類孔對試樣最終的性能影響不會很大，裂紋源形成較困難，所以 HIP 後樣品 2 的性能會得到很大的提升。

但是如果孔洞太大，由於 HIP 下材料會透過蠕變來使各處壓力平衡，孔洞周圍的晶粒就變得非常細小，如圖 6-75(d) 所示。而對於邊緣處的開孔，由於高壓氫氣可以進入孔內，孔內壁同時也受到了 100MPa 的壓力，如同樣品 3 的結果一樣不會閉合 [圖 6-75(e)]。

樣品 3 由於腐蝕難度比較大，微觀組織（圖 6-76）不是很明顯，但是仍然可以看出其晶粒比較粗大，說明其在 HIP 過程中變形相對較少。

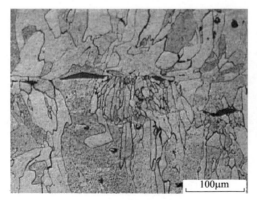

(a) 變形導致晶粒細小

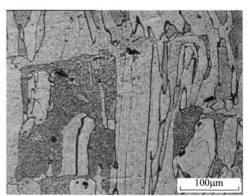

(b) 晶粒沿層間生長

圖 6-75

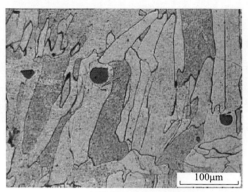

(c) 圓孔對晶粒大小無影響　　　　　　　　　(d) 宏觀孔處晶粒細化

(e) 通孔HIP後不閉合

圖 6-75　樣品 2 金相組織[8]

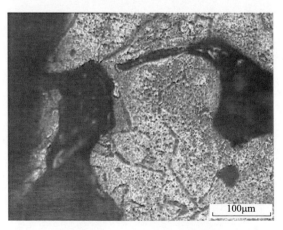

圖 6-76　樣品 3 金相組織[8]

參考文獻

［1］ 章文獻. 選擇性雷射熔化快速成形關鍵技術研究[D]. 武漢：華中科技大學，2008.

［2］ 張升. 醫用合金粉末雷射選區熔化成形工藝與性能研究[D]. 武漢：華中科技大學，2014.

［3］ 趙曉. 雷射選區熔化成形模具鋼材料的組織與性能演變基礎研究[D]. 武漢：華中科技大學，2016.

［4］ Qian T T, Liu D, Tian X J, et al. Microstructure of TA2/TA15 graded structural material by laser additive manufacturing process[J]. Transactions of Nonferrous Metals Society of China, 2014, 24（9）: 2729-2736.

［5］ Tian X J, Zhang S Q, Wang H M. The influences of anneal temperature and cooling rate on microstructure and tensile properties of laser deposited Ti-4Al-1. 5Mn titanium alloy[J]. Journal of Alloys & Compounds, 2014, 608（5）: 95-101.

［6］ 蔡玉林，鄭運榮. 高溫合金的金相研究[M]. 北京，國防工業出版社，1986: 136.

［7］ 張潔. 雷射選區熔化 Ni 625 合金工藝基礎研究[D]. 武漢：華中科技大學，2015.

［8］ 王志剛. 選擇性雷射熔化成形及熱等靜壓後處理微觀研究[D]. 武漢：華中科技大學，2011.

［9］ E. O. Olakanmi, R. F. Cochrane, K. W. Dalgarno. A review on selective laser sintering/melting（SLS/SLM）of aluminium alloy powders: Processing, microstructure, and properties[J]. Progress in Materials Science 74（2015）: 401-477.

［10］ Song B, Dong S, Coddet C, et al. Rapid in situ fabrication of Fe/SiC bulk nanocomposites by selective laser melting directly from a mixed powder of microsized Fe and SiC [J]. Scripta Materialia, 2014: 90-93.

［11］ Zhao X, Song B, Fan W, et al. Selective laser melting of carbon/AlSi10Mg composites: Microstructure, mechanical and electronical properties [J]. Journal of Alloys and Compounds, 2016: 271-281.

［12］ 程靈鈺. SLM 製作不鏽鋼和奈米羥基磷灰石複合材料研究[D]. 武漢：華中科技大學，2014.

［13］ 徐祖耀：材料表徵與檢測技術[M]. 北京：化學工業出版社，2009.

［14］ 李瑞迪. 金屬粉末選擇性雷射熔化成形的關鍵基礎問題研究[D]. 武漢：華中科技大學，2010.

［15］ 王黎. 選擇性雷射熔化成形金屬零件性能研究[D]. 武漢：華中科技大學，2013.

［16］ AlMangour, Bandar. Selective laser melting of TiC reinforced 316L stainless steel matrix nanocomposites: Influence of starting TiC particle size and volume content [J]. Materials & Design. 2016,（104）: 141-151.

［17］ 周旭. 雷射選區熔化近 α 鈦合金工藝基礎探討[D]. 武漢：華中科技大學，2015.

［18］ Song B, Zhao X, Li S, et al. Differences in microstructure and properties between selective laser melting and traditional manufacturing for fabrication of metal parts: A review[J]. Frontiers of Mechanical Engineering, 2015, 10（2）: 111-125.

[19] Wang Y, Bergström J, Burman C. Characterization of an iron-based laser sintered material[J]. Journal of materials processing technology, 2006, 172（1）: 77-87.

[20] Gu D D, Shen Y F. Development and characterisation of direct laser sintering multicomponent Cu based metal powder[J]. Powder metallurgy, 2013.

[21] Zhu H H, Lu L, Fuh J Y H. Development and characterisation of direct laser sintering Cu-based metal powder[J]. Journal of Materials Processing Technology, 2003, 140（1）: 314-317.

[22] Simchi A. Direct laser sintering of metal powders: Mechanism, kinetics and microstructural features［J］. Materials Science and Engineering: A, 2006, 428（1）: 148-158.

[23] 付立定. 不鏽鋼粉末選擇性雷射熔化直接製造金屬零件研究 [D]. 武漢: 華中科技大學, 2008.

[24] 侯東坡, 宋仁伯, 項建英, 等. 固溶處理對 316L 不鏽鋼組織和性能的影響[J]. 材料熱處理學報, 2010, 31（12）: 61-65.

[25] 丁秀平, 劉雄, 何燕霖, 等. 316L 奧氏體不鏽鋼中時效條件下析出相演變行為的研究[J]. 材料研究學報, 2009, 23（3）: 269-274.

[26] 劉小萍, 田文懷, 楊峰, 等. 時效處理 SUS316L 不鏽鋼中析出相的晶體結構和化學成分[J]. 材料熱處理學報, 2006, 27（3）: 81-85.

[27] 馬福康. 等靜壓技術[M]. 北京: 冶金工業出版社, 1992.

[28] 王愷, 王俊, 康茂東, 等. 熱等靜壓對 K4169 高溫合金組織與性能的影響[J].中國有色金屬學報, 2014, 24（05）: 1224-1231.

[29] 黃培雲. 粉末冶金原理[M]. 北京: 冶金工業出版社, 1982.

第7章

應用實例

7.1 隨形冷卻模具

7.1.1 隨形冷卻技術

（1）隨形冷卻模具

模具是現代工業生產之母，是現代製造業的基礎工藝裝備，大多數工業產品的零部件都依靠模具技術來生產。模具由多個系統組成，其中，冷卻系統對模具的壽命、產品的生產效率和品質都有著至關重要的作用。以注塑模具為例，冷卻模具所需要的時間占整個生產週期的 2/3 以上，因此，一個有效的冷卻系統將大大減少冷卻所需的時間，從而極大地提高生產效率。傳統的冷卻系統主要由直孔式的冷卻水道組成，直孔水道無法均勻貼近型腔和型芯表面，冷卻效果不均勻［圖 7-1(a)］。同時，直孔式冷卻水道系統難以滿足模具結構複雜化的趨勢，只能

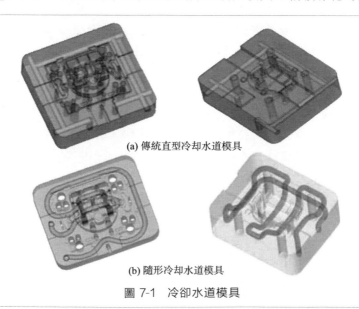

(a) 傳統直型冷却水道模具

(b) 隨形冷却水道模具

圖 7-1　冷卻水道模具

採用銅鑲塊來滿足局部位置的冷卻要求，這無疑增加了模具製造的週期與成本。隨形冷卻水道（Conformal Cooling Channels，CCC）系統是現在冷卻效率較高的方式，將冷卻水道緊附於模具型腔表面［圖 7-1(b)］，隨模具型腔形狀變化而改變，可以極大提高模具的冷卻效率和冷卻均勻性。研究隨形冷卻流道的設計與製造技術是提升模具性能和自主創新的重要手段，從而增強我國模具行業的競爭力[1,2]。

　　然而，使用傳統的機加工、電火花等技術製造複雜的隨形冷卻水道難度很大，亟需尋求一種新的加工方法。3D 列印技術是 20 世紀 80 年代末出現的一種先進製造技術，該技術基於逐層疊加材料的製造原理，將複雜的結構分解為二維製造，可快速製造出任意複雜的結構[3,4]。20 世紀 90 年代 3D 列印技術已經開始應用於模具的快速製造，主要是間接製造模具，如透過矽膠軟模翻模製造模具，間接製造的模具在性能、使用壽命上都存在局限性。隨著 3D 列印技術的進一步發展，雷射 3D 列印技術使用高能雷射束熔化微細金屬粉末，可以直接製造出高性能形狀複雜的接近全緻密的金屬模具，推動了模具隨形冷卻技術的發展，進一步地提升了模具冷卻性能。相比於傳統加工方法，該技術具有以下優點。

　　① 縮短模具製造工藝流程，加快研發與製造過程。

　　② 可以加工高強高溫材料，製造高端模具。

　　③ 可以快速製造高性能的具有隨形冷卻水道的模具鑲塊。

(2) 海內外同類產品和技術現狀

　　隨著現代注塑成形工藝的不斷發展，傳統的冷卻技術難以滿足現代化工業生產的要求。1994 年，MIT 的研究人員最早提出了隨形冷卻技術。1998 年，Jacobs 使用電鑄銅鎳合金材料的隨形冷卻注塑模，和傳統冷卻模具相比，生產效率提高了 70%。目前主要有以下幾種方法製造具有隨形冷卻水道的模具。

　　① 機加工鑲拼結構模具製造技術　普通直線型圓孔冷卻水道是透過機加工得到的，當注塑模冷卻水道為隨形冷卻時，傳統工藝無法完成其加工過程。但是透過模具鑲拼結構設計，並根據冷卻水道的空間結構劃分成不同的加工塊，分別進行加工，再透過一定的組合技術，最終可以得到具有模芯鑲塊結構的模型。採用模具鑲拼結構，模具製作成本高，週期長，同時，採用鑲拼結構的模具容易發生冷卻水道冷卻介質泄漏的現象，影響模的使用壽命和模具強度。

　　② 間接模具製造方法　隨著 3D 列印技術的發展，20 世紀 90 年代開始使用該技術用於模具的快速製造，被稱為快速模具技術（Rapid Tooling，RT），其中一種是透過快速精密鑄造獲得模具，即採用光固化、雷射選擇性燒結等方法快速成形出模具的半中空熔模原型，再將熔模與澆鑄系統裝配，掛漿焙燒獲得陶瓷殼，然後進行精密鑄造，經過熱處理、校正、修整後得到所需的金屬模具；另一種方法是使用 RT 技術製造模具原型，然後進行浸滲金屬等後處理。間接模具製

造方法主要使用雷射選區燒結、三維噴墨列印等技術成形原型，其緻密度較低（約50％），透過浸滲銅等低熔點金屬，最終可得到緻密度超過90％的模具。

③ 雷射3D列印技術直接製造模具　雷射3D列印技術使用高能雷射束，根據三維數據模型，逐層熔化金屬粉末材料，堆積製造出任意複雜形狀的金屬零部件，可以快速製造出任意形狀的複雜模具零件。自20世紀90年代德克薩斯大學發明雷射選區燒結（Selective Laser Sintering，SLS）後，許多雷射3D列印技術開始用於直接製造金屬模具，包括雷射選區熔化（Selective Laser Melting，SLM）、雷射直接燒結（Direct Metal Laser Sintering，DMLS）、雷射近淨成形（Laser Engineered Net Shaping，LENS）等方法。這些方法的主要特點如表7-1所示。

表 7-1　直接製造金屬模具的雷射 3D 列印技術特點

原理	工藝	雷射類型	層厚/mm	特點
燒結	SLS	CO_2 雷射器	0.08 左右	需要浸滲處理來提高零件緻密度
	DMLS	CO_2/Nd:YAG/光纖雷射器	0.02～0.04	①基於粉床技術,成形材料廣 ②成形精密度高,但尺寸較小 ③零件緻密度為 95％～98％
熔化	SLM	Nd:YAG/光纖雷射器	0.02～0.10	①金屬粉末完全熔化 ②零件緻密度≥99％ ③成形精密度高,可達到 0.1mm,零件尺寸較小
涂覆	LENS	Nd:YAG 雷射器	0.13～0.38	①基於同軸送粉技術,可製造梯度材料 ②零件緻密度≥99％ ③成形尺寸大,精密度較差
	DMD[①]	CO_2/Nd:YAG 雷射器	0.25 左右	

①DMD 為直接金屬沉積技術。

在上述方法中，SLM、LENS、DMD可以成形接近全緻密的金屬模具，其中SLM技術成形精密度高，適用材料廣泛，可成形具有複雜內部結構的隨形流道模具，所需後加工少，因此成為面向模具快速製造的雷射3D列印技術中最具潛力的技術之一。

20世紀90年代末，SLM技術開始應用於模具直接製造中。海內外學者深入研究了SLM成形的工藝、材料等要素，提升SLM成形模具製件的性能，以滿足模具應用的實際需求。F. Abe和K. Osakada等人[1]研究比較了Al、Cu、

Fe、316L 不鏽鋼、Cr 和 Ni 基材料的 SLM 成形性，發現 Ni 基材料最適合製造模具，使用該材料製造出緻密度為 88％、硬度為 HV740 的模具，然而該模具存在裂紋、翹曲、表面粗糙不平等問題。M. Badrossamay 和 T. H. C. Childs 等人[2] 研究了 H13、M2 模具鋼等材料 SLM 過程中掃描速度、掃描間距和粉末熔化品質間的關係，為成形高性能的金屬模具提供指導。華中科技大學王黎[3] 等人使用 SLM 方法成形具有隨形冷卻流道的模具，採用 316L 不鏽鋼粉末，研究了成形件的緻密度、尺寸精密度和力學性能，並得到了注塑產品，但 316L 不鏽鋼無法滿足模具在硬度和強度上的要求，如圖 7-2 所示。

(a)　　　　　　　　　　　　　　　(b)

圖 7-2　華中科技大學製造的隨行冷卻模具鑲塊

　　目前德國 EOS、SLM Solutions GmbH、意大利 Inglass-HRS Flow 等公司已有較為成熟的材料與工藝，並取得了一些成功案例。德國 EOS 使用雷射 3D 列印技術，快速響應市場需求，在 52h 內製造出了家電模具鑲塊（圖 7-3），採用模具後注塑週期縮短 31％（由 38.9s 下降至 26.5s），交貨週期從 18 天下降至 1 天，同時降低了產品的翹曲變形。德國弗朗霍夫研究所 Becker 教授和 Wissenbach[4] 使用 Cu 合金製造了接近全緻密的模具（圖 7-4），具有極高的冷卻效率。

圖 7-3　德國 EOS 隨行冷卻成功案例

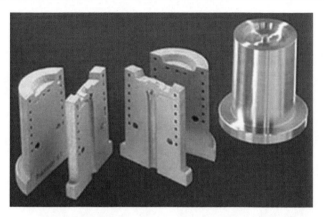

圖 7-4 德國弗朗霍夫研究所製造的銅合金隨形冷卻模具鑲塊

由於階梯效應和微細粉末的燒結作用，SLM 成形零件表面粗糙度較高（一般在 $Ra10\mu m$ 以上），為了尋求成形效率、尺寸、形狀精密度和表面品質等的最優配合，模具製造採用複合加工方式。Jeng 和 Mognol 等人[5] 使用傳統機加工和雷射快速成形複合加工方法製造模具，包括模具坯型製造、3D 列印和後處理，並研究了優化成形效率的方法。

（3）發展趨勢和前景預測

雖然目前海內外關於隨形冷卻水道的優化設計取得了一定的成就，但是仍然不夠完善，為了提高注塑產品的生產效率和成形品質，降低生產成本，需要對隨形冷卻水道進一步優化設計。

綜上所述，當前使用雷射 3D 列印成形的模具集中在注塑模具上，總的來說我國相關方面的研究與國外水平接近，但是應用推廣差距很大。在成形工藝的穩定性、成形效率的優化和成形零件的功能驗證上仍需進行深入研究，同時，仍需對隨形冷卻水道的設計優化進行進一步研究，並結合實際零件進行驗證和優化，建立一套隨形冷卻水道設計優化的方法，實現 3D 列印技術模具製造在實際生產中的應用。

7.1.2 隨形冷卻模具案例

（1）尿布桶蓋

尿布桶蓋零件有很薄的產品結構，該結構決定了在模具設計時會有很薄的模具鑲件，如圖 7-5 所示。傳統的模具設計方案不能在產品這個位置的鑲件上排布水路，因此這會導致模具在生產時的冷卻很困難，嚴重影響產品的成形週期和產

品的變形量。市場上競爭廠家的該類模具在產品結構處都是採用鈹銅鑲件，但是實際的生產效果顯示成形週期比較長，產品的翹曲變形量比較大，不能完全滿足客戶對產品週期和產品品質的嚴格要求。如果在該模具設計時採用 3D 列印技術成形和加工該部位的鑲件以及水路，這樣能對產品該部位的冷卻水路進行隨形設計，使得水路可以最小的距離貼近產品的表面，實現產品的完全冷卻，可以大大地提高冷卻效率和改善產品的翹曲變形。該產品的鑲件和鑲件的水路設計如圖 7-6 所示。

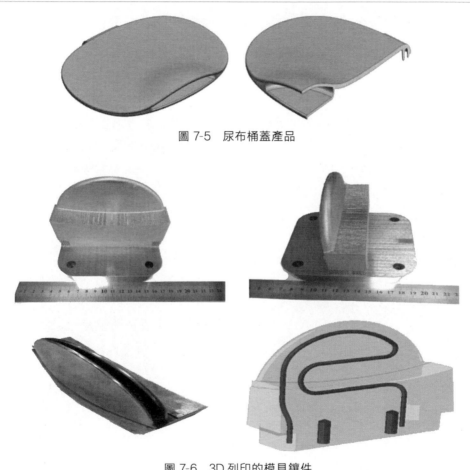

圖 7-5　尿布桶蓋產品

圖 7-6　3D 列印的模具鑲件

　　鈹銅鑲件和 3D 列印鑲件 2 種方案在試模驗證時進行比較，成形時的冷卻時間和成形週期如表 7-2 所示，鈹銅鑲件和 3D 列印鑲件成形的塑膠零件變形比較如圖 7-7 所示。透過比較兩種鑲件成形的產品，能夠明顯地看出 3D 列印鑲件對產品的翹曲變形有明顯的改善，主要是裝配後兩個產品之間的空隙更小、更均勻。

表 7-2 　兩種鑲件的冷卻時間和成形週期　　　　　　　s

項目	注保時間	冷卻時間
3D 列印鑲件	7	16
鈹銅鑲件	7	25

圖 7-7 　兩種鑲件的產品變形對比

左側—3D 列印鑲件成形的產品；右側—鈹銅鑲件成形的產品

　　透過對 3D 列印鑲件和鈹銅鑲件的驗證比較可以明顯知道，3D 列印的鑲件在實際生產中能夠很好地改善模具成形時的生產週期和產品翹曲變形量，完全滿足客戶對效率和產品品質的嚴格要求，給客戶帶來了一定的經濟效益。

（2）蓋子和盒子

　　該產品成形時的主要問題是注塑用料是回收 PET（R-PET），為結晶性塑膠，其成形的材料工藝溫度區間只有 20℃，但是成形的塑膠溫度又比較高，達到了 270℃，導致澆口處的發白問題一直不能解決。以前的解決辦法是採用添加色母生產彩色的產品來解決澆口處的發白問題，在該模具早期設計中，諮詢資深的熱流道公司，邀請他們提供眾多改善方案，但是在實際驗證中都不能很好地解決澆口處的發白問題，如圖 7-8 所示。

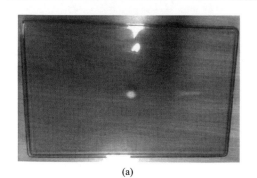

(a)　　　　　　　　　　　　　　　　　(b)

圖 7-8 　熱流道公司提供的設計方案成形的產品

　　產生澆口處的發白問題主要是由澆口的冷卻不足引起的，由於回收 PET（R-PET）是結晶性的塑膠，其成形時需要比較高的溫度，但是冷卻時澆口處的溫度要快速的冷卻，而熱流道公司提供的方案都不能很好地對澆口處的模具進行冷卻。因此採用 3D 列印的加工方案進行澆口處的冷卻套的加工，3D 列印的加工方法能使得冷卻水路隨著需要冷卻的產品面並且會盡可能地靠近需要冷卻的部位，能起到優良的冷卻效果，兩種澆口處冷卻套水路的設計如圖 7-9 和圖 7-10 所示。

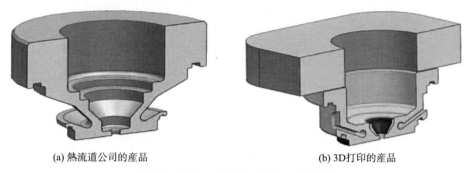

(a) 熱流道公司的產品　　　　　　　　　(b) 3D打印的產品

圖 7-9　兩種方案設計的澆口處冷卻套

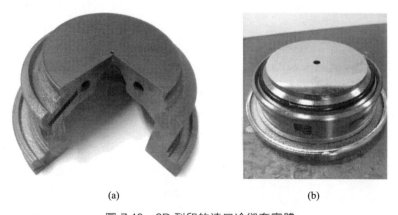

(a)　　　　　　　　　　　　(b)

圖 7-10　3D 列印的澆口冷卻套實體

　　3D 列印的澆口冷卻套成形試模時能夠很好地對澆口處進行冷卻，比較好地保證了澆口處的模具溫度，成形的產品也能夠比較好地滿足客戶的要求，尤其是生產透明產品時，生產的具體樣件效果如圖 7-11 所示。比較熱流道公司提供的冷卻套成形的產品，可很明顯地發現澆口處的發白問題得到了很好的改善。

　　透過這些例子可以發現 3D 列印加工技術在模具設計和製造中能明顯的改善生產效率和改善產品品質。

圖 7-11　3D 列印的澆口冷卻套成形的塑膠樣件

（3）格力軸流風葉模具

　　格力精密模具公司 3D 列印車間成立於 2013 年，車間成立以來，為格力電器解決傳統手板工藝製作離心風葉樣件平衡不達標、異形金屬零件難加工、週期長等難題，並透過金屬列印模具零件，成功解決了空調軸流風葉、離心風葉及其他模具成型週期長、軸心零件壽命短等問題，分別提高日產量 6％～30％，增加易損零件壽命 4～6 倍，減少了注塑設備和模具投入成本，如圖 7-12 所示。

圖 7-12　3D 列印的軸流風葉模具鑲件

（4）Kärcher-凱馳清潔系統

　　Kärcher-凱馳是暢銷全球的清潔系統品牌，每年位於 Obersontheim 工廠的緊湊型 K2 高壓清洗機的出貨量在 200 萬左右。其引人注目的明亮黃色外殼是透過注塑方式製造出來的，如圖 7-13 所示。

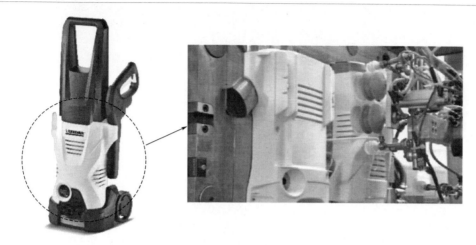

圖 7-13　Kärcher-凱馳清潔系統

　　凱馳為了滿足日益增長的訂單要求，需要從注塑過程中提高生產效益，而注塑環節中的模具則在注塑效益過程中發揮重要作用。使用常規冷卻，注塑週期為 52s，其中的 22s 用來冷卻，從 220℃的熔化溫度冷卻到 100℃的脫模溫度。這些零件的模具是非常複雜的，並且透過傳統加工技術加工出來的冷卻系統包含幾個單獨的冷卻回路，每分鐘透過 10L 左右的冷卻水。並且傳統模具在注塑過程中存在許多不均勻的焦點，而這些焦點有可能會影響注塑品質。圖 7-14 所示為傳統加工方式製造的模具中的冷卻回路及模具在 22s 冷卻週期結束時壁溫的熱成像顯示。

　　3D 列印注塑模具的第一步是模流模擬分析。特別是焦點需要進一步分析，因為這些因素影響到冷卻時間。透過軟體，進行了 20 個週期的模擬，包括壁溫的分析來最終確認最佳的建模方案。透過在焦點區域增加 4mm 直徑的冷卻通道，在模流分析中發現有顯著的改善，獲得更均勻的溫度分布，並獲得更短的冷卻週期，如圖 7-15 所示。

　　在凱馳的案例中，採用 3D 列印製造的模具，其冷卻週期從 22s 減少到 10s，縮短了 55％的冷卻時間，更快的冷卻效果使得產量提高了 40％，從原來的 1500 件/天提升到 2100 件/天。

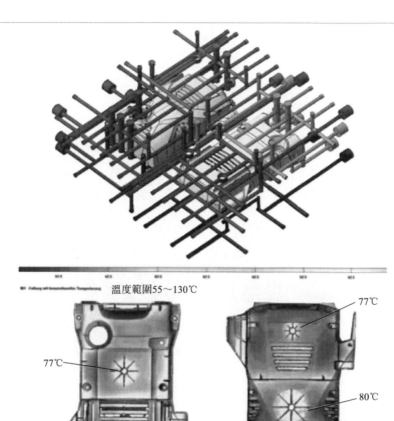

溫度範圍55～130℃

77℃

77℃

80℃

119℃

115℃

圖 7-14 傳統模具中冷卻系統回路及注塑過程熱成像顯示

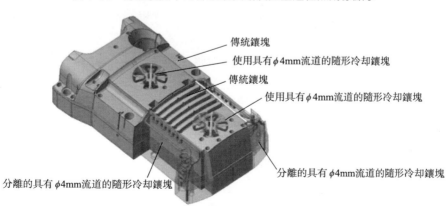

傳統鑲塊

使用具有φ4mm流道的隨形冷却鑲塊

傳統鑲塊

使用具有φ4mm流道的隨形冷却鑲塊

分離的具有φ4mm流道的隨形冷却鑲塊

分離的具有φ4mm流道的隨形冷却鑲塊

圖 7-15

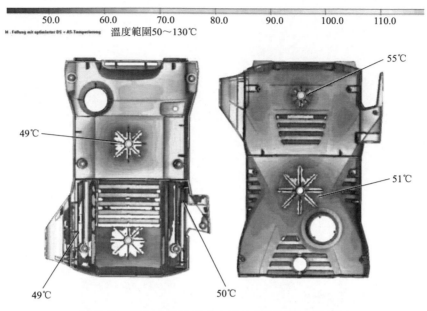

圖 7-15　隨形冷卻流道方案及注塑過程熱成像顯示

7.2　個性化醫療器件

7.2.1　手術輔助器件

　　增材製造技術已經在很多領域得到了較廣泛的應用，而粉床雷射金屬增材製造在醫學領域的研究才剛剛起步。隨著裝備的不斷改進、成本的降低及現代醫學影像學、圖像處理、電腦輔助設計的不斷發展，粉床雷射金屬增材製造技術在製造個性化醫療輔助器械中的應用必將越來越廣泛。在這種背景下，對粉床雷射金屬增材製造技術製造個性化醫療器械進行探討和研究，並針對不同的臨床病例進行個性化的設計。透過工藝實驗優化工藝參數，提高加工效率和加工的尺寸精密度，盡可能地滿足臨床手術的各種需求，從而推動該技術的成熟運用，為個性化醫療器械真正大規模、自動化地運用於臨床病例提供系統的解決方案、理論依據和加工生產的實驗指導。

　　手術模板的設計和製造只有針對患者損傷的具體情況進行個體定制，才能實現良好的定位，起到精確引導的作用。這是傳統的設計和製造手段難以完成的，

因此手術模板一直沒有得到很好的發展和應用。將雷射選區熔化（SLM）技術用於外科手術的輔助手術模板，具有顯而易見的優點。與採用光敏樹脂，用立體光造型（Stereo Lithography Apparatus，SLA）的方法制作的相同模型進行對比研究，採用光敏樹脂製作的模板強度低，不利於手術的精確定位，受熱容易變形且不容易消毒處理，在手術鑽孔中容易產生碎屑，對病人健康造成隱患；而SLM 直接熔化金屬粉末成形得到的模板，提高了強度，不僅定位準確，而且避免了鑽孔過程中碎屑的產生，還可以直接進行高溫消毒，消毒過程簡單、方便、快捷。

　　SLM 技術與逆向工程（Reverse Engineering，RE）相結合，可以形成包括測量、設計、製造為一體的系統，實現個性化醫療輔助器械的快速、準確製造，在設計與個體完全匹配的手術輔助器械的同時還可以在術前進行手術規劃和預演，幫助醫生更精確高效地完成手術。如圖 7-16 所示，整個定制系統應該包括以下三個階段。

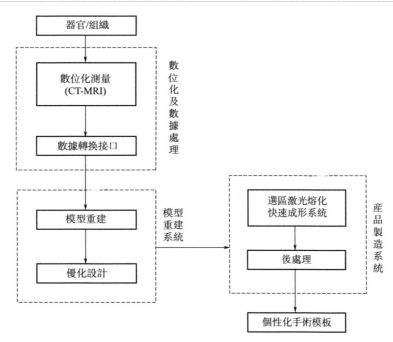

圖 7-16　個性化手術模板定制系統

（1）數位化數據採集和處理

　　數位化及數據處理模組的功能是採用 CT、MRI 等醫學影像技術採集生物體三維數據，並完成數據格式的轉換，為後期的三維建模做準備；模型重建模組的

功能是在前端數據的基礎上透過應用醫學專用軟體的各個功能模組進行數據處理、修正，完成人體組織或器官三維模型的重建，對模型進行分析、重組，進行手術規劃、預演以及輔助性器械的設計。產品製造系統接收前端電腦輔助設計模型的數據，完成醫療輔助器械的直接成形，並做必要的後處理以滿足醫學應用的要求。整個過程主要分為以下幾個主要步驟。

① 數位化測量　在逆向工程中，三維數位化測量方式根據使用的領域、測量對象以及精密度要求的不同而對於測量儀器的選擇也有所不同，根據測量探頭或傳感器是否和實物接觸，可分為接觸式和非接觸式兩大類。三座標測量機是逆向工程應用初期廣泛採用的接觸式測量設備，主要運用在工業產品的檢測，可以對具有複雜形狀工件的空間尺寸進行測量。

② 數據轉換　手術模板的個性化設計與製造過程中涉及多種數據格式的轉換，如模型重建以及模型在快速成形前的切片分層過程等，這些過程中都會產生誤差，從數位化測量到模型重建環節可以利用先進的三維圖像處理工具 Mimics 對掃描圖像進行精確的分析。Mimics 能以多種文件格式輸出，使用非常方便，在數據轉換與模型重建過程中有較好的應用前景。

（2）數位化模型重建

目前，進行 CAD 模型的重建有多種選擇方案：一是 Catia、Pro/E、UG 等基於正向的商品化 CAD/CAM/CAE 系統軟體；二是 Imageware、Geomagic 等專用的逆向工程軟體；三是醫用影像處理軟體 Mimics。在曲面構造方法方面，大部分專用的逆向工程軟體採用三角 Bezier 曲面為基礎，但由於其在數據轉換過程中存在數據丟失問題，從而會導致一定的誤差。而 Imageware 與 Catia、Pro/E 和 UG 等通用軟體都採用 NURBS 曲面模型，因此這類軟體更適合於醫學建模。在實際應用中，根據情況可以選擇這類軟體進行模型重建與優化設計。醫學圖像處理軟體 Mimics，能將 CT 或 MRI 數據直接而快速地轉換為三維 CAD 數位模型文件，在醫學建模中具有其獨有的優越性。因此在實際運用中可以充分利用這些各自的優點，相互結合使用。

（3）數位化產品直接成形製造

個性化製造過程以 SLM 直接成形金屬產品為核心，主要可以分為三個過程。

① 數據準備　將設計好的三維數位模型通常以 STL 格式數據導入快速成形數據處理軟體 Magics（Materialize 公司），根據零件的實際情況進行支承的自動添加或輔以手動添加然後進行切片處理，將三維資訊轉化為二維輪廓資訊，從而得到 SLM 快速成形設備可處理的 Cli（Common layer interface）格式層片數據。採用專用的掃描路徑規劃及生成軟體對層片數據逐層添加掃描路徑，即可完成製

造前的數據準備，如圖 7-17 所示。

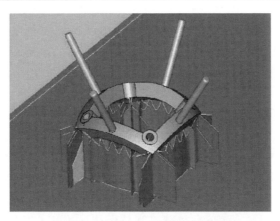

圖 7-17 Magics 軟體添加支撐

　　② 加工製造過程　將上述掃描路徑文件導入 SLM 裝備以後，電腦逐層調入對應各層的掃描路徑，透過掃描控制系統來控制雷射束有選擇地熔化金屬粉末，逐層堆積成與數位模型相同的三維實體零件。金屬材料熔化過程中易發生氧化，造成成形失敗，因此，成形過程在通有保護氣體的成形室中進行。採用的材料為醫用金屬粉末，選用優化的加工參數直接成形具有複雜形狀的手術模板，如圖 7-18 所示。

　　③ 成形後處理　直接成形的金屬手術模板要應用於臨床，只需要做簡單的後處理，如去除支承以及表面的簡單打磨，再進行高溫消毒後就可以滿足臨床醫學應用要求，如圖 7-19 所示。

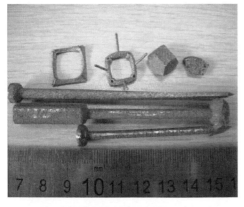

圖 7-18 SLM 成形的手術輔助器械

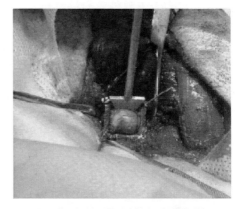

圖 7-19 成功切除軟骨病變部位

7.2.2　牙冠

　　金屬烤瓷修復體（Porcelain Fused to Metal，PFM）兼具金屬的強度和陶瓷的美觀，生物相容性好，可再現自然牙的形態和色澤，能達到以假亂真的效果。而 Co-Cr 合金憑藉其優異的生物相容性及良好的力學性能而被廣泛用於修復牙體牙列的缺損或缺失。傳統 Co-Cr 合金烤瓷修復體的製造方式主要採用鑄造工藝，鑄造工藝存在材料利用率低、環境污染嚴重、工序多等缺點，同時產品的缺陷多而導致其合格率低，從而使其製造成本居高不下。SLM 作為一種先進的金屬零件製造技術，製作的產品具有致密度高、材料利用率高、週期短、全自動化生產的優點，還能支持規模化和個性化定制，可成形任意形態複雜的金屬零件[6]。近年來 SLM 被引入口腔修復體制作領域，其製造的義齒金屬烤瓷修復體已取得臨床應用。SLM 技術製造義齒與傳統義齒技術相比，其工藝流程、製造精密度、表面特性等都與傳統方式加工的義齒有很大的差別，主要體現在如下方面。

　　① 義齒的 SLM 製造過程，是利用增材製造的原理，故在製造過程中需要添加合適的支承，才能保證義齒的成形品質。

　　② 利用 SLM 製造的義齒金屬基冠，其製件的力學性能和表面形貌與傳統製造技術都有較大差別。

　　③ 義齒的 SLM 成形工藝與傳統工藝的不同，導致其精密度（主要包括義齒金屬基體的壁厚以及頸緣和基底的匹配度）與傳統方式有很大不同，為此，必須針對 SLM 技術的特點來設計適合臨床精密度要求的數據模型。

　　利用 SLM 技術製造義齒，雖然不需要機械加工中所需的工裝夾具或鑄造所需的模具，但在義齒成形過程中必須添加支承結構來滿足 SLM 工藝要求，如圖 7-20、圖 7-21 所示。支承結構就如同機械加工中的工裝夾具一樣，是必不可少的，支承能夠約束義齒的變形，同時能夠保證義齒在加工完畢後順利從基板上

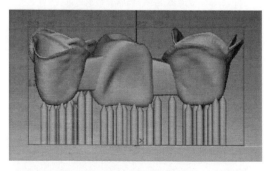

圖 7-20　添加支承後的義齒三維 CAD 圖

圖 7-21　SLM 製造義齒實體（OM）

移去。如果沒有底部支承，則在義齒加工完成之後，將無法完整的從基板上取下，即使勉強將義齒從基板上取下，也必然會破壞零件的底部結構，最終會破壞義齒的精密度、形狀而使其失效。

邊緣密合性是衡量修復體準確性的主要指標之一，它是指修復體的邊緣到牙預備體頸緣間的垂直距離，反映了修復體的精確程度和就位情況。修復體邊緣密合性與所用材料、製作工藝、基牙預備、黏固劑密切相關，密合性差的修復體齦炎發生率為 100%，其優劣直接影響到牙周健康。修復體美觀及固位力的保持，對於修復體的長期臨床應用是非常重要的。臨床上以肉眼不能看到、探針不易探測到為標準，現代一般認為臨床上可接受的邊緣差異上限為 100μm，主要透過光學顯微鏡來觀察義齒修復體與基體的邊緣密合性。如果經打磨處理後的義齒修復體與基體的邊緣能夠很好地重合，即可說明義齒修復體的邊緣密合性滿足要求，否則就視為不合格。圖 7-22 為 SLM 製作的 Co-Cr 合金義齒內冠與基體的配合，可以看出，義齒內冠邊緣與石膏模型上的線完全重合，表明 SLM 製作的義齒邊緣密合性良好，符合臨床要求。

義齒的精密度是評價義齒是否滿足臨床應用要求的一項重要指標，主要包括內冠壁厚和邊緣密合性。內冠壁厚是否合適，直接影響到佩戴的舒適性。內冠壁太薄，會因金屬基底的強度不夠而引起失效；內冠壁太厚會因金屬的品質較重而使人的佩戴舒適性較差，故義齒內冠的厚度對其修復的效果具有顯著的影響。通常情況下，內冠的壁厚控制在 0.3～0.5mm 之間較為合適。在 SLM 工藝製作義齒的過程中，義齒冠的表面往往會有黏附的金屬粉末需要後續打磨、噴砂處理，經試驗研究發現，義齒冠的壁厚設置為 0.4mm 時，義齒的強度和佩戴舒適性都與設計的符合性較好，如圖 7-23 所示。

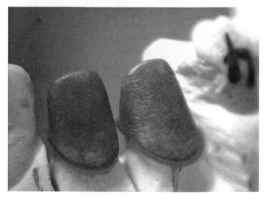

圖 7-22　SLM 製作的義齒冠
與基體的配合（OM）

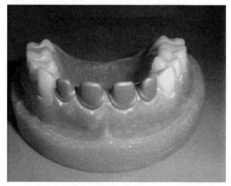

圖 7-23　SLM 成形 Co-Cr 合金義齒
與基體模型的配合

　　SLM 工藝製作的 Co-Cr 合金烤瓷後的金瓷結合強度滿足 ISO 9693：1999 規定的標準，未熔化金屬粉末顆粒黏附在金屬基體的表面形成了突觸狀的結構，這些突觸狀的結構顯著增強了金屬與瓷層之間的機械鎖合力。針對 SLM 工藝成形的 Co-Cr 合金基體，其最適合烤瓷溫度為 930℃，在此條件下，金瓷結合界面之間過渡層的厚度約為 2μm，金瓷結合強度為 49.2MPa，較國際最低標準（25MPa）高出 96.8%[7]。不同烤瓷溫度條件下，其金瓷結合強度具有顯著差異；同時，在最適合烤瓷溫度下的金瓷結合強度具有最小的系統誤差，這說明烤瓷溫度也會影響金瓷結合強度的系統穩定性。SLM 技術製作的義齒不但精密度高，而且成本低，經估算其製作成本僅為傳統義齒製作成本的 1/10，有望在義齒製造行業大範圍推廣應用。圖 7-24 所示為成功為一名患者安裝了 SLM 製作 Co-Cr 合金烤瓷熔覆修復義齒。

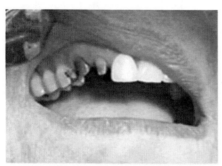

(a) 患者需要修復的牙齒

(b) 利用SLM技術直接爲患者定制的義齒

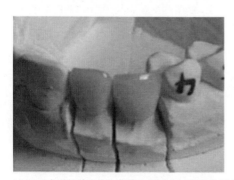

(c) SLM成形的義齒烤瓷後與患者牙齒石膏模的配合圖

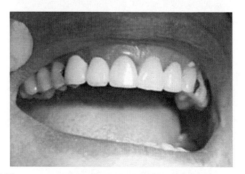

(d) 患者佩戴SLM制備的義齒效果圖

圖 7-24　SLM 成形 Co-Cr 合金烤瓷熔覆修復體應用示例

7.2.3　關節及骨骼

　　鈦合金密度較小（約為 4.5g/cm³），接近於人體骨組織，生物相容性好。其

彈性模量（110GPa）接近於人體骨骼，且耐腐性良好，具有優良的力學化學性質。憑藉這些優良的綜合性能，在生物醫用金屬材料中，鈦合金已經成為人工關節（髖、膝、肘、踝、肩、腕、指關節等）、骨創傷產品（髓內釘、固定板、螺釘等）、脊柱矯形內固定系統、牙種植體、牙托、牙矯形絲、人工心臟瓣膜、介入性心血管支架等醫用內植入物產品的首選材料。發達國家和世界知名體內植入物產品供應商都非常重視鈦合金的研發工作，在鈦合金材料的成分設計和製造方法上不斷地推出新的方式，賦予醫用鈦合金材料更好的生物活性以滿足人體的生理需要，從而達到使患者早日康復的目的。

在 SLM 成形 Ti6Al4V 合金過程中，極快的冷卻速度導致其內部形成針狀馬氏體組織，沒有明顯的熔覆道搭接晶界，馬氏體相變貫穿於整個組織中。X 軸方向上平均屈服強度為 1204MPa、抗拉強度為 1346MPa、伸長率為 11.4％，其拉伸性能指標全面優於臨床上鍛造退火態的 Ti6Al4V 合金性能指標。Z 軸方向上平均屈服強度為 1116MPa、抗拉強度為 1201MPa、伸長率為 9.88％[6]，與臨床上醫用鍛造退火態的 Ti6Al4V 合金相比，其伸長率略小，屈服強度和抗拉強度性能更優。常溫下拉伸斷裂機理為介於解理斷裂和韌窩斷裂之間的準解理斷裂。成形出的下頜骨零件如圖 7-25 所示。

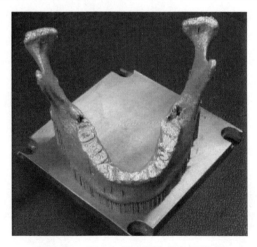

圖 7-25　SLM 成形的鈦合金下頜骨

SLM 製作的緻密 Ti6Al4V 合金的模量較人骨高，會產生應力遮蔽效應。多孔結構已經被證明能有效減少應力遮蔽效應，並延長植入體壽命。利用 SLM 工藝在雷射功率為 150W，掃描速率為 500mm/s，掃描間距為 0.06mm，鋪粉層厚為 0.035mm 的參數下，採用交替掃描的方式獲得多孔植入體，雷射掃描策略與多孔植入體的示意圖如圖 7-26 所示，透過調節掃描間距，由實體 3D 數據直接獲

得多孔植入體[8]。

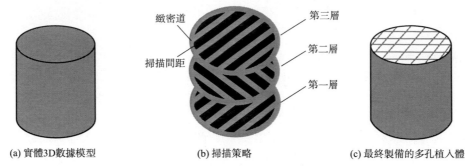

(a) 實體3D數據模型　　　　(b) 掃描策略　　　　(c) 最終製備的多孔植入體

圖 7-26　多孔植入體的成形策略示意圖

　　對於多孔植入體，植入體的薄壁的尺寸主要是由光斑的直徑決定，而粉末粒徑對能否形成貫通的孔有顯著的影響。為了保證試樣中的孔隙能夠形成貫通的孔隙，必須保證製造過程中殘留在試樣內部的鬆散粉末能夠被順利清除。通常情況下，當孔隙的間隙大於粉末的最大粒徑時，試樣內部鬆散的粉末即可順利地從孔隙中被清除。但在 SLM 過程中，試樣內部的薄壁表面上會黏附有大量部分熔化的粉末顆粒，其示意圖如圖 7-27 所示。圖 7-27(a) 為雷射掃描單層粉末的示意圖，可以看出，在雷射的掃描軌跡邊上會有大量未完全熔化的粉末顆粒。圖 7-27(b) 所示為調節掃描間距形成貫通孔隙的機理示意圖。在 SLM 過程中，當最大的粉末顆粒同時黏結在孔隙的薄壁上時，所需要的孔隙直徑約為最大粉末顆粒粒徑的 3 倍，才能保證孔隙內部所有的鬆散粉末能夠順利透過孔隙，從而使孔隙相互連通形成貫通的孔隙。

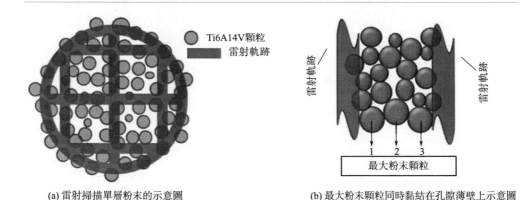

(a) 雷射掃描單層粉末的示意圖　　　　(b) 最大粉末顆粒同時黏結在孔隙薄壁上示意圖

圖 7-27　未完全熔化的粉末黏附在孔隙表面的示意圖

　　圖 7-28 所示為掃描間距和孔隙率及通孔尺寸的關係。隨著掃描間距的增加，孔隙率和通孔的尺寸都在增加。但它們與掃描間距之間具有不同的內在關係。透過多項式擬合可以獲得孔隙率與掃描間距的定量關係式[8]

$$\begin{cases} P_0 = 6 \times 10^4 h - 1.6 \text{（閉孔）} \\ P_0 = 4 \times 10^4 h + 18.6 \text{（通孔）} \end{cases} \qquad (7\text{-}1)$$

式中　P_0——孔隙率；

　　　　h——掃描間距。

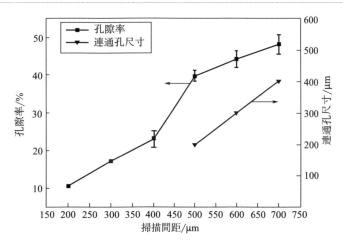

圖 7-28　掃描間距對多孔 Ti6Al4V 植入體孔隙率和通孔尺寸的影響

　　在調節掃描間距的過程中，如果掃描間距之間的孔隙不能使孔隙中鬆散的粉末順利流出，孔隙就會形成封閉的孔，這些夾雜在植入體內部的鬆散粉末會顯著影響植入體的宏觀孔隙率；如果掃描間距足夠大，孔隙之間的鬆散粉末就會被清除，從而保證了孔隙的連通性。公式表明透過調節掃描間距，即可預測植入體的孔徑和孔隙率。

　　表 7-3 所示為不同掃描間距所對應的多孔植入體的壓縮力學性能。從表中可以看到，植入體的楊氏模量和屈服強度都隨掃描間距的增大而減小。當掃描間距為 200μm 時，植入體的楊氏模量為 85GPa，對應的屈服強度為 862MPa；當掃描間距增加到 700μm 時，楊氏模量下降到 16GPa，對應的屈服強度下降至 467MPa。

表 7-3　不同掃描間距條件下 Ti6Al4V 植入體對應的力學性能

掃描間距/μm	屈服強度/MPa	楊氏模量/GPa
200	862±53	85±7.6
300	770±50	58±6.4

續表

掃描間距/μm	屈服強度/MPa	楊氏模量/GPa
400	686±47	44±4.8
500	603±45	28±3.6
600	559±42	20±2.6
700	467±38	16±2.0

　　圖 7-29、圖 7-30 分別呈現了彈性模量和屈服強度隨掃描間距的變化情況，可以發現掃描間距對多孔植入體楊氏模量和屈服強度的影響規律並不完全一樣。透過對曲線上數據多項式擬合，可以獲得屈服強度和掃描間距之間的關係為

$$\sigma = 10^3 - 766 \times 10^3 h \qquad (7\text{-}2)$$

式中，σ 為屈服強度；h 為掃描間距。

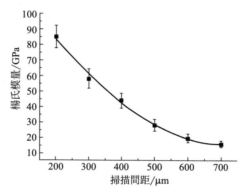

圖 7-29　多孔結構楊氏模量與掃描間距關係

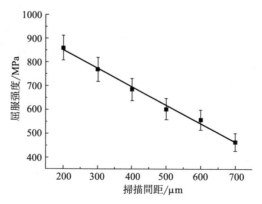

圖 7-30　多孔結構屈服強度與掃描間距的關係

　　楊氏模量和掃描間距之間的關係為：

$$E = 145 - 354 \times 10^3 h + 2425 \times 10^5 h^2 \tag{7-3}$$

式中，E 為楊氏模量；h 為掃描間距。

可見，根據以上屈服強度和楊氏模量與掃描間距之間的關係式，就可以透過掃描間距的調整，來預測多孔 Ti6Al4V 植入體的壓縮力學性能。通常人體密質骨的楊氏模量在 $3 \sim 20 \mathrm{GPa}$ 之間，屈服強度在 $130 \sim 180 \mathrm{MPa}$ 之間。為了保證金屬植入體的強度，通常要求金屬植入體的力學強度約為修復體強度的 3 倍即可，故一般金屬植入體的屈服強度在 $390 \sim 580 \mathrm{MPa}$ 之間為合適的金屬植入體。透過調節掃描間距的策略，可以設計出滿足人體金屬植入體力學性能的需求的金屬植入體。

在醫學植入體上採用可控多孔結構，在保證植入體性能的基礎上，可極大地減輕植入體重量。透過對植入體單位孔結構進行優化設計，再與電腦層析成像（CT）三維醫學資訊重建獲得的 CAD 模型進行布爾運算，進而獲得具有複雜內部結構的多孔幾何體。內部結構的設計主要是對孔隙率、孔隙形狀、孔隙大小、孔分布以及相互之間連通性等表徵參數的確定，如圖 7-31 所示。

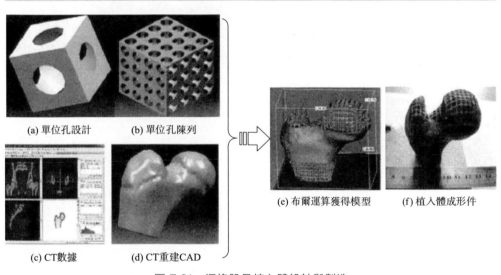

(a) 單位孔設計　(b) 單位孔陳列

(c) CT數據　(d) CT重建CAD

(e) 布爾運算獲得模型　(f) 植入體成形件

圖 7-31　網格股骨植入體設計與製造

細胞在多孔結構上能否順利培養成為多孔結構是否有潛力應用到植入體的重要評價方式。如圖 7-32(a) 所示，細胞在表面呈現出相對平和的良好伸展形態，並且相鄰細胞的兩個突起相連接，表示細胞間能進行交流。在高倍下觀察，細胞表現出大量的細絲狀偽足黏附在多孔結構表面，如圖 7-32(b) 所示。進一步的，DAPI 染色免疫熒光圖像定性提供了細胞在 48h 後體外的黏附和生長情況，如圖 7-32(c) 所示。合並後帶有 DAPI 核染色的圖像揭示了細胞在支柱表面的分布

情況。初步證明瞭細胞能在多孔結構表面培養，並且在表面有一定數量的隨機分布[9]。

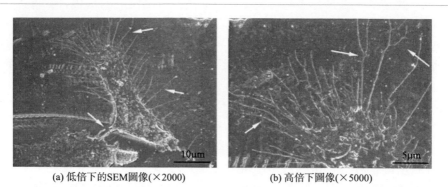

(a) 低倍下的SEM圖像(×2000)　　　(b) 高倍下圖像(×5000)

(c) DAPI核染色的合並圖像

圖 7-32　多孔結構表面上經過 48h 培養的成骨樣細胞

　　然而，多孔植入體主要透過插入骨髓腔來讓周圍骨長入其孔隙中或輔助以固位釘來實現生物學固定，直接植入人體會存在一定問題：相較於傳統用鑄造實心骨植入體而言，多孔植入體的表面積大大增加，使其更容易發生術後感染。對多孔結構進行表面改性，如在多孔結構表面構建塗層，是一種預防植入體術後感染的有效方式，例如透過電沉積工藝在 SLM 製作的多孔結構表面構建絲素蛋白/慶大霉素（Silk fibroin/gentamincin，SFGM）塗層。要想促進骨更快更好地長入多孔植入體的孔隙，多孔植入體表面與細胞的初期反應是很重要的環節。細胞與材料表面的初期反應包括黏附、鋪展、增殖及細胞毒性，是整個成骨功能的基礎和初期階段。如圖 7-33 所示，成骨細胞在 SFGM 塗層上鋪展狀態較好，可以觀察到更明顯的偽足和更豐富的細胞間連接，這些將有利於細胞間的資訊和物質的交流，透過交流細胞能更好地協調對外界環境刺激和資訊的反應[10]。

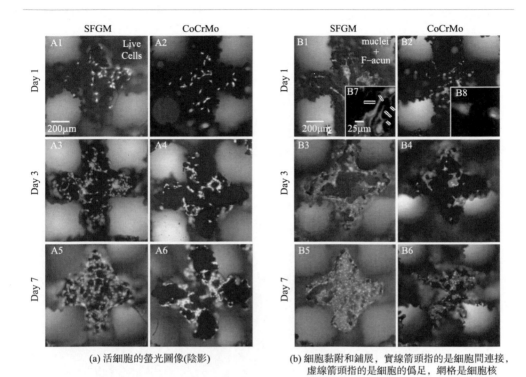

(a) 活細胞的螢光圖像(陰影)　　　　(b) 細胞黏附和鋪展，實線箭頭指的是細胞間連接，
　　　　　　　　　　　　　　　　　　　　虛線箭頭指的是細胞的偽足，網格是細胞核

圖 7-33　有塗層和無塗層的多孔結構表面細胞的初期反應

　　慶大霉素抑菌性好、抗菌譜廣、價格低，在傳統骨水泥固定的骨植入體手術中常混合在骨水泥裏來預防術後感染。術後感染的主要致病源為金黃色葡萄球菌，而慶大霉素可與該細菌細胞中的核糖體結合，導致異常蛋白的產生，從而產生有效的抑菌作用。如圖 7-34 所示，在連續 7 天的持續感染後，在塗層上觀察到的存活細菌非常少。然而，在無塗層的多孔表面上，細菌數量不斷增加，並在第 7 天幾乎完全覆蓋了表面。在術後的早期階段，細菌和宿主細胞會競相在植入體表面進行黏附、複製和增殖，而 SFGM 塗層在一周內良好的抗菌效果和細胞初期反應將有助於宿主細胞贏過細菌[10]。

　　人體骨骼的內部孔隙並非是呈現簡單的均勻分布特徵。宏觀上看，骨骼由兩相組成，即表層硬質骨和內部鬆質骨。硬質骨提供拉伸、壓縮及扭曲載荷下的機械強度；鬆質骨緩解振動衝擊並抵抗持續壓縮。總體上呈現「三明治」的宏觀層狀結構，以承受複雜載荷條件。微觀上看，硬質骨由一根根內空的「柱子」累積構成，鬆質骨則由連通的空間微孔錯綜交織而成。毛細血管透過微孔進入骨組織，為骨細胞輸送養分，完成新陳代謝，實現損傷骨骼的自癒合功能，是實現骨骼生物活性的關鍵因素之一。綜上所述，人體骨骼呈現了功能梯度多孔特徵，要

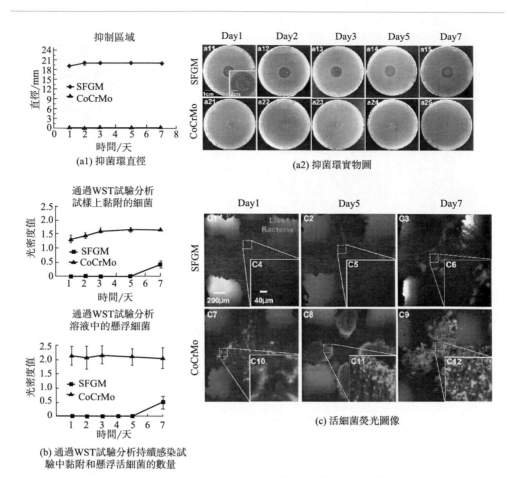

圖 7-34　有塗層和無塗層的多孔結構的抑菌功能

求其金屬修復體也應該具備相同特性[11]。透過 SLM 可成形鈦梯度多孔植入體。基於 Schwartz diamond 單位構建了體積分數為 5％、7.5％、10％、12.5％ 和 15％ 的梯度變化多孔結構。製造方面，可以看出 SLM 成形的梯度多孔結構與原模型吻合，無明顯缺陷。然而表面會有半熔及未熔的小顆粒黏附，導致表面粗糙有起伏（圖 7-35）。透過 Micro-CT 測試，得到了 SLM 成形件的三維重建模型，其孔隙率與設計相比，最大不超過 3.61％，表明瞭 SLM 可以成形形狀複雜的鈦梯度多孔結構。透過與 CAD 模型對比，發現尺寸偏差值基本在 0.4mm 以內（圖 7-36）。這種尺寸偏差顯示了 SLM 成形此類梯度多孔結構較高的製造精密度[12]。

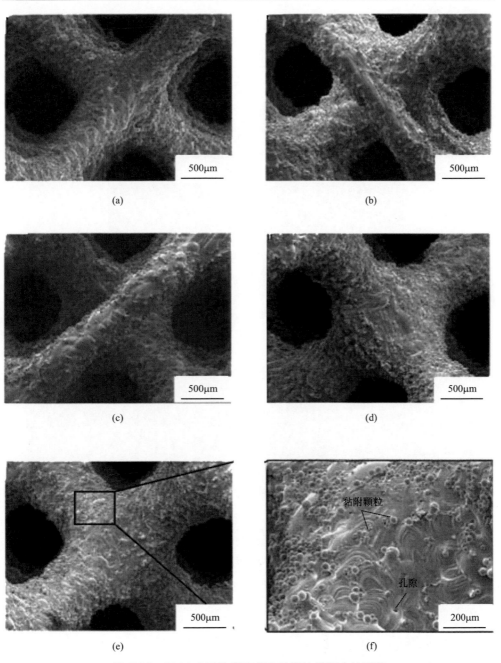

(a)

(b)

(c)

(d)

(e)

(f)

黏附顆粒

孔隙

圖 7-35 SLM 成形鈦梯度多孔結構的微觀支柱形貌

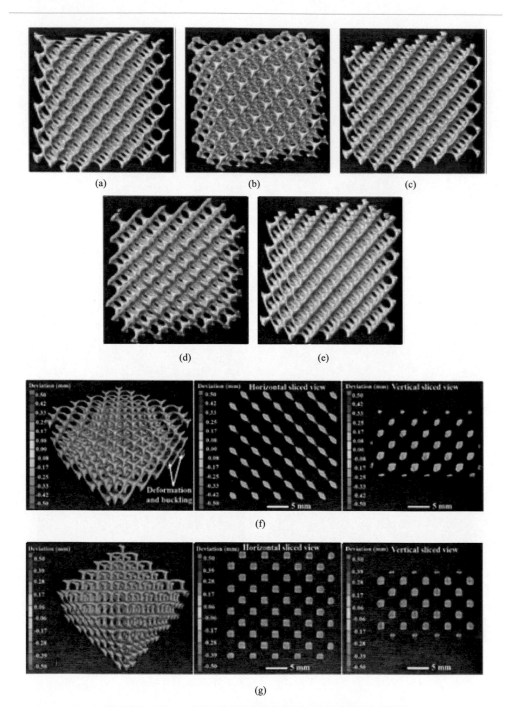

圖 7-36　Micro-CT 三維重建模型及與 CAD 模型尺寸對比

　　SLM 成形鈦梯度多孔結構的壓縮性能如表 7-4 所示。隨著梯度體積分數的增加，梯度多孔結構的模量和屈服強度均增加。根據鬆質骨（孔隙率 50％～90％）的模量和強度要求，本實驗成形的結構表現出了匹配的孔隙率和力學性能。根據 Gibson 提出的理論公式，建立了梯度多孔結構孔隙率與模量及強度的偶合關係，如圖 7-37 所示。透過建立的理論公式得到了理論的模量和強度，並與實際值進行了對比。結果表明，孔隙率越小，模量的理論公式誤差越小。

表 7-4　純鈦梯度多孔結構的壓縮性能

梯度多孔結構	彈性模量/MPa	屈服強度/MPa
20-5	276.60±11.79	3.79±0.85
20-7.5	329.97±26.92	4.76±0.13
20-10	381.27±33.41	6.78±1.03
20-12.5	460.83±19.34	13.21±0.60
20-15	586.43±21.51	17.75±0.90

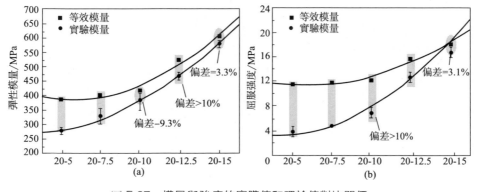

圖 7-37　模量與強度的實際值和理論值對比關係

　　對梯度多孔結構的相對密度與相對模量、強度之間的關係進行擬合，建立了兩者之間的數學關係，模量和強度的誤差係數分別達到了 0.97 和 0.99（圖 7-38）。然而，梯度多孔結構的性能均低於同類型單位的均勻孔。兩者的平衡點分別是相對密度為 30.6％（模量）和 21.7％（強度）。因此可以推測，當相對密度高於這兩個值時，梯度多孔結構的性能將高於同類型的均勻孔[12]。

　　圖 7-39 為 SLM 製造的個性化骨植入體多孔結構[13]。採用 SLM 技術後，可以大大縮短包括口腔植入體在內的各類人體金屬植入體和代用器官的製造週期，並且可以針對個體情況，進行個性化優化設計，大大縮短手術週期，提高人們的生活品質。

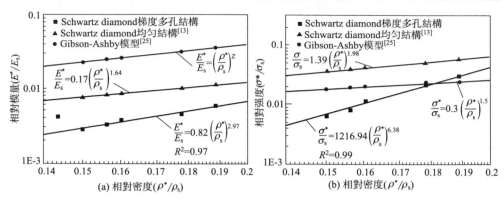

圖 7-38 梯度多孔結構相對模量與強度和相對密度的關係

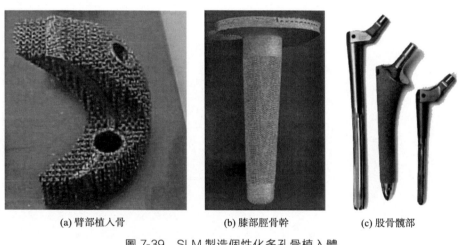

(a) 臂部植入骨　　　　(b) 膝部脛骨幹　　　　(c) 股骨髖部

圖 7-39 SLM 製造個性化多孔骨植入體

7.3 輕量化構件

　　隨著機械系統複雜性的不斷增加，在現代結構理論模型的設計中，設計者需要統籌考慮結構新穎性、性能優良性和製造可行性。其中製造可行性強調在設計階段就要充分考慮製造中的問題，其基本思想是從產品設計參數中提取與製造過程相關的資訊進行分析，以改善設計。由於傳統製造對於產品的形狀與結構設計約束很大，因此如何解放傳統製造對設計的約束，實現複雜理論模型的工程價值，是目前急需解決的問題。輕量化技術是輕量化設計、輕量化材料

和輕量化製造技術的集成應用，是航空航太、武器裝備、交通運輸等領域一直追求的目標。但目前種種因素限制了輕量化技術的發展，包括設計週期不斷壓縮，新產品要求一次研發成功率高，同時輕量化技術中存在大量不確定因素，定量難度係數大。

基於 SLM 的金屬功能件直接製造為結構與材料的輕量化提供了巨大契機。首先，SLM 允許設計師在最短時間內將三維數據模型轉化為工程實體，便於功能件的後續檢測；其次，SLM 製造允許採用更多創新設計方法，實施多種輕量化材料的匹配，減少零部件數量，結構更加緊湊。基於 SLM 的金屬功能件直接製造在輕量化方面，目前除了實施多種輕量化材料的匹配外，採用多孔結構實現材料的結構效能比也是最為重要的方式之一。可控多孔結構採用單位體透過一定排列組合形成，根據單個單位體的尺寸大小、結構形體以及組合方式的不同，其密度、性能、功用是不同的。可控多孔結構的單位體重縮小係數（實體占總體積比例）為 20％以下，同時具有低密度、高強度、良好的能量吸收性、導熱性及聲學特性，可以廣泛地用於熱交換器、生物器官與植入體、化學化工以及汽車航太航空輕量化構件等方面。

輕量化結構在製造熱交換器方面具有很大優勢，如圖 7-40 所示。透過 SLM 可成形一些超輕材料如鈦、鈦合金，結合可控多孔結構可以製造一些超輕結構。如圖 7-41 所示，德國 ILT Aachen 公司利用 SLM 技術對 Ti6Al4V 成形，成形的孔壁厚度 1mm，成形時間 11h。

圖 7-40　SLM 技術製造熱交換器

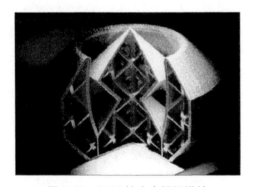

圖 7-41　SLM 鈦合金超輕構件

目前，SLM 技術製造的輕量化構件也運用在航空航太中。大型整體結構件、承力結構件的加工，可縮短加工週期，降低加工成本[14]。為了提高結構效率、減輕結構重量、簡化製造工藝，海內外飛行器越來越多地採用大型整體鈦合金結構，但是這種結構設計給製造帶來了極大的困難。目前美國 F35 的主承力構架仍靠幾萬噸級的水壓機壓制成形，然後還要進行切割削制、打磨，不僅製作週期

長，而且浪費了大量的原料，大約 70％的鈦合金在加工過程中成為邊角廢料，將來在構件組裝時還要消耗額外的連接材料，導致最終成形的構件比增材製造出來的構件重將近 30％。在發動機支架結構設計試製方面，利用該技術進行了減重設計加工，原零件重約 2033g，最後試製的零件重量僅為 327g，如圖 7-42所示。

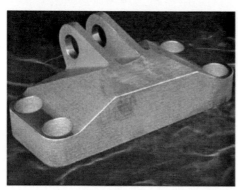
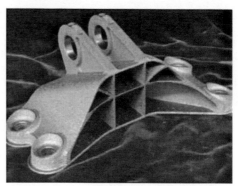

(a) 重2033g　　　　　　　　　　(b) 重327g

圖 7-42　發動機支架結構

優化結構設計，可以顯著減輕結構重量、節約昂貴的航空材料、降低加工成本。減輕結構重量是航空航太器最重要的技術需求，但目前傳統製造技術已經接近極限，而高性能增材製造技術則可以在獲得同樣性能或更高性能的前提下，透過最優化的結構設計來顯著減輕金屬結構件的重量。根據歐洲宇航防務集團創新中心（EADS Innovation Works）介紹，飛機每減重 1kg，每年就可以節省 3000美元的燃料費用。圖 7-43 為 EADS 公司為空客加工的結構優化後的機翼支架，比使用鑄造的支架減重約 40％，而且應力分布更加均勻。圖 7-44 顯示了 EADS採用 SLM 技術對空客 320 飛機的門托架進行的優化設計。圖中左上角為基於傳統製造工藝能力設計製造的門托架，右下角為重新進行拓撲優化設計後採用SLM 成形的門托架。採用新設計後，門托架在承受同樣外部載荷的情況下，最大應力減小 49％，同時重量減輕了 60％。

浙江大學透過 SLM 成形了輕量化飛機發動機托架零件，如圖 7-45 所示，該點陣輕量化托架結構個體單位為正六邊形結構。托架結構的主體部分由蜂窩點陣結構連接而成，如圖 7-46 所示。此外，採用 SLM 製造了某衛星支架輕量化結構，解決傳統製造工藝設計的局限性問題，較傳統工藝製造減重 26％，具備較優的力學性能和緻密度，如圖 7-47 所示。

圖 7-43　SLM 製造（前）及鑄造的（後）機翼支架

圖 7-44　SLM 成形優化結構設計後的空客 320 飛機門托架

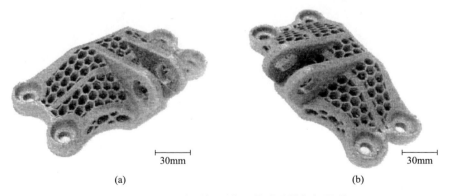

(a)　　　　　　　　　　　　　　(b)

圖 7-45　SLM 成形輕量化飛機發動機托架零件

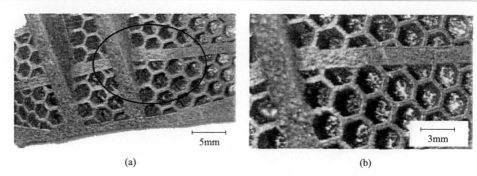

(a) (b)

圖 7-46 蜂窩點陣結構效果

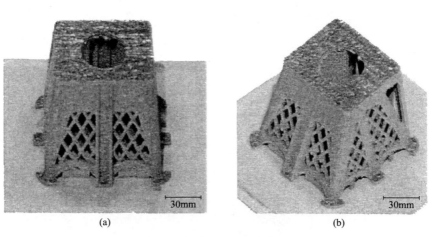

(a) (b)

圖 7-47 SLM 成形某衛星輕量化支架

參考文獻

［1］ Abe F，Osakada K，Shiomi M. The manufacturing of hard tools from metallic powders by selective laser melting[J]. Journal of Materials Processing Tech，2001，111（1）：210-213.

［2］ Badrossamay M，Childs T H C. Further studies in selective laser melting of stainless and tool steel powders[J]. International Journal of Machine Tools & Manufacture，2007，47（5）：779-784.

［3］ 王黎. 選擇性雷射熔化成形金屬零件性能研究[D]. 武漢：華中科技大學，2012.

［4］ Becker D, Meiners W, Wissenbach K. Additive manufacturing of copper a alloy by Selective Laser Melting[C]//Proceedings of the Fifth International WLT-Conference on Lasers in Manufacturing. München. 2009: 195-199.

［5］ Kerbrat O, Hascoet J, Mognol P. Manufacturability analysis to combine additive and subtractive processes[J]. Rapid Prototyping Journal, 2010, 16（1）: 63-72（10）.

［6］ 張升. 醫用合金粉末雷射選區熔化成形工藝與性能研究 [D]. 武漢: 華中科技大學, 2014.

［7］ Sheng Zhang, Yong Li, Liang Hao, Tian Xu, Qingsong Wei, Yusheng Shi. Metal-ceramic Bond Mechanism of the Co-Cr Alloy Denture with Original Rough Surface Produced by Selective Laser Melting[J]. Chinese Journal of Mechanical Engineering, 2014: 27（1）: 69-78.

［8］ Sheng Zhang, Qingsong Wei, Lingyu Cheng, Suo Li, Yusheng Shi. Effects of scan line spacing on pore characteristics and mechanical properties of porous Ti6Al4V implants fabricated by selective laser melting [J]. Materials & Design, 2014: 63: 185-193.

［9］ Changjun Han, Chunze Yan, Shifeng Wen, Tian Xu, Shuai Li, Jie Liu, Qingsong Wei, Yusheng Shi. Effects of the unit cell topology on the compression properties of porous Co-Cr scaffolds fabricated via selective laser melting[J]. Rapid Prototyping Journal, 2017, 23: 16-27.

［10］ Changjun Han, Yao Yao, Xian Cheng, Jiaxin Luo, Pu Luo, Qian Wang, Fang Yang, Qingsong Wei, Zhen Zhang. Electrophoretic Deposition of Gentamicin-Loaded Silk Fibroin Coatings on 3D-Printed Porous Cobalt-Chromium-Molybdenum BoneSubstitutes to Prevent Orthopedic Implant Infections [J]. Biomacromolecules, 2017, 18（11）: 3776-3787.

［11］ Chua C K, Sudarmadji N, Leong K F. Functionally graded scaffolds: the challenges in design and fabrication processes[J]. Virtual and Rapid Manufacturing: Advanced Research in Virtual and Rapid Prototyping, 2007: 115.

［12］ Changjun Han, Yan Li, Qian Wang, Shifeng Wen, Qingsong Wei, Chunze Yan, Liang Hao, Jie Liu, Yusheng Shi. Continuous functionally graded porous titanium scaffolds manufactured by selective laser melting for bone implants[J]. Journal of the Mechanical Behavior of Biomedical Materials. 2018, 80: 119-127.

［13］ Mullen L, Stamp R C, Brooks W K, et al. Selective Laser Melting: A regular unit cell approach for the manufacture of porous, titanium, bone in-growth constructs, suitable for orthopedic applications[J]. Journal of Biomedical Materials Research Part B: Applied Biomaterials, 2009, 89（2）: 325-334.

［14］ 周鬆. 基於 SLM 的金屬 3D 列印輕量化技術及其應用研究 [D]. 杭州: 浙江大學, 2017.

金屬粉床雷射光增材製造技術

編　　著：魏青松 等

發 行 人：黃振庭

出 版 者：崧燁文化事業有限公司

發 行 者：崧燁文化事業有限公司

E-mail：sonbookservice@gmail.com

粉 絲 頁：https://www.facebook.com/
　　　　　sonbookss/

網　　址：https://sonbook.net/

地　　址：台北市中正區重慶南路一段六十一號八
　　　　　樓 815 室

Rm. 815, 8F., No.61, Sec. 1, Chongqing S. Rd.,
Zhongzheng Dist., Taipei City 100, Taiwan

電　　話：(02) 2370-3310

傳　　真：(02) 2388-1990

印　　刷：京峯彩色印刷有限公司（京峰數位）

律師顧問：廣華律師事務所 張珮琦律師

國家圖書館出版品預行編目資料

金屬粉床雷射光增材製造技術 / 魏
青松等編著 . -- 第一版 . -- 臺北市：
崧燁文化事業有限公司 , 2022.03
　　面；　　公分
POD 版
ISBN 978-626-332-110-6(平裝)
1.CST: 粉末冶金
454.9　　111001495

電子書購買

臉書

定　　價：540 元

發行日期：2022 年 03 月第一版

◎本書以 POD 印製